高等院校计算机类规划教材

嵌入式系统实验教程

马维华　编著

北京邮电大学出版社
www.buptpress.com

内 容 简 介

　　本书是与教材《嵌入式系统原理及应用(第 3 版)》配套的实验教材,面向中低端应用,采用 ARM Cortex-M3 内核,以被广泛应用的 STM32F10x 系列微控制器为核心,以自主开发的嵌入式实验开发平台为实验环境,密切结合理论课程的教学内容,设计了数字 I/O 组件系列实验、定时计数器组件系列实验、模拟通道组件实验、通信互连通道系列实验、人机交互通道系列实验以及嵌入式操作系统及综合应用系列实验等。每个实验均配有完整的实验原始例程,方便老师和学生进行验证性实验,同时,每个实验在理解原理的基础上也有扩展应用实验。

　　本书涉及嵌入式系统的所有硬件组件,例程完整,除了可作为理论课程配套的实验教材外,还可供基于 STM32F10x 应用开发的工程技术人员使用。同时,本书结构合理、内容翔实,将理论联系实际,可作为高等院校计算机、物联网、信息安全、自动化以及机电一体化等专业本科生"嵌入式系统""嵌入式系统体系结构""嵌入式系统原理及应用"及"嵌入式系统设计与开发"等课程配套的实验教材和参考书,也可作为嵌入式系统应用和开发人员的工具书。

图书在版编目(CIP)数据

嵌入式系统实验教程 / 马维华编著. -- 北京:北京邮电大学出版社,2021.6(2025.1 重印)
ISBN 978-7-5635-6374-6

Ⅰ. ①嵌…　Ⅱ. ①马…　Ⅲ. ①微型计算机—系统设计—实验—高等学校—教材　Ⅳ. ①TP360.21-33

中国版本图书馆 CIP 数据核字(2021)第 086864 号

策划编辑:马晓仟　**责任编辑:**王小莹　**封面设计:**七星博纳

出版发行:北京邮电大学出版社
社　　址:北京市海淀区西土城路 10 号
邮政编码:100876
发 行 部:电话:010-62282185　传真:010-62283578
E-mail:publish@bupt.edu.cn
经　　销:各地新华书店
印　　刷:北京虎彩文化传播有限公司
开　　本:787 mm×1 092 mm　1/16
印　　张:15.25
字　　数:406 千字
版　　次:2021 年 6 月第 1 版
印　　次:2025 年 1 月第 3 次印刷

ISBN 978-7-5635-6374-6　　　　　　　　　　　　　　　　　　　　　**定价:**39.00 元

前　言

　　随着物联网、人工智能等专业的发展，嵌入式系统的地位越来越高，嵌入式系统的相关教学越来越受重视，大部分高校都相继开设了嵌入式系统的相关课程。但嵌入式系统的相关实验课程却跟不上形势的发展，实验教材严重短缺，使得与实际密切联系的嵌入式系统课程变成了纯粹的理论课程。由于没有实验支撑，所以学生学完理论课后对嵌入式系统应用还是没有完整的认识。作者本着理论联系实际的出发点，借助自主开发的嵌入式系统实验开发平台，编写了本书，目的是加强实验环节，让学生既能学到理论知识，又能运用已学知识解决实际工程应用中的复杂问题。

　　本书以自主开发的实验开发平台为实验环境，该实验开发平台的嵌入式最小系统、数字输入/输出接口部分、模拟输入/输出接口部分、存储器接口、人机交互接口部分、互连通信接口部分以及可选配各种传感器接口，可直接与开发板连接。

　　本书共有 8 章。第 1 章介绍嵌入式系统核心部件 STM32F10x 的硬件组成。第 2 章介绍自主开发的实验开发板硬件组成。第 3 章介绍实验开发环境，简明介绍 MDK-ARM 集成开发环境的使用。在前三章的基础上，第 4 章以后的内容开始全面介绍嵌入式系统各部件的详细实验内容和实验步骤。第 4 章介绍数字 I/O 相关实验，包括 GPIO 的基本操作、GPIO 的基本实验、GPIO 的中断实验、真彩 TFT LCD 显示实验、GPIO 的扩展实验以及红外遥控实验。第 5 章介绍定时计数器组件实验，包括系统节拍定时器 SysTick 实验、定时器 TIMx 实验以及 RTC 日历实验及看门狗实验等。第 6 章介绍模拟输入/输出接口实验，包括内部通道 ADC 实验、板载电位器电压测量实验、采用多通道基于 DMA 的模拟通道转换实验以及不同触发方式下的 DAC 实验等。第 7 章介绍通信互连接口实验，包括 RS-232 的通信实验、RS-485 的通信实验、I^2C 接口实验、SPI 接口实验以及 CAN 通信接口实验等。第 8 章介绍嵌入式操作系统及综合实验，包括实时嵌入式操作系统 μC/OS-Ⅱ 的主要知识，任务调度、消息队列、信号量和消息邮箱等实验以及无操作系统支持下的综合实验和有操作系统支持下的综合实验等。

作者在本书编写过程中得到易畅言教授、薛善良副教授的大力支持和帮助,他们提出了许多宝贵意见和建议,在此对他们表示衷心感谢!并且,作者在本书编写过程中得到南京航空航天大学计算机科学与技术学院领导以及北京邮电大学出版社的大力支持,在此也向他们表示衷心感谢!

由于嵌入式技术发展迅速,新技术不断涌现,加上作者水平有限、时间仓促,书中难免有疏漏和错误之处,恳请同行专家和读者提出批评意见。

目　　录

第1章 STM32F10x 微控制器的硬件组件

嵌入式系统实验的目的是加深对理论知识的认识和理解,提高对嵌入式系统实际应用和开发的能力。本书中采用的嵌入式实验系统是自主开发的,它是以 ARM Cortex-M3 为内核、以 STM32F10x MCU 为核心构建的面向中低端应用的嵌入式系统。因此本章重点介绍基于 ARM Cortex-M3 的 STM32F10x 微控制器的硬件组件,以便于学生在实验之前快速回忆已学知识,并通过实验加以验证和巩固。

1.1 STM32F1/2 系列微控制器简介

意法半导体(ST)公司是由意大利的 SGS 微电子公司和法国 Thomson 半导体公司合并而成的。ST 公司是世界上主要生产半导体的公司之一。ST 公司的 ARM Cortex-M3 MCU 主要有 STM32F1、STM32F2 和 STM32L1 三个系列,每个系列有许多产品,产品性能各有差异,如 Flash、SRAM 大小,封装形式,是否具有多串口等。其中 F1 系列为 M3 的基本型,F2 系列为高性能型,L1 系列为超低功耗型。

1.1.1 STM32 微控制器概述

1. STM32 微控制器的命名方式

STM32 微控制器的命名方式如图 1.1 所示。

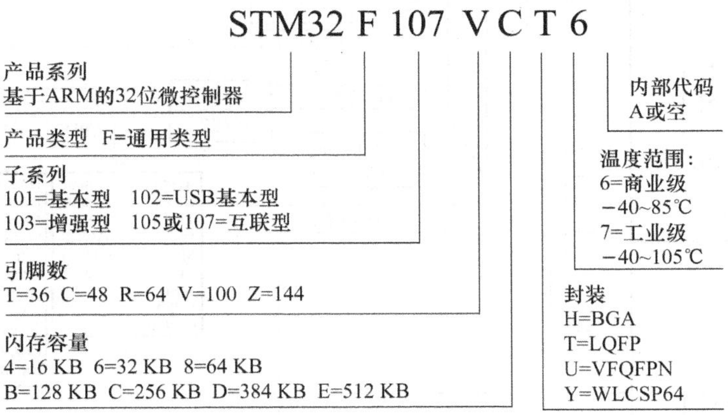

图 1.1 STM32 微控制器命名方式

命名方式中,STM 中的 ST 为 ST 公司的代号;M 为 Microcontroller(微控制器)的首字母;32 表示 32 位处理器;F 表示通用快闪型;L 为低功耗型;107 为子系列,表示互联型;V 为引脚条数;C 为闪存容量大小;T 为封装形式;6 为温度等级。

STM32 微控制器有小容量产品、中容量产品、大容量产品以及互联型产品。小容量产品是指闪存存储器容量在 16 KB 至 32 KB 之间的 STM32F101xx、STM32F102xx 和 STM32F103xx 微控制器;中容量产品是指闪存存储器容量在 64 KB 至 128 KB 之间的 STM32F101xx、STM32F102xx 和 STM32F103xx 微控制器;大容量产品是指闪存存储器容量在 256 KB 至 512 KB 之间的 STM32F101xx 和 STM32F103xx 微控制器;互联型产品是指 STM32F105xx 和 STM32F107xx 微控制器。

2. STM32 微控制器的主要性能特点

STM32 微控制器的主要性能特点如表 1.1 所示,本实验系统采用的互联型 MCU 是 STM32F107VCT6。

1.1.2 STM32 微控制器的内部结构

STM32F10x 的内部结构如图 1.2 所示。普通 STM32F10x 内部由 M3 内核、通过 ICode(指令总线)连接的 Flash 接口及 Flash 程序存储器、总线矩阵、DMA1、DMA2、通过 DCode(数据总线)连接的 SRAM 数据存储器、FSMC(Flexible Static Memory Controller)灵活的静态随机存储控制器(可扩展 DDR 等外部存储器)、AHB 系统总线、APB 外设总线、SDIO(Secure Digital Input and Output)安全数字 IO(SD 卡专用接口)、复位与时钟控制(RCC)、桥接器 1 和 2 以及通过桥接器连接的基于 APB1 和 APB2 的片上外设组成,两个 AHB/APB 桥在 AHB 和 2 个 APB 总线间提供同步连接。AHB 总线为 72 MHz,APB1 操作速度限于 36 MHz,APB2 操作于全速(最高为72 MHz)。所有片上外设均可以利用 DMA 进行操作。

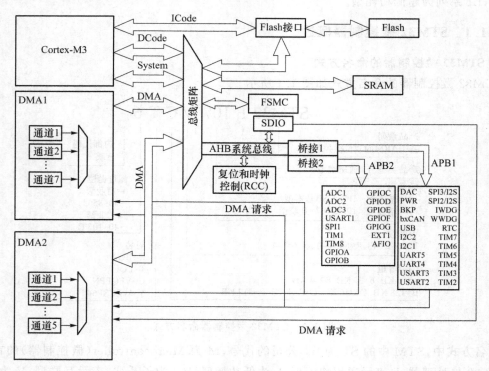

图 1.2　STM32F10x 的内部结构

表 1.1　STM32F10x 微控制器的主要性能特点

MCU 型号	主频/MHz	Flash/KB	SRAM/KB	封装	GPIO引脚数	内核电压/V	供电最大电压/V	16位定时器个数	32位定时器个数	电机控制定时器	RTC定时器	12位ADC个数	12位ADC通道数	12位DAC个数	SPI个数	I2C个数	USART个数	CAN个数	SDIO个数	FSMC	USB OTG	ETH以太网MAC
STM32F100C4T6	24	16	4	LQFP48	37	2	3.6	5	0	1	1	1	10	2	1	1	2	0	0	0	0	0
STM32F100R6T6	24	32	4	LQFP64	51	2	3.6	5	0	1	1	1	16	2	1	1	2	0	0	0	0	0
STM32F100VBT6	24	128	8	LQFP100	80	2	3.6	5	0	1	1	1	16	2	2	2	2	0	0	0	0	0
STM32F100ZET6	24	512	32	LQFP144	112	2	3.6	5	0	1	1	1	16	2	3	2	3+2	0	0	1	0	0
STM32F101C6T6	36	32	6	LQFP48	37	2	3.6	2	0	0	1	0	0	2	3	1	2	0	0	0	0	0
STM32F101R8T6	36	64	10	LQFP64	51	2	3.6	3	0	0	1	1	16	2	2	2	3	0	0	0	0	0
STM32F101VGT6	36	1 024	80	LQFP100	80	2	3.6	12	0	0	1	1	16	2	2	2	3	0	0	1	0	0
STM32F102C4T6	48	16	4	LQFP48	37	2	3.6	2	0	0	1	1	10	0	1	1	2	0	0	0	1	0
STM32F102R8T6	48	64	10	LQFP64	51	2	3.6	2	0	0	1	1	16	0	2	2	3	0	0	0	1	0
STM32F103C4T6	72	16	6	LQFP48	37	2	3.6	3	0	1	1	2	10	0	1	1	2	0	0	0	1	0
STM32F103R4T6	72	16	6	LQFP64	51	2	3.6	3	0	1	1	2	16	0	1	1	3	2	0	0	1	0
STM32F103V8T6	72	64	20	LQFP100	80	2	3.6	3	0	1	1	2	16	0	2	2	3	2	0	0	1	0
STM32F103ZET6	72	512	64	LQFP144	112	2	3.6	3	0	2	1	3	21	2	3	2	3+2	2	0	0	1	0
STM32F103ZGT6	72	1 024	96	LQFP144	112	2	3.6	14	0	2	1	3	16	2	3	2	3+2	1	0	0	1	0
STM32F105R8T6	72	64	64	LQFP64	51	2	3.6	7	0	0	1	2	16	2	3	2	3+2	2	0	0	1	0
STM32F105RBT6	72	128	64	LQFP64	51	2	3.6	7	0	0	1	2	16	2	3	2	3+2	2	0	0	1	0
STM32F105RCT6	72	256	64	LQFP64	51	2	3.6	7	0	0	1	2	16	2	3	2	3+2	2	0	0	1	0
STM32F105V8T6	72	64	64	LQFP100	80	2	3.6	7	0	0	1	2	16	2	3	2	3+2	2	0	0	1	0
STM32F105VBT6	72	128	64	LQFP100	80	2	3.6	7	0	0	1	2	16	2	3	2	3+2	2	0	0	1	0
STM32F105VCT6	72	256	64	LQFP100	80	2	3.6	7	0	0	1	2	16	2	3	2	3+2	2	0	0	1	0
STM32F107RBT6	72	128	64	LQFP64	51	2	3.6	7	0	0	1	2	16	2	3	2	3+2	2	0	0	1	1
STM32F107RCT6	72	256	64	LQFP64	51	2	3.6	7	0	0	1	2	16	2	3	2	3+2	2	0	0	1	1
STM32F107VBT6	72	128	64	LQFP100	80	2	3.6	7	0	0	1	2	16	2	3	2	3+2	2	0	0	1	1
STM32F107VCT6	72	256	64	LQFP100	80	2	3.6	7	0	0	1	2	16	2	3	2	3+2	2	0	0	1	1
STM32F107VCH6	72	256	64	LFBGA100	80	2	3.6	7	0	0	1	2	16	2	3	2	3+2	2	0	0	1	1

内置 Enternet 接口的典型芯片 STM32F107RB/STM32F207VC 的内部结构如图 1.3 所示，除了与普通型微控制器的内部结构具有相同的部件外，互联型微控制器内部还集成了 USB OTG FS(OTG：On-The-Go)以及 Enthernet MAC。

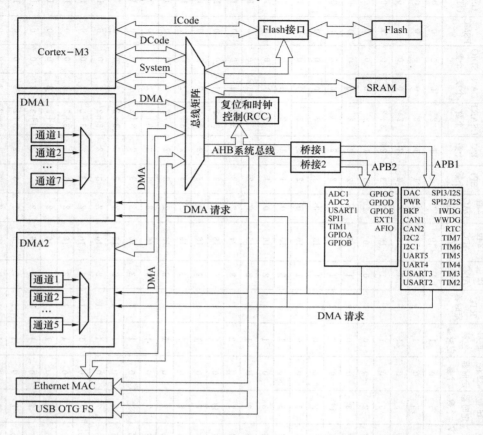

图 1.3　STM32F107RB/STM32F207VC 的内部结构

1.1.3　STM32 微控制器的存储器组织

STM32 微控制器的程序存储器、数据存储器、寄存器和输入输出端口被组织在同一个 4 GB 的线性地址空间内。数据字节以小端格式存放在存储器中，即认为一个字里的最低地址字节是该字的最低有效字节，而最高地址字节是最高有效字节。

外设寄存器的映像在相关区域，可访问的存储器空间被分成 8 个主要块，每个块为 512 MB。地址分布如表 1.2 所示。

Block0 程序存储器区域为 0x00000000～0x1FFFFFFF，最大为 512 MB Flash，实际容量不同，芯片内部容量有所不同，在 16 KB 到 512 KB 之间，可扩展外部 Flash。

Block1 数据存储器区域为 0x20000000～0x3FFFFFFF，最大为 512 MB SRAM，实际容量不同，芯片内部 SRAM 大小不同，在几千字节到几十千字节之间。

Block2 为连接系统总线和外设总线的所有片上外设的地址区域。

Block7 为内核外设地址分布区域。

表 1.2　STM32F10x ARM Cortex-M3 微控制器的地址分布

地址范围	用途	描述
0x0000 0000～0x1FFF FFFF	程序存储器区域	Flash,Block0(512 MB)
0x2000 0000～0x3FFF FFFF	数据存储器区域	SRAM,Block1(512 MB)
0x4000 0000～0x5FFF FFFF	连接 APB1、APB2 以及 AHB 的所有片上外设	片上外设,Block2(512 MB)
0x6000 0000～0x7FFF FFFF	未使用	未使用,Block3(512 MB)
0x8000 0000～0x9FFF FFFF	未使用	未使用,Block4(512 MB)
0xA000 0000～0xBFFF FFFF	未使用	未使用,Block5(512 MB)
0xC000 0000～0xDFFF FFFF	未使用	未使用,Block6(512 MB)
0xE000 0000～0xEFFF FFFF	M3 内核外设	M3 内核外设,Block7(512 MB)

1.2　STM32F10x 微控制器的电源与时钟控制

1.2.1　STM32 微控制器的电源控制

STM32 微控制器的工作电压(V_{DD})为 2.0～3.6 V。通过内置的电压调节器提供所需的 1.8 V 电源。当主电源 V_{DD} 掉电后,通过 VBAT 脚为实时时钟(RTC)和备份寄存器提供电源。STM32 的供电电源如图 1.4 所示。

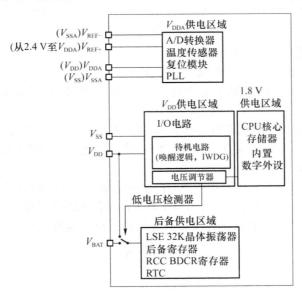

图 1.4　供电电源示意图

由图 1.4 可知,ADC 电源是单独独立供电(V_{DDA},V_{SSA}),ADC 的参考电源 V_{REF+}/V_{REF-} 限定在 2.4 V～V_{DDA}。其他所有组件(包括 1.8 V 的内核以及 I/O 电路)均由外部 V_{DD} 和 V_{SS} 供电。

电压调节器将 V_{DD}/V_{SS} 电压调整为内核的工作电压 1.8 V。当电压调节器停止供电时,除了备用电路和备份区域外,寄存器和 SRAM 中的内容全部消失。

1.2.2 电源控制寄存器

1. 电源控制寄存器(PWR_CR)

PWR_CR 格式如图 1.5 所示,各位含义如下。

LPDS:深睡眠下的低功耗,与 PDDS 位协同操作。

0:在停机模式下电压调压器开启。

1:在停机模式下电压调压器处于低功耗模式。

PDDS:掉电深睡眠,与 LPDS 位协同操作。

0:当 CPU 进入深睡眠时进入停机模式,调压器的状态由 LPDS 位控制。

1:CPU 进入深睡眠时进入待机模式。

CWUF:清除唤醒位,0 表示无效,1 表示 2 个系统时钟周期后清除 WUF 唤醒位(写)。

CSBF:清除待机位,0 表示无效,1 表示清除 SBF 位(写)。

PVDE:电源电压监测器(PVD)使能,0 表示禁止 PVD,1 表示开启 PVD。

PLS[2:0]:PVD 电平选择,000-111 表示从 2.2~2.9 V 选择电源电压监控器的阈值。

DBP:取消后备区域的写保护,0 表示禁止写 RTC 和后备寄存器,1 表示允许写 RTC 和后备寄存器。

图 1.5　PWD_CR 格式

2. 电源控制状态寄存器(PWR_CSR)

PWR_CSR 格式如图 1.6 所示,各位含义如下。

WUF:唤醒标志,0 表示没有发生唤醒标志,1 表示在 WKUP 引脚上发生唤醒事件或出现 RTC 闹钟事件。

SBF:待机标志,0 表示系统不在待机模式,1 表示系统进入待机模式。

PVDO:PVD 输出,0 表示 V_{DD}/V_{DDA} 高于由 PLS[2:0]选定的 PVD 阈值,1 表示 V_{DD}/V_{DDA} 低于由 PLS[2:0]选定的 PVD 阈值。

EWUP:使能 WKUP 引脚,0 表示 WKUP 引脚为通用 I/O,WKUP 引脚上的事件不能将 CPU 从待机模式唤醒,1 表示 WKUP 引脚用于将 CPU 从待机模式唤醒,WKUP 引脚被强置为输入下拉的配置(WKUP 引脚上的上升沿将系统从待机模式唤醒)。

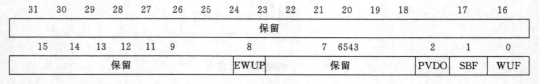

图 1.6　电源控制状态寄存器格式

需要说明的是,如果不是低功耗模式的应用,可以不用设置电源控制寄存器。

3. 备份寄存器(BKP)

备份寄存器是 42 个 16 位的寄存器,可用来存储 84 字节的用户应用程序数据。它们处在备份域里,当 V_{DD} 电源被切断时,它们仍然由 V_{BAT} 维持供电。当系统在待机模式下被唤醒,或系统复位、电源复位时,它们也不会被复位。

复位后,对备份寄存器和RTC的访问被禁止,并且备份域被保护,以防止可能存在的意外写操作。

1.2.3　STM32微控制器的时钟控制

1. STM32微控制器的时钟组成

STM32微控制器的时钟组成如图1.7所示,有三种不同的时钟源可被用来驱动系统时钟(SYSCLK):HSI振荡器时钟(内部8 MHz RC振荡器时钟)、振荡器时钟(外接3~25 MHz晶体连接OSC_IN/OC_OUT引脚的HSE振荡器时钟,非互联型MCU时钟为4~16 MHz)以及PLL时钟(通过倍乘得到的锁相环时钟)。

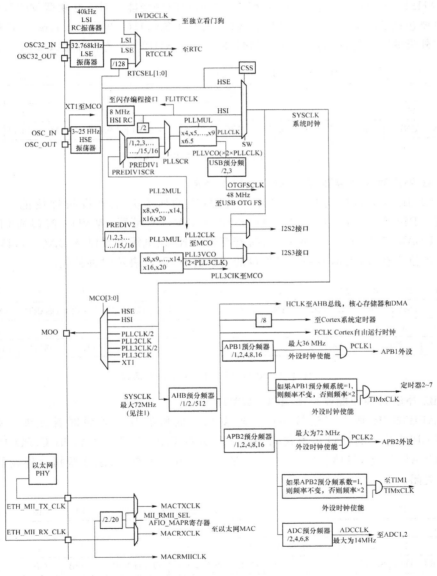

图1.7　STM32微控制器的时钟组成

这些设备有以下 2 种二级时钟源。

(1) 40 kHz 低速内部 RC,可以用于驱动独立看门狗和通过程序选择驱动 RTC(实时时钟日历)。RTC 用于从停机/待机模式下自动唤醒系统。

(2) 32.768 kHz 低速外部晶体,也可用来通过程序选择驱动 RTC(RTCCLK)。当时钟源不被使用时,任一个时钟源都可被独立地启动或关闭,由此优化系统功耗。

对于任何一个组件的应用,除了要施加电源外,还必须要给相应的时钟,这样它才有可能工作。

1.2.4 STM32 微控制器的时钟控制相关寄存器

1. AHB 外设时钟使能寄存器 RCC_AHBENR

RCC_AHBENR 是决定连接 AHB 系统总线的外设时钟使能。对于互联型 MCU,连接 AHB 总线的外设主要包括 DMA1/2、SRAM、Flash 接口、CRC、USB OTG 以及 Enthernet。各位 1 有效,表示连接指定外设的时钟打开,而 0 表示关闭时钟。RCC_AHBENR 寄存器格式如图 1.8 所示。

31	30	29	28	27	26	25	24	23	22	21	20	19	18	17	16
保留															ENHRX

15	14	13	12	11 10 9 7	6	5	4	3	2	1	0
ENHTX	ENH	保留	OTG	保留　　CRC		保留	FLITF	保留	SRAM	DMA2	DMA1

图 1.8 RCC_AHBENR 寄存器格式

2. APB1 外设时钟使能寄存器 RCC_APB1ENR

RCC_APB1ENR 是决定连接 APB1 外设总线的所有片上外设时钟使能。对于互联型 MCU,连接 APB1 总线的外设主要包括 TIM2~TIM7 定时器、WWDG 窗口看门狗、SPI2/3、USART2~USART5、$I^2C1/2$、CAN1/2、后备寄存器(BKP)、电源配置以及 DAC 等,具体格式如图 1.9 所示。各位 1 有效,表示连接指定外设的时钟打开,而 0 表示时钟关闭。

31	30	29	28	27	26	25	24	23	22	21	20	19	18	17	16
保留	DAC	PWR	BKP	CAN2	CAN1	保留		I2C2	I2C1	USART5	USART4	USART3	USART2	保留	

15	14	13	12	11	10	9	8	7	6	5	4	3	2	1	0
SPI3	SPI2	保留		WWDG	保留				TIM7	TIM6	TIM5	TIM4	TIM3	TIM2

图 1.9 RCC_APB1ENR 寄存器格式

3. APB2 外设时钟使能寄存器 RCC_APB2ENR

RCC_APB2ENR 是决定连接 APB2 外设总线的所有片上外设时钟使能。对于互联型 MCU,连接 APB2 总线的外设主要包括 AFIO 多功能复用 IO、端口 PA、PB、C、PD、PE、ADC1/2、SPI1 以及 USART1 等,具体格式如图 1.10 所示。各位 1 有效,表示连接指定外设的时钟打开,0 表示时钟关闭。

31	30	29	28	27	26	25	24	23	22	21	20	19	18	17	16
保留															

15	14	13	12	11	10	9	8	7	6	5	4	3	2	1	0
保留	USART1	TIM8	SPI1	TIM1	ADC2	ADC1	IOPG	IOPF	IOPE	IOPD	IOPC	IOPB	IOPA	保留	AFIO

图 1.10 RCC_APB2ENR 寄存器格式

4. STM32F10x 的时钟控制寄存器 RCC_CR

时钟的控制及时钟源的选择由时钟控制寄存器 RCC_CR 来完成,如图 1.11 所示。时钟寄存器各有效位的含义如表 1.3 所示。

31	30	29	28	27	26	25	24	23	22	21	20	19	18	17	16
保留		PLL3 RDY	PLL3 ON	PLL2 RDY	PLL2 ON	PLL RDY	PLL ON	保留				CSS ON	HSE BSP	HSE RDY	HSE ON

15	14	13	12	11	10	9	8	7	6	5	4	3	2	1	0
HSICAL[7:0]								保留					保留	HSIRDY	HSION

图 1.11　RCC_CR 寄存器格式

表 1.3　STM32F10x 系列时钟控制寄存器各有效位的含义

位	STM32F10x 时钟控制寄存器各有效位的含义
29	PLL3RDY:PLL3 时钟就绪标志(PLL3 Clock Ready Flag),0 表示未锁定;1 表示锁定
28	PLL3ON:PLL3 使能(PLL3 Enable),0 表示关闭;1 表示使能
27	PLL2RDY:PLL2 时钟就绪标志(PLL2 Clock Ready Flag),0 表示未锁定;1 表示锁定
26	PLL2ON:PLL2 使能(PLL2 Enable),0 表示关闭;1 表示使能
25	PLLRDY:PLL 时钟就绪标志(PLL Clock Ready Flag),0 表示未锁定;1 表示锁定
24	PLLON:PLL 使能(PLL Enable),由软件置 1 或清零。0 表示 PLL 关闭;1 表示 PLL 使能
19	CSSON:时钟安全系统使能(Clock Security System Enable),由软件置 1 或清零,以使能时钟监测器。0 表示时钟监测器关闭;1 表示如果外部 4~16 MHz 振荡器就绪,时钟监测器开启
18	HSEBYP:外部高速时钟旁路(External High-speed Clock Bypass)。只有在外部振荡器关闭的情况下,才能写入该位。0 表示外部 4-16MHz 振荡器没有旁路;1 表示外部 4~16 MHz 外部晶体振荡器被旁路
17	HSERDY:外部高速时钟就绪标志(External High-Speed Clock Ready Flag),由硬件置 1 来指示外部 4~16 MHz 或 3~25 MHz 振荡器已经稳定
16	HSEON:外部高速时钟使能(External High-speed Clock Enable),由软件置 1 或清零。当进入待机和停止模式时,该位由硬件清零,关闭 4~16 MHz 外部振荡器
15:8	HSICAL[7:0]:内部高速时钟校准(Internal High-speed Clock Calibration),在系统启动时,这些位被自动初始化
7:3	HSITRIM[4:0]:内部高速时钟调整(Internal High-speed Clock Trimming),由软件写入来调整内部高速时钟,它们被叠加在 HSICAL[5:0] 数值上,默认数值为 16。
1	HSIRDY:内部高速时钟就绪标志(Internal High-speed Clock Ready Flag),由硬件置 1 来指示内部 8 MHz 振荡器已经稳定
0	HSION:内部高速时钟使能(Internal High-speed Clock Enable),由软件置 1 或清零。当从待机和停止模式返回或用作系统时钟的外部 4~16 MHz 振荡器发生故障时,该位通过由硬件置 1 来启动内部 8 MHz 的 *RC* 振荡器。当内部 8 MHz 振荡器被直接或间接地用作或被选择作为系统时钟时,该位不能被清零

5. 时钟配置寄存器 RCC_CFGR

时钟配置寄存器 RCC_CFGR 在时钟控制寄存器选择指定时钟源后,可以配置时钟。其寄存器格式如图 1.12 所示,各有效位的含义如表 1.4 所示。

31	30	29	28	27	26	25	24	23	22	21	20	19	18	17	16
保留				MCO[3:0]				保留	OTGFS PRE	PLLMUL[3:0]				PLL XTPRE	PLL SRC

15	14	13	12	11	10	9	8	7	6	5	4	3	2	1	0
ADCPRE[1:0]		PPREF2[2:0]			PPRE1[2:0]			HPRE[3:0]				SWS[1:0]		SW[1:0]	

图 1.12　RCC_CFGR 寄存器格式

表 1.4　STM32F10x 系列时钟配置寄存器各有效位的含义

位	STM32F10x 时钟配置寄存器各有效位的含义
27:24	MCO 表示微控制器时钟输出。 00xx 表示无输出;0100 表示系统时钟(SYSCLK)输出;0101 表示内部 8MHz 的 RC 时钟输出;0110 表示外部振荡器时钟输出;0111 表示 PLL 时钟经 2 分频后输出;1000 表示 PLL2 时钟输出;1001 表示 PLL3 时钟 2 分频后输出,1010:XT1 外部 3~25 MHz 振荡器时钟输出(为以太网);1011 表示 PLL3 时钟输出(为以太网)
22	USB:USB 预分频(USB OTG FS prescaler)。0 表示 PLL 1.5 倍作为 USB 时钟;1 表示 PLL 直接作为 USB 时钟
21:18	PLLMUL:PLL 倍频系数,只有在 PLL 关闭的情况下才可被写入。 0000 表示 2 倍频;0001 表示 3 倍频;0010 表示 4 倍频;0011 表示 5 倍频;0100 表示 6 倍频;0101 表示 7 倍频;0110 表示 8 倍频;0111 表示 9 倍频;1000 表示 10 倍频;1001 表示 11 倍频;1010 表示 12 倍频;1011 表示 13 倍频;1100 表示 14 倍频;1101 表示 15 倍频;1110/1111 表示 16 倍频
17	PLLXTPRE:HSE 分频器作为 PLL 输入。0 表示不分频;1 表示 2 分频
16	PLLSRC:PLL 输入时钟源。 0 表示 HSI 振荡器时钟经 2 分频后作为 PLL 输入时钟;1 表示 HSE 时钟作为 PLL 输入时钟
15:14	ADCPRE[1:0]:ADC 预分频。 00 表示 PCLK2 经 2 分频后作为 ADC 时钟;01 表示 PCLK2 经 4 分频后作为 ADC 时钟;10 表示 PCLK2 经 6 分频后作为 ADC 时钟;11 表示 PCLK2 经 8 分频后作为 ADC 时钟
13:11	PPRE2[2:0]:高速 APB(APB2)预分频。 0xx 表示不分频;100 表示 2 分频;101 表示 4 分频;110 表示 8 分频;111 表示 16 分频
10:8	PPRE1[2:0]:低速 APB 预分频(APB1),对 HCLK 分频,APB1 时钟频率不超过 36 MHz。 0xx 表示不分频;100 表示 2 分频;101 表示 4 分频;110 表示 8 分频;111 表示 16 分频
7:4	HPRE[3:0]:AHB 预分频(APB1)对 SYSCLK 分频。 0xxx 表示不分频;1000 表示 2 分频;1100 表示 64 分频;1001 表示 4 分频;1101 表示 128 分频;1010 表示 8 分频;1110 表示 256 分频;1011 表示 16 分频;1111 表示 512 分频
3:2	SWS[1:0]:系统时钟切换状态。 00 表示 HSI 作为系统时钟;01 表示 HSE 作为系统时钟;10 表示 PLL 输出作为系统时钟;11 表示不可用
1:0	SW:系统时钟切换,用来选择系统时钟源(SYSCLK)。 00 表示 HSI 作为系统时钟;01 表示 HSE 作为系统时钟;10 表示 PLL 输出作为系统时钟;11 表示不可用

6. 时钟配置寄存器 RCC_CFGR2

对于互联型系列微控制器(如 STM32F107 等),RCC_CFGR2 寄存器格式如图 1.13 所示,各有效位及其含义如表 1.5 所示。

31	30	29	28	27	26	25	24	23	22	21	20	19	18	17	16
保留													I2S3 SRC	I2S2 SRC	PREDIVI SRC

15	14	13	12	11	10	9	8	7	6	5	4	3	2	1	0
PLL3MUL[3:0]				PLL2MUL[3:0]				PREDIV2[3:0]				PREDIV1[3:0]			

图 1.13　RCC_CFGR2 寄存器格式

表 1.5　时钟配置寄存器 RCC_CFGR2 各有效位及其含义

位	时钟配置寄存器 RCC_CFGR2 各有效位的含义
18	I2S3SCR：I2S3 时钟源时钟输出。 0 表示系统时钟作为 I2S3 时钟；1 表示使用 PLL3 VCO 作为 I2S3 时钟源
16	I2S2SCR：I2S2 时钟源时钟输出。 0 表示系统时钟作为 I2S3 时钟；1 表示使用 PLL3 VCO 作为 I2S3 时钟源
16	PREDIV1SRC：PREDIV1 输入时钟源。 0 表示 HSE 振荡器时钟作为 PREDIV1 的时钟源；1 表示 PLL2 作为 PREDIV1 的时钟源
15:12	PLL3MUL[3:0]：PLL3 倍频系数（8～20 倍）。 00xx 表示保留；010x 表示保留；0110 表示 8 倍频；0111 表示 9 倍频；1000 表示 10 倍频；1001 表示 11 倍频；1010 表示 12 倍频；1011 表示 13 倍频；1100 表示 14 倍频；1101 表示保留；1110 表示 16 倍频；1111 表示 20 倍频
11:8	PLL2MUL[3:0]：PLL2 倍频系数（8～20 倍）。 00xx 表示保留；010x 表示保留；0110 表示 8 倍频；0111 表示 9 倍频；1000 表示 10 倍频；1001 表示 11 倍频；1010 表示 12 倍频；1011 表示 13 倍频；1100 表示 14 倍频；1101 表示保留；1110 表示 16 倍频；1111 表示 20 倍频
7:4	PREDIV2[3:0]：PREDIV2 分频因子。 0000 表示不分频；0001 表示 2 分频；0010 表示 3 分频；0011 表示 4 分频；0100 表示 5 分频；0101 表示 6 分频；0110 表示 7 分频；0111 表示 8 分频；1000 表示 9 分频；1001 表示 10 分频；1010 表示 11 分频；1011 表示 12 分频；1100 表示 13 分频；1101 表示 14 分频；1110 表示 15 分频；1111 表示 16 分频
3:0	PREDIV1[3:0]：PREDIV1 分频因子。 0000 表示不分频；0001 表示 2 分频；0010 表示 3 分频；0011 表示 4 分频；0100 表示 5 分频；0101 表示 6 分频；0110 表示 7 分频；0111 表示 8 分频；1000 表示 9 分频；1001 表示 10 分频；1010 表示 11 分频；1011 表示 12 分频；1100 表示 13 分频；1101 表示 14 分频；1110 表示 15 分频；1111 表示 16 分频

　　需要说明的是：以上时钟配置或控制寄存器通过厂家提供的固件库 SystemInit() 函数在启动文件中已经进行了相应配置和设置，一般无须修改。需要用户修改或设置的是用到的片上各外设的时钟使能与否。

　　对 STM32F10x 硬件组件的操作是实际进行嵌入式应用的基础，任何嵌入式应用都离不开对 MCU 内部组件的实际操作，如初始化及读写操作等。

　　由软件控制操作硬件的基本方法有两种：一种是直接对寄存器进行操作；另一种是利用厂家提供的符合 CMSIS 标准的固件库函数进行操作。无论采用哪种操作，首先要选择时钟，打开每个硬件组件的时钟，然后设置或配置硬件，最后才能对硬件数据进行读写操作。选择和配置时钟由厂家提供的启动文件中的 SystemInit()函数来完成,在一般情况下无须用户修改或重新编写,除非有特定操作要求。

1.2.5 寄存器方式操作使能硬件时钟

首先要打开要使用硬件的时钟,一定要分清这个硬件组件是连接在哪个总线上的。

连接 AHB 总线的片上外设都是快速外设,工作于 72 MHz,主要包括 DMA1/2、SRAM、Flash 接口、CRC、USB OTG 以及 Enthernet,采用 RCC_AHBENR 寄存器来使能相关时钟。

连接 APB1 总线的片上外设都是普通外设,工作于 36 MHz,主要包括 TIM2~TIM7 定时器、WWDG 窗口看门狗、SPI2/3、USART2~USART5、$I^2C1/2$、CAN1/2、后备寄存器 BKP、电源配置以及 DAC 等,采用 RCC_APB1ENR 寄存器来使能相关时钟。

连接 APB2 外设总线的片上外设都是快速设备,工作于 72 MHz,主要包括 AFIO 多功能复用 IO、端口 PA、PB、PC、PD、PE、ADC1/2、SPI1 以及 USART1 等,采用 RCC_APB2ENR 寄存器来使能相关时钟。

1. 使能连接 AHB 总线的片上外设时钟

由 RCC_AHBENR 寄存器格式可知,要使用 DMA1 和 DMA2 的,必须让 RCC_AHBENR 寄存器的 0、1 位置位为 1 方可使能它们的时钟。使用寄存器操作的代码如下:

```
RCC->AHBENR|=(1<<0);/*使能 DMA1 时钟*/
RCC->AHBENR|=(1<<1);/*使能 DMA2 时钟*/
```

如果要让 DMA1 和 DMA2 均工作,则可以用如下代码:

```
RCC->AHBENR|=(1<<0)|(1<<1);//同时使能 DMA1 和 DMA2 时钟
```

2. 使能连接 APB1 总线上的片上外设时钟

按照图 1.9 所示的 RCC_APB1ENR 寄存器格式可设置连接 APB1 总线的片上外设时钟。

(1)用寄存器方式打开 TIM2~TM7 时钟的代码如下:

```
RCC->APB1ENR|=(1<<0)|(1<<1)|(1<<2)|(1<<3)\(1<<4)|(1<<5);
```

或

```
RCC->APB1ENR|=0x3F;
```

(2)用寄存器方式打开 USART2~USART5 时钟的代码如下:

```
RCC->APB1ENR|=(1<<17)|(1<<18)|(1<<19)|(1<<20);
```

或

```
RCC->APB1ENR|=(0x0F<<17);
```

(3)用寄存器方式打开 I^2C1、I^2C2 时钟的代码如下:

```
RCC->APB1ENR|=(1<<21)|(1<<22);
```

或

```
RCC->APB1ENR|=(0x03<<21);
```

(4)用寄存器方式打开 CAN1、CAN2 时钟的代码如下:

```
RCC->APB1ENR|=(1<<25)|(1<<26);
```

或

```
RCC->APB1ENR|=(0x03<<25);
```

(5)用寄存器方式打开 DAC 时钟的代码如下:

```
RCC->APB1ENR|=(1<<29);
```

3. 使能连接 APB2 总线的片上外设时钟

按照图 1.10 所示的 RCC_APB2ENR 寄存器格式可设置连接 APB2 总线的片上外设时钟。

（1）用寄存器方式打开 AFIO 时钟的代码如下：

```
RCC->APB2ENR| = 1;
```

（2）用寄存器方式打开 PA、PB、PC、PD 和 PE 时钟的代码如下：

```
RCC->APB2ENR| = (1<<2)|(1<<3)|(1<<4)|(1<<5)|(1<<6);
```

或

```
RCC->APB1ENR| = (0x1F<<2);
```

（3）用寄存器方式打开 ADC1 和 ADC2 时钟的代码如下：

```
RCC->APB2ENR| = (1<<8)|(1<<9);
```

或

```
RCC->APB1ENR| = (0x03<<8);
```

（4）用寄存器方式打开 SPI1 时钟的代码如下：

```
RCC->APB2ENR| = (1<<12);
```

（5）用寄存器方式打开 USART1 时钟的代码如下：

```
RCC->APB2ENR| = (1<<14);
```

如果增加外设，可以使能该外设时钟，方法是在后面用"|"继续添加相应位。

1.2.6　固件库函数方式操作使能硬件时钟

1. 使能连接 AHB 总线的片上外设时钟

采用基于 CMSIS 固件库的函数来操作 AHB 总线上的外设时钟，使用的函数名为 RCC_AHBPeriphClockCmd()，它的原型就是用寄存器方式编写的代码：

```
void RCC_AHBPeriphClockCmd(uint32_t RCC_AHBPeriph, FunctionalState NewState)
{   if (NewState != DISABLE)
    { RCC->AHBENR | = RCC_AHBPeriph;
    }
    else
    { RCC->AHBENR & = ~RCC_AHBPeriph;
    }
}
```

其中 RCC_AHBPeriph 在相关头文件中定义其具体在寄存器中的位置。

要使能 DMA1 和 DMA2 时钟，使用固件库函数 RCC_AHBPeriphClockCmd() 的操作代码如下：

```
RCC_AHBPeriphClockCmd(RCC_AHBPeriph_DMA1,ENABLE)
RCC_AHBPeriphClockCmd(RCC_AHBPeriph_DMA2,ENABLE)
```

第一个参数中的 RCC 是属于时钟部件，AHBPeriph 是基于 AHB 总线上的外设，DMA1 为具体外设名称，三者中间用下划线连接，ENBALE 为打开时钟，DISABLE 为关闭时钟。

如果要让 DMA1 和 DMA2 均工作，则可以用如下代码：

```
RCC_AHBPeriphClockCmd(RCC_AHBPeriph_DMA1|RCC_AHBPeriph_DMA2,ENABLE);
```

由此可见，使用固件库函数无须了解该外设时钟具体在寄存器的位置，只需用关键词。

2. 使能连接 APB1 总线的片上外设时钟

设置连接到 APB1 总线上的片上外设时钟，使用的函数为 RCC_APB1PeriphClockCmd()，其原型如下：

```
void RCC_APB1PeriphClockCmd(uint32_t RCC_APB1Periph, FunctionalState NewState)
{ if (NewState != DISABLE)
  { RCC - >APB1ENR | = RCC_APB1Periph;
  }
  else
  { RCC - >APB1ENR & = ~RCC_APB1Periph;
  }
}
```

（1）用固件库函数操作方式打开 TIM2～TM7 时钟的代码如下：

```
RCC_APB1PeriphClockCmd（RCC_APB1Periph_TIM2|RCC_APB1Periph_TIM3|RCC_APB1Periph_TIM4|RCC_
APB1Periph_TIM5|RCC_APB1Periph_TIM6|RCC_APB1Periph_TIM7,ENABLE);
```

（2）用固件库函数操作方式打开 USART2～USART5 时钟的代码如下：

```
RCC_APB1PeriphClockCmd(RCC_APB1Periph_USART2|RCC_APB1Periph_SART3|RCC_APB1Periph_USART4|RCC_
APB1Periph_USART5,ENABLE);
```

（3）用固件库函数操作方式打开 I^2C1、I^2C2 时钟的代码如下：

```
RCC_APB1PeriphClockCmd(RCC_APB1Periph_I2C1|RCC_APB1Periph_I2C2,ENABLE);
```

（4）用固件库函数操作方式打开 CAN1、CAN2 时钟的代码如下：

```
RCC_APB1PeriphClockCmd(RCC_APB1Periph_CAN1|RCC_APB1Periph_CAN2,ENABLE);
```

（5）用固件库函数操作方式打开 DAC 时钟的代码如下：

```
RCC_APB1PeriphClockCmd(RCC_APB1Periph_DAC,ENABLE);
```

3. 使能连接 APB2 总线的片上外设时钟

（1）用固件库函数操作方式打开 AFIO 时钟的代码如下：

```
RCC_APB2PeriphClockCmd(RCC_APB2Periph_AFIO,ENABLE);
```

（2）用固件库函数操作方式打开 PA 和 PE 时钟的代码如下：

```
RCC_APB2PeriphClockCmd(RCC_APB2Periph_GPIOA|RCC_APB2Periph_GPIOE,ENABLE);
```

（3）用固件库函数操作方式打开 ADC1 和 ADC2 时钟的代码如下：

```
RCC_APB2PeriphClockCmd(RCC_APB2Periph_ADC1|RCC_APB2Periph_ADC2,ENABLE);
```

（4）用固件库函数操作方式打开 SPI1 时钟的代码如下：

```
RCC_APB2PeriphClockCmd(RCC_APB2Periph_SPI1,ENABLE);
```

（5）用固件库函数操作方式打开 USART1 时钟的代码如下：

```
RCC_APB2PeriphClockCmd(RCC_APB2Periph_USART1,ENABLE);
```

（5）用固件库函数操作方式关闭 PB 时钟的代码如下：

```
RCC_APB2PeriphClockCmd(RCC_APB2Periph_GPIOB,DISABLE);
```

如果增加外设，可以使能该外设时钟，方法是在后面用"|"继续添加相应位。

1.3 STM32F10x 的 GPIO

1.3.1 GPIO 概述

STM32F10xx 微控制器具有 7 个 GPIO 端口，分别为 GPIOA、GPIOB、GPIOC、GPIOD、GPIOE、GPIOF 和 GPIOG。GPIO 端口的结构如图 1.14 所示。每个 GPIO 端口有 16 个 I/O 引脚，可配置为输入或输出，输入时具备缓冲功能，输出时具备锁存功能。GPIO 端口作为输入使用时,可以被配置为上拉输入、下拉输入、浮空输入和模拟输入;作为输出使用时,可配置为开漏输出、推挽输出、复用开漏输出以及复用推挽输出。

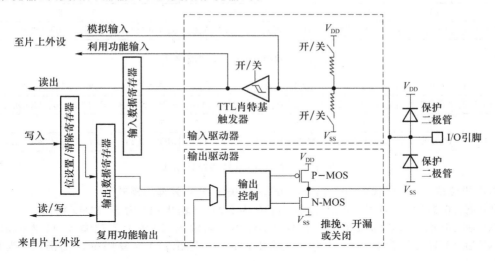

图 1.14　GPIO 端口的结构

GPIO 相关端口地址分配如表 1.6 所示。

表 1.6　GPIO 相关端口地址分配

AFIO 复用功能 GPIO 的地址范围	0x40010000～0x400103FF
EXTI 外部引脚中断的地址范围	0x40010400～0x400107FF
GPIO 端口 A 的地址范围	0x40010800～0x40010BFF
GPIO 端口 B 的地址范围	0x40010C00～0x40010FFF
GPIO 端口 C 的地址范围	0x40011000～0x400113FF
GPIO 端口 D 的地址范围	0x40011400～0x400117FF
GPIO 端口 E 的地址范围	0x40011800～0x40011BFF
GPIO 端口 F 的地址范围	0x40012000～0x400123FF
GPIO 端口 G 的地址范围	0x40012000～0x400123FF

对于互联型微控制器,没有 G 端口引脚。

1.3.2　GPIO 相关寄存器

1. GPIO 的配置寄存器 GPIO_CRH 和 GPIO_CRL

配置寄存器 GPIO_CRL 和 GPIO_CRH 可以分别对 0～7 和 8～15 引脚进行配置,主要包括通过 MODE 配置为输入还是输出,通过 CNF 结合 MODE 可配置为输入时采用哪种方式(模拟输入、高阻输入、上下拉输入),输出时采用哪种方式(推挽输出、开漏输出、复用推挽输出以及复用开漏输出)。这里的复用是指不工作在普通 I/O 方式,如某引脚用于 USART 的输出 TX 等。GPIO_CRL 和 GPIO_CRH 寄存器格式分别如图 1.15 和图 1.16 所示,每两位决定一个 GPIO 引脚。

31	30	29	28	27	26	25	24	23	22	21	20	19	18	17	16
CNF7[1:0]		MODE7[1:0]		CNF6[1:0]		MODE6[1:0]		CNF5[1:0]		MODE5[1:0]		CNF4[1:0]		MODE4[1:0]	
15	14	13	12	11	10	9	8	7	6	5	4	3	2	1	0
CNF3[1:0]		MODE3[1:0]		CNF2[1:0]		MODE2[1:0]		CNF1[1:0]		MODE1[1:0]		CNF0[1:0]		MODE0[1:0]	

图 1.15　GPIO_CRL 寄存器格式

31	30	29	28	27	26	25	24	23	22	21	20	19	18	17	16
CNF15[1:0]		MODE15[1:0]		CNF14[1:0]		MODE14[1:0]		CNF13[1:0]		MODE13[1:0]		CNF12[1:0]		MODE12[1:0]	
15	14	13	12	11	10	9	8	7	6	5	4	3	2	1	0
CNF11[1:0]		MODE11[1:0]		CNF10[1:0]		MODE10[1:0]		CNF9[1:0]		MODE9[1:0]		CNF8[1:0]		MODE80[1:0]	

图 1.16　GPIO_CRH 寄存器格式

CNF 两位决定一个引脚的配置,MODE 两位决定一个引脚的模式。

MODE:00 为输入;01 为 10 MHz 输出;10 为 2 MHz 输出;11 为 50 MHz 输出。

CNF 在 MODE 为 00 时,00 为模拟输入;01 为高阻输入;10 为上下拉输入;11 为保留。

CNF 在 MODE 不为 00 时,00 为推挽输出;01 开漏输出;10 为复用推挽输出;11 为复用开漏输出。

【例 1.1】　如要让 GPIOD 中的 PD10 作为最快 50MHz 推挽输出,则要使 MODE10＝11,CNF10＝00。

【例 1.2】　如要让 GPIOD 中的 PC5 作为高阻输入,则要使 MODE5＝00,CNF5＝01。

2. GPIO 的输入数据/输出数据寄存器 GPIO_IDR 和 GPIO_ODR

GIPO 端口作为输入端口使用时,使用 16 位的输入数据寄存器 GPIO_IDR 来获取输入引脚的值,输入数据寄存器 GPIO_IDR 格式如图 1.17 所示;GPIO 端口作为输出端口使用时,使用 16 位的输出数据寄存器写入要输出的值到指定引脚,寄存器的每一位对应一个引脚,输出寄存器 GPIO_ODR 格式如图 1.18 所示。

15	14	13	12	11	10	9	8	7	6	5	4	3	2	1	0
IDR15	IDR14	IDR13	IDR12	IDR11	IDR10	IDR9	IDR8	IDR7	IDR6	IDR5	IDR4	IDR3	IDR2	IDR1	IDR0

图 1.17　GPIO_IDR 寄存器格式

15	14	13	12	11	10	9	8	7	6	5	4	3	2	1	0
ODR15	ODR14	ODR13	ODR12	ODR11	ODR10	ODR9	ODR8	ODR7	ODR6	ODR5	ODR4	ODR3	ODR2	ODR1	ODR0

图 1.18　GPIO_ODR 寄存器格式

【例 1.3】　如要让 GPIOD 中的 PD10 输出高电平,则要使 ODR10＝1。

3. GPIO 的置复位寄存器 GPIO_BRR 和 GPIO_BSR

GPIO_BRR 为 16 位复位寄存器,当某位 BRi 为 1 时,该位对应引脚输出为 0,某位为 0 时对输出没有影响,格式如图 1.19 所示。GPIO_BSRR 为 16 位置位寄存器,当某位 BSi 为 1 时,该位对应引脚输出为 1,当某位为 0 时,对输出没有影响,其格式如图 1.20 所示。

15	14	13	12	11	10	9	8	7	6	5	4	3	2	1	0
BR15	BR14	BR13	BR12	BR11	BR10	BR9	BR8	BR7	BR6	BR5	BR4	BR3	BR2	BR1	BR0

图 1.19　GPIO_BRR 寄存器格式

15	14	13	12	11	10	9	8	7	6	5	4	3	2	1	0
BS15	BS14	BS13	BS12	BS11	BS10	BS9	BS8	BS7	BS6	BS5	BS4	BS3	BS2	BS1	BS0

图 1.20　GPIO_BSR 寄存器格式

【例 1.4】　如要让 GPIOD 中的 PD10 输出低电平,用复位寄存器 BRR 时则要使 BR10=1。

【例 1.5】　如要让 GPIOD 中的 PD10 输出高电平,用置位寄存器 BSR 时则要使 BS10=1。

4. GPIO 的锁定寄存器 GPIO_LCKR

GPIO 锁存寄存器 GPIO_LCKR 的目的是对配置端口锁定,这样,只要不复位,就不会改变 GPIO 引脚配置。GPIO_LCKR 为 32 位寄存器,格式如图 1.21 所示。17 位有效,LCKK 位为锁键,要锁定引脚配置的话,就必须对 GPIO_LCKK 进行序列写操作,序列为 LCKK=1,LCKK=0,LCKK=1。

31	30	29	28	27	26	25	24	23	22	21	20	19	18	17	16
保留															LCKK

15	14	13	12	11	10	9	8	7	6	5	4	3	2	1	0
LCK15	LCK14	LCK13	LCK12	LCK11	LCK10	LCK9	LCK8	LCK7	LCK6	LCK5	LCK4	LCK3	LCK2	LCK1	LCK0

图 1.21　GPIO_LCKR 寄存器格式

5. GPIO 寄存器结构定义

在 ARM_MDK 环境下,所有寄存器均可以采用结构体的方式来表示,在厂家提供的固件库函数中的头文件 stm32f10x.h 中(相关 GPIO 寄存器地址在 stm32f10x_gpio.h 及 stm32f10x.h 中定义),GPIO 结构体的定义如下:

```
typedef struct
{
    __IO uint32_t CRL;
    __IO uint32_t CRH;
    __IO uint32_t IDR;
    __IO uint32_t ODR;
    __IO uint32_t BSRR;
    __IO uint32_t BRR;
    __IO uint32_t LCKR;
} GPIO_TypeDef;
```

【例 1.6】　使用定义的结构体,采用寄存器方式,设置 GPIOD 中的 PD10 为 50 MHz 推挽输出,并让 PD10 输出低电平。可用如下代码完成:

```
GPIOD->CRH|=(3<<8);          //MODE10=11
GPIOD->CRH&=~(3<<10);        //CNF10=00
GPIOD->ODR|=(1<<10);         //PD10=1 或 GPIOD->BSRR|=(1<<10);
```

1.3.3　GPIO 复用引脚

许多 GPIO 引脚是多功能的,可以复用。

1. GPIO 复用振荡器引脚

用于连接外部 32.768 kHz 晶体的引脚 OSC32_IN 和 OSC32_OUT 如果不使用外部振荡器,使用内部振荡器,则可以作为普通 GPIO 端口 PC14 和 PC15 使用。

用于连接外部 25 MHz 晶体的引脚 OSC_IN 和 OSC_OUT 如果不使用外部振荡器,而使用内部振荡器,则可以作为普通 I/O 引脚(作为 GPIO 端口 PD0 和 PD1)使用。

2. GPIO 复用 CAN 引脚

对于 CAN 总线引脚,有默认用于 CAN 接收和发送的引脚,也有可重新映射的引脚。CAN1 和 CAN2(互联型有)复用功能重映射 CAN 信号可以被映射到端口 A、端口 B 或端口 D 上,如表 1.7 和表 1.8 所示。

表 1.7　CAN1 复用引脚映射关系

复用功能	CAN_REMAP[1:0]=00	CAN_REMAP[1:0]=10	CAN_REMAP[1:0]=11
CAN1_RX	PA11	PB8	PD0
CAN1_TX	PA12	PB9	PD1

表 1.8　CAN2 复用引脚映射关系

复用功能	CAN2_REMAP=0	CAN2_REMAP=1
CAN2_RX	PB12	PB5
CAN2_TX	PB13	PB6

3. GPIO 复用调试接口引脚

调试接口 JTAG/SWD 复用引脚映射关系如表 1.9 所示。

表 1.9　JTAG/SWD 复用引脚映射关系

复用功能	GPIO 引脚
JTMS/SWDIO	PA13
JTCK/SWCLK	PA14
JTDI	PA15
JTDO/TRACESWO	PB3
JNREST	PB4
TRACECK	PE2
TRACED0	PE3
TRACED1	PE4
TRACED2	PE5
TRACED3	PE6

4. GPIO 复用定时器引脚

定时器 TIM1 复用引脚映射关系如表 1.10 所示。

表 1.10　TIM1 复用引脚映射关系

复用功能	TIM1_REMAP[1:0]=00	TIM1_REMAP[1:0]=01	TIM1_REMAP[1:0]=11
TIM1_ETR	PA12		PE7
TIM1_CH1	PA8		PE9
TIM1_CH2	PA9		PE11

续 表

TIM1_CH3	PA10		PE13
TIM1_CH4	PA11		PE14
TIM1_CH1N	PB12	PA6	PE15
TIM1_CH2N	PB13	PA7	PE8
TIM1_CH3N	PB14	PB0	PE10
TIM1_CH4N	PB15	PB1	PE12

定时器 TIM2 复用引脚映射关系如表 1.11 所示。

表 1.11　TIM2 复用引脚映射关系

复用功能	TIM2_REMAP[1:0]=00	TIM2_REMAP[1:0]=01	TIM2_REMAP[1:0]=10	TIM2_REMAP[1:0]=11
TIM2_CH1_ETR	PA0	PA15	PA0	PA15
TIM2_CH2	PA1	PB3	PA1	PB3
TIM2_CH3	PA2		PB10	
TIM2_CH4	PA3		PB11	

定时器 TIM3 复用引脚映射关系如表 1.12 所示。

表 1.12　TIM3 复用引脚映射关系

复用功能	TIM3_REMAP[1:0]=00	TIM3_REMAP[1:0]=10	TIM3_REMAP[1:0]=11
TIM3_CH1	PA6	PB4	PC6
TIM3_CH2	PA7	PB5	PC7
TIM3_CH3	PB0		PC8
TIM3_CH4	PB1		PC9

定时器 TIM4 复用引脚映射关系如表 1.13 所示。

表 1.13　TIM4 复用引脚映射关系

复用功能	TIM4_REMAP=0	TIM4_REMAP=1
TIM4_CH1	PB6	PD12
TIM4_CH2	PB7	PD13
TIM4_CH3	PB8	PD14
TIM4_CH4	PB9	PD15

TIM5_CH4 默认复用的引脚为 PA3。

5. GPIO 复用 USART 引脚

串行通信接口 USART1 复用引脚映射关系如表 1.14 所示。

表 1.14　USART1 复用引脚映射关系

复用功能	USART1_REMAP=0	USART1_REMAP=1
USART1_TX	PA9	PB6
USART1_RX	PA10	PB7

串行通信接口 USART2 复用引脚映射关系如表 1.15 所示。

表 1.15　USART2 复用引脚映射关系

复用功能	USART2_REMAP＝0	USART2_REMAP＝1
USART2_CTS	PA0	PD3
USART2_RTS	PA1	PD4
USART2_TX	PA2	PD5
USART2_RX	PA3	PD6
USART2_CK	PA4	PD7

串行通信接口 USART3 复用功能重新映射关系如表 1.16 所示。

表 1.16　USART3 复用引脚映射关系

复用功能	USART3_REMAP[1:0]＝00	USART3_REMAP[1:0]＝01	USART3_REMAP[1:0]＝11
USART3_TX	PB10	PC10	PD8
USART3_RX	PB11	PC11	PD9
USART3_CK	PB12	PC12	PD10
USART3_CTS	PB13		PD11
USART3_RTS	PB14		PD12

串行通信接口 USART4 复用引脚映射关系如表 1.17 所示。

表 1.17　USART4 复用引脚映射关系

复用功能	USART4_REMAP[1:0]＝00
USART4_TX	PC10
USART4_RX	PC11

串行通信接口 USART5 复用引脚映射关系如表 1.18 所示。

表 1.18　USART5 复用引脚映射关系

复用功能	USART5_REMAP[1:0]＝00
USART5_TX	PC12
USART5_RX	PD2

6. GPIO 复用 I^2C 引脚

I^2C 接口复用引脚映射关系如表 1.17 所示。

表 1.19　I^2C 复用引脚映射关系

复用功能	I2C1_REMAP＝0	I2C1_REMAP＝1
I2C1_SCL	PB6	PB8
I2C1_SDA	PB7	PB9

7. GPIO 复用 SPI 引脚

接口 SPI1 复用引脚映射关系如表 1.18 所示。

表 1.20　SPI1 复用引脚映射关系

复用功能	SPI1_REMAP＝0	SPI1_REMAP＝1
SPI1_NSS	PA4	PA15
SPI1_SCK	PA5	PB3
SPI1_MISO	PA6	PB4
SPI1_MISO	PA7	PB5

接口 SPI3 复用引脚映射关系如表 1.19 所示。

表 1.21　SP3 复用引脚映射关系

复用功能	SPI3_REMAP＝0	SPI3_REMAP＝1
SPI2_NSS	PA15	PA4
SPI3_SCK	PB3	PC10
SPI3_MISO	PB4	PC11
SPI3_MISO	PB5	PC12

8. GPIO 复用以太网引脚

接口 Enthernet 复用引脚映射关系如表 1.20 所示。

表 1.22　Enthernet 复用引脚映射关系

复用功能	ETH_REMAP＝0	ETH_REMAP＝1
RX_DV	PA7	PD8
RXD0	PC4	PD9
RXD1	PC5	PD10
RXD2	PB0	PD11
RXD3	PB1	PD12

1.3.4　GPIO 操作

对 GPIO 操作时首先要使能相关 GPIO 端口的时钟,然后根据 GPIO 相关寄存器配置或初始化 GPIO 引脚,最后才可以读写 GPIO 端口的数据。GPIO 操作步骤如下。

第 1 步:使能 GPIO 相关时钟。

第 2 步:初始化 GPIO 引脚(配置输入或输出模式)。

第 3 步:读写 GPIO 数据。

1. 配置或初始化 GPIO 端口

配置 GPIO 端口可以采用寄存器方式,也可以采用固件库函数的方式。后面不加说明均采用基于 CMSIS 固件库函数的方式进行相关操作。

配置或初始化 GPIO 端口时采用的固件库函数是 GPIO_Init()。在使用前要使用以下结构体的声明:

GPIO_InitTypeDef GPIO_InitStructure;

GPIO_Init(GPIO_TypeDef * GPIOx,GPIO_InitTypeDef * GPIO_InitStruct)函数涉及两个参数:一是端口;二是引用的 GPIO 结构体。

GPIOx 表示 GPIOA、GPIOB、GPIOC、GPIOD、GPIOE、GPIOF、GPIOG 等中的任何一个。

如对 PD 进行初始化,则可直接用如下代码:

GPIO_Init(GPIOD, &GPIO_InitStructure);

关键是要设置好结构体中各成员的参数,以便通过 GPIO 结构体写入相关寄存器。

在 GPIOMode 结构体中定义了 GPIO 的工作模式:

```
typedef enum
{ GPIO_Mode_AIN = 0x0,              /* 模拟输入模式 */
  GPIO_Mode_IN_FLOATING = 0x04,     /* 浮空输入模式 */
  GPIO_Mode_IPD = 0x28,             /* 下拉输入模式 */
  GPIO_Mode_IPU = 0x48,             /* 上拉输入模式 */
  GPIO_Mode_Out_OD = 0x14,          /* 开漏输出模式 */
  GPIO_Mode_Out_PP = 0x10,          /* 推挽输出模式 */
  GPIO_Mode_AF_OD = 0x1C,           /* 复用开漏输出模式 *
  GPIO_Mode_AF_PP = 0x18            /* 利用推挽输出模式 *
}GPIOMode_TypeDef;
```

在 GPIOSpeed 结构体中定义了 GPIO 速度下的工作频率:

```
typedef enum
{
  GPIO_Speed_10MHz = 1,
  GPIO_Speed_2MHz,
  GPIO_Speed_50MHz
}GPIOSpeed_TypeDef;
```

另外,GPIO 引脚标识 GPIO_Pin_x(x=0~15)也已经定义如下:

```
#define GPIO_Pin_0               ((uint16_t)0x0001)  /*!< Pin 0 selected */
#define GPIO_Pin_1               ((uint16_t)0x0002)  /*!< Pin 1 selected */
#define GPIO_Pin_2               ((uint16_t)0x0004)  /*!< Pin 2 selected */
#define GPIO_Pin_3               ((uint16_t)0x0008)  /*!< Pin 3 selected */
#define GPIO_Pin_4               ((uint16_t)0x0010)  /*!< Pin 4 selected */
#define GPIO_Pin_5               ((uint16_t)0x0020)  /*!< Pin 5 selected */
#define GPIO_Pin_6               ((uint16_t)0x0040)  /*!< Pin 6 selected */
#define GPIO_Pin_7               ((uint16_t)0x0080)  /*!< Pin 7 selected */
#define GPIO_Pin_8               ((uint16_t)0x0100)  /*!< Pin 8 selected */
#define GPIO_Pin_9               ((uint16_t)0x0200)  /*!< Pin 9 selected */
#define GPIO_Pin_10              ((uint16_t)0x0400)  /*!< Pin 10 selected */
#define GPIO_Pin_11              ((uint16_t)0x0800)  /*!< Pin 11 selected */
#define GPIO_Pin_12              ((uint16_t)0x1000)  /*!< Pin 12 selected */
#define GPIO_Pin_13              ((uint16_t)0x2000)  /*!< Pin 13 selected */
#define GPIO_Pin_14              ((uint16_t)0x4000)  /*!< Pin 14 selected */
#define GPIO_Pin_15              ((uint16_t)0x8000)  /*!< Pin 15 selected */
#define GPIO_Pin_All             ((uint16_t)0xFFFF)  /*!< All pins selected */
```

(1) GPIO 引脚输入初始化

输入引脚初始化必须填入的 GPIO 结构体 GPIO_InitStructure 中的成员参数有引脚、工作模式。其中,成员 GPIO_Pin 确定要初始化的引脚,GPIO_Mode 确定要初始化的工作模式。

例如,初始化 PD10 为上拉输入,初始化代码如下:

```
GPIO_InitStructure.GPIO_Pin = GPIO_Pin_10;
GPIO_InitStructure.GPIO_Mode = GPIO_Mode_IPU;
GPIO_Init(GPIOD, &GPIO_InitStructure);
```

(2) GPIO 引脚输出初始化

输出引脚初始化必须填入的成员参数有引脚、工作模式以及最高工作频率。其中,成员 GPIO_Pin 确定要初始化的引脚,GPIO_Mode 确定要初始化的工作模式,GPIO_Speed 确定要初始化的输出工作频率。

例如,初始化 PC9 为推挽输出,频率为 50 MHz,初始化代码如下:

```
GPIO_InitStructure.GPIO_Pin = GPIO_Pin_9;
GPIO_InitStructure.GPIO_Mode = GPIO_Mode_PP;
GPIO_InitStructure.GPIO_Speed = GPIO_Speed_50MHz;
GPIO_Init(GPIOC, &GPIO_InitStructure);
```

2. 采用固件库函数读写 GPIO 数据

通过函数的直接调用可实现对硬件的操作,STM32F1x 系列微控制器主要的 GPIO 库函数如表 1.23 所示。

表 1.23　主要的 GPIO 库函数

GPIO 函数名	原型	功能
GPIO_Init	GPIO_Init(GPIO_TypeDef * GPIOx,GPIO_InitTypeDef * GPIO_InitStruct)	初始化 GPIOx
GPIO_ReadInputDataBit	GPIO_ReadInputDataBit(GPIO_TypeDef * GPIOx, u16 GPIO_Pin)	读取端口管脚的输入
GPIO_ReadInputData	GPIO_ReadInputData(GPIO_TypeDef * GPIOx)	读取 GPIO 端口输入
GPIO_ReadOutputDataBit	GPIO_ReadOutputDataBit(GPIO_TypeDef * GPIOx, u16 GPIO_Pin)	读取端口管脚的输出
GPIO_ReadOutputData	GPIO_ReadOutputData(GPIO_TypeDef * GPIOx)	读取 GPIO 端口输出
GPIO_SetBits	GPIO_SetBits(GPIO_TypeDef * GPIOx, u16 GPIO_Pin)	设置数据端口位
GPIO_ResetBits	GPIO_ResetBits(GPIO_TypeDef * GPIOx, u16 GPIO_Pin)	清除数据端口位
GPIO_WriteBit	GPIO_WriteBit(GPIO_TypeDef * GPIOx, u16 GPIO_Pin, BitAction BitVal)	设置或者清除数据端口位
GPIO_Write	GPIO_Write(GPIO_TypeDef * GPIOx, u16 PortVal)	向指定 GPIO 数据端口写入数据

除了示出初始化 GPIO 的函数 GPIO_Init()外,表 1.23 还示出了所有跟 GPIO 有关的读写函数。

(1) GPIO_ReadInputDataBit()函数

GPIO_ReadInputDataBit()函数是对指定引脚输入状态读取的函数,可用于读取指定一个引脚高低电平的状态。例如,读取 PC5 的高低电平可使用如下函数:

```
GPIO_ReadInputDataBit(GPIOC,GPIO_Pin_5);
```

（2）GPIO_ReadInputData()函数

GPIO_ReadInputData()函数是对指定 GPIO 端口(16 个引脚)状态读取的函数,可用于读取指定一个 GPIO 端口所有引脚的输入状态。例如,读取 PA 端口的状态可使用如下函数:

```
GPIO_ReadInputData(GPIOA);
```

（3）GPIO_ReadOutputDataBit()函数

GPIO_ReadOutputDataBit()函数是对指定 GPIO 端口指定一个引脚输出状态读取的函数,可用于读取指定一个 GPIO 端口引脚的输出状态。例如,读取 PD2 端口输出状态可使用如下函数:

```
GPIO_ReadOutputDataBit(GPIOD,GPIO_Pin_2);
```

（4）GPIO_ReadOutputData()函数

GPIO_ReadOutputData()函数是对指定 GPIO 端口 16 位引脚输出状态读取的函数,可用于读取指定一个 GPIO 端口所有引脚输出的状态。例如,读取 PE 端口输出状态可使用如下函数:

```
GPIO_ReadOutputData(GPIOE);
```

（5）GPIO_SetBits()函数

GPIO_SetBits()函数是对指定 GPIO 端口一个或多个引脚进行置位写操作的函数,可用于写 1 到指定一个或多个 I/O 引脚输出。例如,让 PD2/PD3/PD5 均设置为 1 可使用如下函数:

```
GPIO_SetBits(GPIOD,GPIO_Pin2|GPIO_Pin3|GPIO_Pin5);
```

（6）GPIO_ResetBits()函数

GPIO_ResetBits()函数是对指定 GPIO 端口一个或多个引脚进行复位写操作的函数,可用于写 0 到指定一个定或多个 I/O 引脚输出。例如,让 PA1/PA6 均设置为 0 可使用如下函数:

```
GPIO_SetBits(GPIOA,GPIO_Pin1|GPIO_Pin6);
```

（7）GPIO_WriteBit()函数

GPIO_WriteBits()函数是对指定 GPIO 端口 1 个引脚进行写操作的函数,可用于写 0 或 1 到指定一个定引脚输出。例如,让 PC1=0,PD2=1 可使用如下函数:

```
GPIO_WriteBit(GPIOC,GPIO_Pin1, Bit_RESET);
GPIO_WriteBit(GPIOD,GPIO_Pin2, Bit_SET);
```

（8）GPIO_WriteBits()函数

GPIO_WriteBit()函数是对指定 GPIO 端口 16 个引脚进行写操作的函数,可用于写 16 位的数据到指定端口的输出。例如,让 PE=0x7F 可以使用如下函数:

```
GPIO_WriteBits(GPIOE,0x7F);
```

3. 采用寄存器操作方式读写 GPIO 数据

对于 GPIO 数据的读定操作,除了可利用上述固件库函数操作外,还可利用寄存器操作,而且其更为简捷。采用寄存器操作就是直接使用 GPIO 的输入数据寄存器 IDR 和输出数据寄存器 ODR。

GPIOx−>IDR 表示 GPIOx 端口的输入数据寄存器的值;GPIOx−>ODR 表示 GPIOx 端口的输出 数据寄存器的值。

【例1.7】 假设 PE2 已初始化为输入,PD2 已初始化为输出,当 PE2=1 时,让 PD12=0,代码如下:

```
if(GPIOE − >IDR&(1<<2))    GPIOD − >ODR& = ~(1<<12);
```

【例1.8】 如果采用固件库让 PD7 每次取反,则要书写许多代码,而若用寄存器操作,则代码非常简单,具体只用如下一行代码:

```
GPIOD->ODR^=(1<<7);
```

1.4 STM32F10x 的定时器

1.4.1 定时器概述

STM32F10x 系列微控制器具有 8 个独立的 16 位定时器,分别为 TIM1、TIM2、TIM3、TIM4、TIM5、TIM6、TIM7 和 TIM8,其中,TIM1 和 TIM8 为高级控制定时器,TIM2~TIM5 为通用定时器,TIM6 和 TIM7 为普通定时器。

定时器的组成结构如图 1.22 所示。

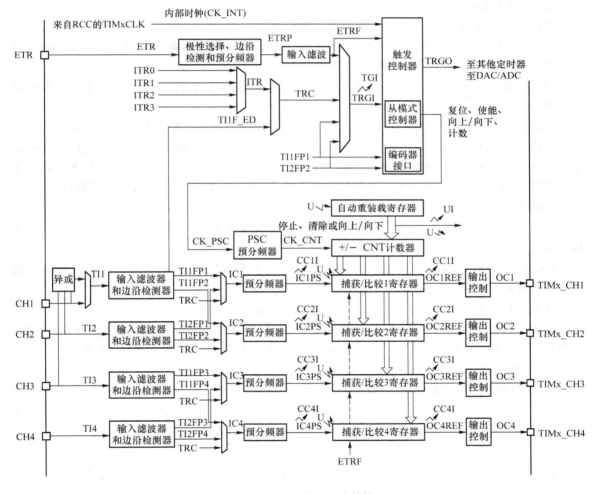

图 1.22 定时器的组成结构

1.4.2 定时器相关寄存器

1. 定时器控制寄存器 CR1

定时器控制寄存器 CR1 的格式如图 1.23 所示，CR2 寄存器格式如图 1.24 所示。

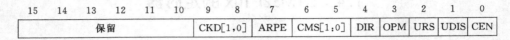

15	14	13	12	11	10	9	8	7	6	5	4	3	2	1	0
保留						CKD[1,0]		ARPE	CMS[1,0]		DIR	OPM	URS	UDIS	CEN

图 1.23 CR1 寄存器格式

15	14	13	12	11	10	9	8	7	654			3	2	1	0
保留	OIS4	OIS3N	OIS3	OIS2N	OIS2	OIS1N	OIS1	TI1S	MMS[2,0]			CCDS	CCUS	保留	CCPC

图 1.24 CR2 寄存器格式

CEN：定时器使能，1 表示使能，0 表示禁止。

UDIS：禁止更新，1 表示禁止更新，0 表示允许更新。

URS：更新请求源，使能更新中断时，URS＝1 时只有溢出才更新中断，URS＝0 时溢出、设置 UG 位或从模式控制器产生的均更新中断。

OPM：单脉冲模式，OPM＝0 在发生更新事件时，计数器不停止，OPM＝1 在下次更新时停止计数。

DIR：方向，只有通用定时器和高级定时器才有，DIR＝0 向上计数，DIR＝1 向下计数。

CMS[1,0]：中央对齐模式选择，只有通用定时器和高级定时器才有，00 表示边沿对齐，01 表示中央对齐模式 1，10 表示中央对齐模式 2，11 表示中央对齐模式 3，三种中央对齐都是向上向下交替计数，但模式 1 只有在向下计数时被设置，模式 2 只有在向上计数时被设置，模式 3 在向上和向下计数时均被设置。

ARPE：重新装载允许，0 为 TIMx_ARR 寄存器没有缓冲，1 为 TIMx_ARR 寄存器被装入缓冲器。

CKD[1,0]：时钟因子，决定死区时间是定时器时钟的倍数，只有通用定时器和高级定时器才有，00 表示 1 倍，01 表示 2 倍，10 表示 4 倍，11 表示保留。

基本定时器只有 MMS[2,0]，000 表示复位，001 表示使能，010 表示更新。

通用定时器除了 MMS 外，还有 CCDS：比较/捕获的 DMA 选择，以及 TI1S：0：TIMx_CH1 引脚连接到 TI1S，1 表示 TIMx_CH1、TIMx_CH2 和 TIMx_CH3 异或后连接 TI1S。

OISx 和 OSIxN 为输出空闲状态 x。

2. 定时器状态寄存器 TIMx_SR

定时器状态寄存器 TIMx_SR 记录着定时器的工作状态，格式如图 1.25 所示，各位含义如下。

15 14 13	12	11	10	9	8	7	6	5	4	3	2	1	0
保留	CC4OF	CC3OF	CC2OF	CC1OF	保留	BIF	TIF	COMIF	CC4IF	CC3IF	CC2IF	CC1IF	UIF

图 1.25 定时器状态寄存器 TIMx_SR 的格式

UIF：更新中断标志，1 表示有更新中断，0 表示无更新中断。

CCxIF(x＝1,2,3,4)：捕获/比较 x 中断标志，1 表示有中断，0 表示无中断。

COMIF:COM 中断标志,1 表示有中断,0 表示无中断。

TIF:触发中断标志,1 表示有中断,0 表示无中断。

BIF:刹车中断标志,1 表示有中断,0 表示无中断。

CCxOF(x=1,2,3,4):捕获/比较 x 的中断标志,1 表示有中断,0 表示无中断。

3. 定时器中断使能寄存器 TIMx_DIER

定时器中断使能寄存器 TIMx_DIER 格式如图 1.26～1.28 所示,其中,高级控制定时器中断使能寄存器格式如图 1.26 所示,通用定时器中断使能寄存器格式如图 1.27 所示,普通定时器中断使能寄存器格式如图 1.28 所示。

15	14	13	12	11	10	9	8	7	6	5	4	3	2	1	0
保留	TDE	COMDE	CC4DE	CC3DE	CC2DE	CC1DE	UDE	BIE	TIE	COMIE	CC4IE	CC3IE	CC2IE	CC1IE	UIE

图 1.26　高级控制定时器中断使能寄存器格式

15	14	13	12	11	10	9	8	7	6	5	4	3	2	1	0
保留	TDE	保留	CC4DE	CC3DE	CC2DE	CC1DE	UDE	保留	TIE	保留	CC4IE	CC3IE	CC2IE	CC1IE	UIE

图 1.27　通用定时器中断使能寄存器格式

15	14	13	12	11	10	9	8	7	6	5	4	3	2	1	0
保留							UDE	保留							UIE

图 1.28　普通定时器中断使能寄存器格式

定时中断使能寄存器的各位含义如下。

UIE:更新中断使能,1 表示允许更新中断,0 表示禁止更新中断。

CCxIE(x=1,2,3,4):捕获/比较 x 中断使能,1 表示允许捕获/比较 x 中断,0 表示禁止。

COMIE:COM 中断允许,1 表示允许,0 表示禁止。

TIE:触发中断允许,1 表示允许,0 表示禁止。

BIE:刹车中断允许,1 表示允许,0 表示禁止。

UDE:更新的 DMA 请求允许,1 表示允许,0 表示禁止。

CCxDE(x=1,2,3,4):捕获/比较 x 的 DMA 请求,1 表示允许,0 表示禁止。

COMDE:允许 COM 的 DMA 请求,1 表示允许,0 表示禁止。

TDE:允许 DMA 触发请求,1 表示允许,0 表示禁止。

4. 计数寄存器 TIMx_CNT

TIMx_CNT 为定时器的 16 位计数寄存器,用于保存当前计数的值。

5. 预分频器 TIMx_PSR

TIMx_PSR 为定时器的 16 位预分频器,计数器的计数频率 CK_CNT=输入频率/(PSR+1)。

6. 自动重装载寄存器 TIMx_ARR

TIMx_ARR 为定时器的 16 位自动重装载寄存器,若该值为 0,则停止计数。ARR 及 PSR 的值决定定时周期,当计数频率为 FCLK 时,定时周期(时间)为

$$T = N \times (PSR+1)/FCLK$$

对于 STM32F10x, $N = 1 + ARR$, $PSC = TIM\_Prescaler$,假设定时器的时钟频率为 $F_{TIMxCLK}$,重装寄存器的 ARR 值为 TIM_Period,预分频寄存器的 PSR 值为 TIM_Prescaler,则定

时的时间 T 为

$$T=(1+\text{TIM\_Period})\times[(1+\text{TIM\_Prescaler})/F_{\text{TIMxCLK}}] \tag{1-1}$$

变换得到重装寄存器 ARR 的值为

$$\text{TIM\_Period}=T\times F_{\text{TIMxCLK}}/(1+\text{TIM\_Prescaler})-1 \tag{1-2}$$

1.4.3 PWM 相关寄存器

1. 捕获/比较寄存器 TIMx_CCR1/2/3/4

PWM 捕获/比较寄存器 TIMx_CCR1～TIMx_CCR4 分别对应于 TIMx 的第 1 至第 4 个通道的捕获/比较寄存器,它们为 16 位寄存器,决定各自 PWM 通道输出 PWM 波形的占空比。

2. 重装载寄存器 TIMx_ARR1/2/3/4

TIMx_ARR1～TIMx_ARR4 为定时器 TIMx 第 1 到第 4 通道的 16 位重装寄存器。

3. 捕获/比较使能寄存器 TIMx_CCER

TIMx_CCER 控制各通道开关,它是 16 位的寄存器,要让 PWM 从相应引脚输出,必须使相应位设置为 1。寄存器格式如图 1.29 所示,各个位的功能如下。

15	14	13	12	11	10	9	8	7	6	5	4	3	2	1	0
保留		CC4P	CC4E	保留		CC3P	CC3E	保留		CC2P	CC2E	保留		CC1P	CCIE

图 1.29　捕获/比较使能寄存器

CCiE($i=1,2,3,4$):使能位,1 表示有效。输出时其为 1,表示允许 OCi 输出,0 表示禁止输出;输入捕获时为 1,表示允许捕获,0 禁止捕获。

CCiP($i=1,2,3,4$):输出极性选择位,0 表示输出高电平有效,1 表示输出低电平有效。

PWM1CTCR 寄存器决定是定时模式还是计数模式、计数模式下的触发形式以及计数从哪个引脚输入。

4. 捕获/比较模式寄存器 TIMx_CCMR1/2

TIMx_CCMR1 和 TIMx_CCMR2 分别控制定时器 TIMx 的 PWM 通道 1,2 和 PWM 通道 3,4 的工作模式。其寄存器格式如图 1.30 所示,各位的含义如下。

15	14	13	12	11	10	9	8	7	6	5	4	3	2	1	0
OC2CE	OC2M[2:0]			OC2PE	OC2PE	CC2S[1:0]		OC1CE	OC1M[2:0]			OC1PE	OC1FE	CC1S[1:0]		
	IC2F[3:]			IC2PSC[1:0]		CC2S[1:0]			IC1F[3:0]			IC1PSC[1:0]		CC1S[1:0]		

图 1.30　TIMx_CCMR1 寄存器格式

CCiS[1:0]:捕获/比较 i($i=1,2,3,4$) 模式选择。

00:CCi 通道被配置为输出。

01:CCi 通道被配置为输入,ICi 映射在 TI1 上。

10:CCi 通道被配置为输入,ICi 映射在 TI2 上。

11:CCi 通道被配置为输入,ICi 射在 TRC 上。

OCiFE:输出比较 i 快速使能,0 表示根据计数器与 CCRi 的值,CCi 正常操作;1 表示输入到触发器的有效边沿时就发生一次比较匹配。

OCiPE:输出比较 i 预装载使能,0 表示禁止 TIMx_CCR1 寄存器的预装载功能,1 表示开启 TIMx_CCR1 寄存器的预装载功能。

OCiM[2:0]:输出比较 i 模式,3 位定义了输出参考信号 OC1REF 的动作,而 OC1REF 决定了 OC1、OC1N 的值。OC1REF 是高电平有效,而 OCi、OCiN 的有效电平取决于 CCiP、CCiNP 位。

000:冻结。输出比较寄存器 TIMx_CCRi 与计数器 TIMx_CNT 间的比较对 OCiREF 不起作用。

001:匹配时设置通道 i 为有效电平。当计数器 TIMx_CNT 的值与捕获/比较寄存器 i(TIMx_CCRi) 相同时,强制 OC1REF 为高。

010:匹配时设置通道 i 为无效电平。当计数器 TIMx_CNT 的值与捕获/比较寄存器 i(TIMx_CCRi) 相同时,强制 OC1REF 为低。

011:翻转。当 TIMx_CCRi＝TIMx_CNT 时,翻转 OCiREF 的电平。

100:强制为无效电平。强制 OCiREF 为低。

101:强制为有效电平。强制 OCiREF 为高。

110:PWM 模式 1:在向上计数时,当 TIMx_CNT＜TIMx_CCRi 时通道 i 为有效电平,否则为无效电平;在向下计数时,当 TIMx_CNT＞TIMx_CCRi 时通道 i 为无效电平(OC1REF＝0),否则为有效电平(OCiREF＝1)。

111:PWM 模式 2:在向上计数时,一旦 TIMx_CNT＜TIMx_CCRi 时通道 i 为无效电平,否则为有效电平;在向下计数时,一旦 TIMx_CNT＞TIMx_CCRi 时通道 i 为有效电平,否则为无效电平。

5. PWM 输出周期与占空比

STM32F10x 系列微控制器的 PWM 部件所接时钟为即 TIMx 时钟,与定时器计算周期一样,如式(1-3)所示,因此在边沿对齐模式下,PWM 输出频率为

$$F_{\text{PWMOUT}} = F_{\text{PCLK}}/(1+\text{TIM\_Period})/(1+\text{TIM\_Prescaler}) \qquad (1\text{-}3)$$

其中,F_{PCLK} 为 ABP1(TIM2/3/4/5)或 APB2(TIM1/8)时钟 PCLK 对应的频率,通常为系统时钟配置,为 72MHz。

因此要输出指定频率的 PWM 波形,定时器的重装寄存器的值为

$$\text{TIMx\_ARR} = F_{\text{PCLK}}/F_{\text{PWMOUT}}/(1+\text{TIM\_Prescaler})-1 \qquad (1\text{-}4)$$

周期确定之后,PWM 输出占空比由捕获/比较寄存器 TIMx_CCR 的值决定。

各通道的占空比为

$$\text{DutyRatio} = \text{TIMx\_CCRi}/(\text{TIMx\_ARRi}+1) \qquad (1\text{-}5)$$

其中,i＝1,2,3,4。

1.4.4　定时器寄存器的结构定义

在 ARM_MDK 环境下,所有寄存器均可以采用结构体的方式来表示,在厂家提供的固件库函数中,头文件 stm32f10x.h(相关 TIM 寄存器地址在 stm32f10x_tim.h 及 stm32f10x.h 中定义)定义的 TIM 结构体如下:

```
typedef struct
{
  __IO uint16_t CR1;
  uint16_t   RESERVED0;
  __IO uint16_t CR2;
```

```
        uint16_t   RESERVED1;
    __IO uint16_t SMCR;
        uint16_t   RESERVED2;
    __IO uint16_t DIER;
        uint16_t   RESERVED3;
    __IO uint16_t SR;
        uint16_t   RESERVED4;
    __IO uint16_t EGR;
        uint16_t   RESERVED5;
    __IO uint16_t CCMR1;
        uint16_t   RESERVED6;
    __IO uint16_t CCMR2;
        uint16_t   RESERVED7;
    __IO uint16_t CCER;
        uint16_t   RESERVED8;
    __IO uint16_t CNT;
        uint16_t   RESERVED9;
    __IO uint16_t PSC;
        uint16_t   RESERVED10;
    __IO uint16_t ARR;
        uint16_t   RESERVED11;
    __IO uint16_t RCR;
        uint16_t   RESERVED12;
    __IO uint16_t CCR1;
        uint16_t   RESERVED13;
    __IO uint16_t CCR2;
        uint16_t   RESERVED14;
    __IO uint16_t CCR3;
        uint16_t   RESERVED15;
    __IO uint16_t CCR4;
        uint16_t   RESERVED16;
    __IO uint16_t BDTR;
        uint16_t   RESERVED17;
    __IO uint16_t DCR;
        uint16_t   RESERVED18;
    __IO uint16_t DMAR;
        uint16_t   RESERVED19;
} TIM_TypeDef;
```

1.4.5 定时器作为定时使用时的配置与初始化

1. 定时器定时的操作步骤

第 1 步:使能定时器时钟。

采用固件库函数 RCC _ APB1PeriphClockCmd ( ) 使能 TIM2 ～ TIM7 时钟,采用 RCC _

APB2PeriphClockCmd()使能 TIM1 和 TIM8 时钟。

第2步：初始化定时器。

采用函数 TIM_TimeBaseInit()配置和初始化定时器，以确定定时时间等参数。

第3步：使能定时器。

采用函数 TIM_Cmd(TIMx，ENABLE)使能指定定时器。

如果定时器需要中断，则要利用函数 TIM_ITConfig(TIMx，TIM_IT_Update，ENABLE)开定时中断，最后在 NVIC 中也要开定时器中断。

初始化定时器是定时器操作的核心步骤，它决定了定时计数方式、预分频器的值以及重装计数器的值，从而决定定时长度，即时间或周期。利用库函数 TIM_TimeBaseInit()必须事先声明以下结构体：

```
TIM_TimeBaseInitTypeDef  TIM_TimeBaseStructure;
```

定时器的定时时间由式(1-2)决定，通过式(1-3)得到定时为 T 时间的重新计数器的值。

由式(1-3)可知：$TIM\_Period = T \times F_{TIMxCLK}/(1+TIM\_Prescaler)-1$。

令 SystemCoreClock $= F_{TIMxCLK}$（为 72 MHz = 72 000 000 Hz），当 TIM_Prescaler = SystemCoreClock/10 000 − 1 时，TIM_Period $= T \times$ SystemCoreClock/ SystesmCoreClock $\times$ 10 000 − 1，TIM_Period $= T \times$ 10 000 − 1，因此要定时 1 ms = 0.001 s，10 000 × 0.001 = 10，则

$$TIM\_Period = 10 \times T - 1 = 10 \times 1 - 1$$

同样定时 Nms，则 TIM_Period $= 10 \times Nms - 1$。

由于 TIM_Period < 65 536，因此 Nms < 6 553 ms，此种预分频设置条件，最大定时为6.55 s。如果定时更长时间，则需增大预分频器的值。

TIM_TimeBaseInit()函数涉及的 TIM_TimeBaseStructure 结构有 4 个成员需要赋值。

① TIM_Period(定时周期)。其决定重装值 ARR，以决定定时周期，取值范围为 0x0000～0xFFFF。

② TIM_Prescaler(预分频器值)。PSR 决定实际计数频率，取值范围为 0x0000～0xFFFF。采用系统时钟频率的倍数来赋值，如

```
TIM_TimeBaseStructure. TIM_Prescaler= SystemCoreClock/10 000-1
```

③ TIM_ClockDivision(时钟除数因子)。其对应于定时器控制寄存器 CR1 中的 CKD[1:0]，即时钟分频因子，取值范围为 0 ～3，对应 1 倍、2 倍、4 倍、保留，通常用 0 表示 1 倍频率。

④ TIM_CounterMode(计数方式)。其可选择加法计数或减法计数方式，通常选择加法计数。

```
TIM_TimeBaseStructure.TIM_CounterMode = TIM_CounterMode_Up;
```

2. 定时器定时操作示例

【例 1.9】 用 TIM2 定时 Nms 写出用固件库函数对 TIM2 的初始化程序 TIM2_Configuration。

```
TIM2_Configuration (uin16_t Nms)
{TIM_TimeBaseInitTypeDef TIM_TimeBaseStructure;          /* 引用定时器结构体 */
RCC_APB1PeriphClockCmd(RCC_APB1Periph_TIM2,ENABLE);      /* 打开 TIM2 时钟 */
TIM_TimeBaseStructure.TIM_Period = 10 * Nms - 1;          /* 定时 Nms ms */
TIM_TimeBaseStructure.TIM_Prescaler = SystemCoreClock/10000 - 1;
TIM_TimeBaseStructure. TIM_ClockDivision = 0;
TIM_TimeBaseInit(TIM2, &TIM_TimeBaseStructure);          /* 写入定时器相应寄存器 */
TIM_Cmd(TIM2, ENABLE);                                   /* 使能定时器 */
}
```

1.4.6 定时器作为 PWM 输出使用时的配置与初始化

1. PWM 的操作步骤

由于 TIM6 和 TIM7 为基本定时器,只应用在定时方面,不具备 PWM 功能,因此只有 TIM1、TIM2～TIM5 以及 TIM8 具备 PWM 输出功能。利用定时器 PWM 输出操作的步骤 如下。

第 1 步:使能定时器时钟。

采用固件库函数 RCC_APB1PeriphClockCmd() 使能 TIM2～TIM5 时钟,RCC_APB2PeriphClockCmd() 使能 TIM1 和 TIM8 时钟。

第 2 步:初始化 GPIO 引脚,并设置为 PWM 输出引脚。

对照 1.3.3 节中的 GPIO 复用定时器引脚,设置 PWM 输出对应的 GPIO 引脚。

第 3 步:初始化并使能定时器。

采用函数 TIM_TimeBaseInit 配置和初始化定时器,以确定 PWM 周期,采用函数 TIM_Cmd(TIMx, ENABLE) 使能指定定时器。

第 4 步:初始化 PWM 通道。

采用 TIM_OCxInit 函数(x＝1,2,3,4 表示 PWM 通道号)初始化 PWM,包括 PWM 模式、输出极性、占空比等。

第 5 步:使能 TIMx 在 CCRx 上的重装寄存器的值。

采用 TIM_OCxPreloadConfig(x＝1,2,3,4) 函数使能重装寄存器的值。

第 6 步:使能 PWM 输出。

采用 TIM_CtrlPWMOutputs(TIMx,ENABLE)(x＝1,2,3,4) 使能 PWM 输出。

除了特殊情况外,PWM 输出一般不用定时器中断。

2. PWM 的操作示例

【例 1.10】 用 TIM4 通道 1 产生占空比为 35％,频率为 10 kHz 的 PWM 波形。

解:查询 TIM4 通道 1 对应的默认 GPIO 引脚,由表 1.10 可知为 PB6,为复用多功能引脚,因此打开时钟时除了要打开 PB 端口时钟外,还要打开 AFIO 复用 IO 时钟。

若频率＝10 kHz,则周期＝0.1 ms, 由 $TIM\_Period = T \times F_{TIMxCLK}/(1 + TIM\_Prescaler) - 1$ 可知,若 $TIM\_Prescaler = 0$, $F_{TIMxCLK} = 72$ MHz＝72 000 000,则 $TIM\_Period = 0.1 \times 72\ 000\ 000 - 1 = 1/10\ 000 \times 72\ 000\ 000 - 1 = 7200 - 1$,占空比因子＝$TIM\_Period \times 35\% = 2\ 520$。

初始化定时器及 PWM 的代码如下:

```
PWM_Configuration(void)
{
GPIO_InitTypeDef GPIO_InitStructure;
TIM_TimeBaseInitTypeDef TIM_TimeBaseStructure;
TIM_OCInitTypeDef TIM_OCInitStructure;
RCC_APB1PeriphClockCmd(RCC_APB1Periph_TIM4,ENABLE);        /*使能 TIM4 时钟*/
RCC_APB2PeriphClockCmd(RCC_APB2Periph_GPIOB|RCC_APB2Periph_AFIO,ENABLE);
GPIO_InitStructure.GPIO_Pin = GPIO_Pin_6;                 /*PB6 为 TIM4 通道 1 输出引脚
GPIO_InitStructure.GPIO_Mode = GPIO_Mode_AF_PP;           /*复用输出推挽*/
GPIO_InitStructure.GPIO_Speed = GPIO_Speed_50MHz;         /*配置端口速度为 50M*/
GPIO_Init(GPIOB, &GPIO_InitStructure);                    /*将端口 GPIOD 进行初始化配置*/
```

```
TIM_BaseInitStructure.TIM_Period = 100 - 1;                    /*定时周期为0.1ms,频率为10kHz*/
TIM_BaseInitStructure.TIM_ClockDivision = 0;                   /*时钟分割为0, 1倍频率*/
TIM_BaseInitStructure.TIM_CounterMode = TIM_CounterMode_Up;    /*TIM向上计数模式*/
TIM_TimeBaseInit(TIM4, &TIM_BaseInitStructure);                /*初始化TIM时间基数寄存器*/
TIM_ARRPreloadConfig(TIM4, ENABLE);                            /*使能TIM4在ARR上的预装载寄存器*/
TIM_Cmd(TIM4, ENABLE);                                         /*使能TIM4*/
TIM_OCInitStructure.TIM_OCMode = TIM_OCMode_PWM1;              /*PWM模式1输出*/
TIM_OCInitStructure.TIM_Pulse = 2520;                          /*设置占空比为35%*/
TIM_OCInitStructure.TIM_OCPolarity = TIM_OCPolarity_High;      /*TIM输出比较极性高*/
TIM_OCInitStructure.TIM_OutputState = TIM_OutputState_Enable;  /*使能输出状态*/
TIM_OC3Init(TIM4, &TIM_OCInitStructure);                       /*根据参数初始化PWM寄存器*/
TIM_OC3PreloadConfig(TIM4,TIM_OCPreload_Enable);               /*使能TIM4_CCR3的预装载寄存器*/
TIM_CtrlPWMOutputs(TIM4,ENABLE);                               /*设置TIM4的PWM输出为使能*/
}
```

应注意的是:代码中的参量 TIM_Pulse 是会改变占空比的,只要它不超过预装载寄存器中的值,即可随时改变 PWM 脉冲宽度。通常该值用一变量代入,当变量在 0~ARR 中改变时,占空比在 0~100% 变化,而频率不变。若要改变 PWM 频率,则需要调整 ARR 的值。

1.5　STM32F10x 的 ADC

1.5.1　STM32F10x 片上 ADC 组件概述

STM32F10x 微控制器内部的 12 位 ADC 为逐次逼近型模拟数字转换器,共有 18 个模拟通道,可测量 16 个外部和 2 个内部信号源。各通道的 A/D 转换可以以单次转换、连续转换、自动扫描模式执行。ADC 的结果可以左对齐或右对齐的方式存储在 16 位数据寄存器中。

ADC 的供电要求:2.4 V 到 3.6 V。ADC 输入范围:$V_{REF-} \leqslant V_{IN} \leqslant V_{REF+}$。STM32F10x 片上 ADC 结构如图 1.31 所示。

由时钟控制器提供的 ADCCLK 时钟和 PCLK2(APB2 时钟)同步。RCC 控制器为 ADC 时钟提供一个专用的可编程预分频器。

外部模拟通道有 16 个多路模拟通道,内部有两个模拟通道(内部温度传感器通道和内部参照电压通道)。温度传感器和通道 ADCx_IN16 相连接,内部参照电压 V_{REFINT} 和 ADCx_IN17 相连接。有 ADCx_0~ADCx_1 7 18 个模拟通道,其中 ADCx_0~ADCx_15 这 16 个外部通道可以测量外部模拟信号。

1. 内部温度传感器及内部参考电压

温度传感器可以用来测量器件周围的温度(TA),温度传感器在内部和 ADC1_IN16 输入通道相连接,此通道把传感器输出的电压转换成数字值,如图 1.32 所示。温度传感器模拟输入推荐采样时间是 17.1 μs。

$$温度(℃)=[(V_{25}-V_{SENSE})/Avg\_Slope]+25$$

其中,$V_{25}=V_{SENSE}$ 在 25 ℃ 时的数字量,典型值为 1.43,Avg_Slope = 温度与 V_{SENSE} 曲线的平均斜率(单位为 mV/℃ 或 μV/℃),典型值为 4.3 mV/℃=0.004 3 V/℃。

因此,如果 ADC 采集得到的数字量为 temp,则实际温度计算式为

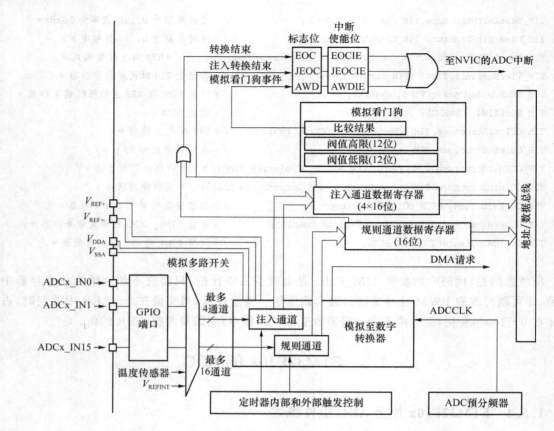

图 1.31　STM32F10x 片上 ADC 结构

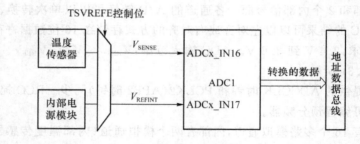

图 1.32　STM32F10x 片上温度传感器通道的组成

$$T = [1.43 - (3.3/4\,096) \times \text{temp}]/0.004\,3 + 25 \tag{1-6}$$

除了内置温度传感器外,内部还有一个标准的参考电压 V_{REFINT},它连接的是通道 17(ADC1_IN17),典型值为 1.2 V(非常稳定的电压),可作为标准信号源来校准。

2. 标准 ADC 通道

通道 0~15(即 ADC1_IN0~ADC1_IN15)共 16 个通道,可接外部 16 路单端模拟量输入或接 8 路差分信号输入。

用于 ADC 的 GPIO 引脚如下:16 个通道的输入引脚为 PA0(ADCIN0)、PA1(ADCIN1)、PA2(ADCIN2)、PA3(ADCIN3)、PA4(ADCIN4)、PA5(ADCIN5)、PA6(ADCIN6)、PA7(ADCIN7)、PB0(ADCIN8)、PB1(ADCIN9)、PC0(ADCIN10)、PC1(ADCIN11)、PC2(ADCIN12)、PC3(ADCIN13)、PC4(ADCIN14)、PC5(ADCIN15)。

3. STM32F10x 片上 ADC 的工作模式

ADC 的工作模式主要有单次转换模式、连续转换模式、自动扫描模式等。

（1）单次转换模式

在该模式下，ADC 只执行一次转换。该模式既可通过设置 ADC_CR2 寄存器的 ADON 位启动，也可通过外部触发启动，此时 CONT 位是 0（CONT 位决定是单次转换模式还是连续转换模式）。

（2）连续转换模式

在连续转换模式中，当前面 ADC 转换一结束时马上就启动另一次转换。该模式可通过外部触发启动或通过设置 ADC_CR2 寄存器上的 ADON 位启动，此时 CONT 位是 1。

（3）自动扫描模式

该模式用来扫描一组模拟通道。扫描模式可通过设置 ADC_CR1 寄存器的 SCAN 位来选择。一旦这个位被设置，ADC 将扫描所有被 ADC_SQRX 寄存器选中的所有通道。

如果设置了 DMA 位，在每次 EOC 后，DMA 控制器会把转换数据传输到 SRAM 中。

1.5.2　STM32F10x 片上 ADC 的主要可编程寄存器

STM32F10x 片上 ADC 的主要寄存器有控制寄存器 ADC_CR1/ADC_CR2、状态寄存器 ADC_SR、采样时间寄存器 ADC_SMPR1/ADC_SMPR2 等。

1. ADC 控制寄存器 ADC_CR1/ADC_CR2

两个 ADC 控制寄存器格式如图 1.33 和图 1.34 所示。

31	30	29	28	27	26	25	24	23	22	21	20	19	18	17	16
保留								AWDEN	JAWDEN	保留		DUALMOD[3:0]			

15	14	13	12	11	10	9	8	7	6	5	4	3	2	1	0
DISCNUM[2:0]			JDISCEN	DISCEN	JTAUTO	AWDSGL	SCAN	JEOCIE	AWDIE	EDOCIE	AWDCH[4:0]				

图 1.33　STM32F10x 片上 ADC 控制寄存器 ADC_CR1

31	30	29	28	27	26	25	24	23	22	21	20	19	18	17	16
保留								TS VREFE	SW START	JSW START	EXT TRIG	EXTSEL[2:0]			

15	14	13	12	11	10	9	8	7	6	5	4	3	2	1	0
JEXIT TRIG	JEXTSEL[2:0]			ALIGN	保留		DMA	保留				RST CAL	CAL	CONT	ADON

图 1.34　STM32F10x 片上 ADC 控制寄存器 ADC_CR2

AWDEN 和 JAWDEN 分别为在规则通道上和在注入通道上开启模拟看门狗，1 表示开启，0 表示禁止。

DUALMOD[3:0]：双模式选择，000 表示独立模式，其他编码为其他模式，通常使用独立模式。

DISCNUM[2:0]：间接模式通道计数，000 为 1 个通道，001 为 2 个通道，…，111 为 8 个通道。

JDISCEN:在注入通道上的间接模式允许,1 表示允许,0 表示禁止。

DISCEN:在规则通道上的间接模式允许,1 表示允许,0 表示禁止。

JAUTO:自动的注入通道组转换允许,1 表示开启,0 表示禁止。

AWDSGL:扫描模式中在一个单一通道上使用模拟看门狗,1 表示允许,0 表示禁止。

SCAN:扫描模式允许,1 表示扫描允许,0 表示禁止扫描模式。

JEOCIE:注入通道转换结束中断允许,1 表示允许中断,0 表示禁止中断。

AWDIE:模拟看门狗中断允许,1 表示允许,0 表示禁止。

EOCIE:规则通道结束中断允许,1 表示允许中断,0 表示禁止中断。

AWDCH[4:0]:模拟看门狗通道选择位为 00000~10001 分别选择的通道号为 0~17。

TS VREFE:温度传感器和 VREFINT 使能,1 表示使能,0 表示禁止。

SW START:开始转换规则通道,1 表示开始转换,0 表示复位状态。

JSW START:开始转换注入通道,1 表示开始转换,0 表示复位状态。

EXT TRIG:规则通道的外部触发转换模式,1 表示允许外部触发转换,0 表示禁止外部触发转换。

EXTSEL[2:0]:外部触发选择。

ADC1 和 ADC2 的触发配置如下。

000:定时器 1 的 CC1 事件。

100:定时器 3 的 TRGO 事件。

001:定时器 1 的 CC2 事件。

101:定时器 4 的 CC4 事件。

110:EXTI 线 11/ TIM8_TRGO 事件(仅大容量产品具有 TIM8_TRGO 功能)。

010:定时器 1 的 CC3 事件。

011:定时器 2 的 CC2 事件。

111:SWSTART。

ADC3 的触发配置如下。

000:定时器 3 的 CC1 事件。

100:定时器 8 的 TRGO 事件。

001:定时器 2 的 CC3 事件。

101:定时器 5 的 CC1 事件。

010:定时器 1 的 CC3 事件。

110:定时器 5 的 CC3 事件。

011:定时器 8 的 CC1 事件。

111:SWSTART。

JEXTTRIG:注入通道的外部触发转换模式,1 表示允许外部触发,0 表示禁止外部触发。

JEXTSEL[2:0]:选择启动注入通道组转换的外部事件表示。

ADC1 和 ADC2 的触发配置如下。

000:定时器 1 的 TRGO 事件。

100:定时器 3 的 CC4 事件。

001:定时器1的CC4事件。

101:定时器4的TRGO事件。

110:EXTI线15/TIM8_CC4事件(仅大容量产品具有TIM8_CC4)。

010:定时器2的TRGO事件。

011:定时器2的CC1事件。

111:JSWSTART。

ADC3的触发配置如下。

000:定时器1的TRGO事件。

100:定时器8的CC4事件。

001:定时器1的CC4事件。

101:定时器5的TRGO事件。

010:定时器4的CC3事件。

110:定时器5的CC4事件。

011:定时器8的CC2事件。

111:JSWSTART。

ALIGN:数据对齐(Data Alignment),0表示右对齐,1表示右对齐。

DMA:直接存储器访问模式允许,1表示允许DMA访问,0表示禁止DMA。

RSTCAL:复位校准,0表示校准寄存器已初始化,1表示初始化校准寄存器。

CAL:A/D校准,0表示校准完成,1表示开始校准。

CONT:连续转换,0表示单次转换模式,1表示连续转换模式。

ADON:开/关ADC,1表示启动ADC,0表示关闭ADC。

2. ADC 状态寄存器 ADC_SR

状态寄存器ADC_SR的格式如图1.35所示。各位的含义如下。

31 ·············· 5	4	3	2	1	0
保留	STRT	JSTRT	JEOC	EOC	AWD

图1.35　STM32F10x片上ADC状态寄存器ADC_SR的格式

STRT:规则通道开始位,0表示未开始,1表示转换已开始。

JSTRT:注入通道开始位,0表示未开始,1表示转换已开始。

JEOC:注入通道转换结束位,0表示转换未完成,1表示转换完成。

EOC:转换结束位,0表示转换未完成,1表示转换完成。

AWD:模拟看门狗标志位,0表示无模拟看门狗事件,1表示发生模拟看门狗事件。

3. ADC 采样时间寄存器

ADC采样寄存器决定采用周期,其格式如图1.36和图1.37所示。

31	30	29	28	27	26	25	24	23	22	21	20	19	18	17	16
保留								SMP17[2:0]			SMP16[2:0]			SMP15[2:1]	

15	14	13	12	11	10	9	8	7	6	5	4	3	2	1	0
SMP15[0]	SMP14[2:0]			SMP13[2:0]			SMP12[2:0]			SMP11[2:0]			SMP10[2:0]		

图1.36　STM32F10x片上ADC采用时间寄存器ADC_SMPR1的格式

31	30	29	28	27	26	25	24	23	22	21	20	19	18	17	16
保留								SMP7[2:0]			SMP6[2:0]			SMP5[2:1]	

15	14	13	12	11	10	9	8	7	6	5	4	3	2	1	0
SMP5[2:0]		SMP4[2:0]			SMP3[2:0]			SMP2[2:0]			SMP1[2:0]			SMP0[2:0]	

图 1.37　STM32F10x 片上 ADC 采用时间寄存器 ADC_SMPR2 的格式

SMPx 编码决定的采用周期如下。

000:1.5 周期。

100:41.5 周期。

001:7.5 周期。

101:55.5 周期。

010:13.5 周期。

110:71.5 周期。

011:28.5 周期。

111:239.5 周期。

4. 转换数据寄存器

转换数据寄存器包括 ADC 规则数据寄存器 ADC_DR 和 ADC 注入数据寄存器 ADC_JDR。它们都是 32 位寄存器,只有低 16 位为真正的转换结果。

1.5.3　ADC 寄存器的结构定义

ADC 相关寄存器在固件库中的定义方式如下:

```
typedef struct
{
    __IO uint32_t SR;
    __IO uint32_t CR1;
    __IO uint32_t CR2;
    __IO uint32_t SMPR1;
    __IO uint32_t SMPR2;
    __IO uint32_t JOFR1;
    __IO uint32_t JOFR2;
    __IO uint32_t JOFR3;
    __IO uint32_t JOFR4;
    __IO uint32_t HTR;
    __IO uint32_t LTR;
    __IO uint32_t SQR1;
    __IO uint32_t SQR2;
    __IO uint32_t SQR3;
    __IO uint32_t JSQR;
    __IO uint32_t JDR1;
    __IO uint32_t JDR2;
    __IO uint32_t JDR3;
    __IO uint32_t JDR4;
```

```
    __IO uint32_t DR;
} ADC_TypeDef;
```

1.5.4　ADC 的配置与初始化

1. ADC 的操作步骤

第 1 步:配置和初始化 ADC。

(1) 使能 ADC 时钟。

采用固件库函数 RCC_APB2PeriphClockCmd()使能 ADC1/ADC2 时钟。

(2) 配置用于 ADC 的引脚。

(3) 初始化 ADC。

采用函数 ADC_Init()配置和初始化 ADC,选择 ADC 工作模式、转换模式、触发模式、数据对齐方式以及转换的通道个数等。

(4) 使能 ADC。

采用函数 ADC_Cmd(ADC1,ENABLE)使能 ADC1。

(5) 启动校准 ADC。

采用函数 ADC_StartCalibration(ADC1)启动校准 ADC1。

第 2 步:启动 ADC。

采用函数 ADC_SoftwareStartConvCmd()启动 ADC1,开始 A/D 变换。

第 3 步:查询 ADC 状态并等待转换结束。

采用函数 ADC_GetFlagStatus()来获取是否有转换结束标志 EOC,若没有等待,则进入下一步。

第 4 步:读取 ADC 转换结果。

采用函数 ADC_GetConversionValue()来获取转换的结果。

2. ADC 的操作示例

【例 1.11】　初始化 ADC1,采集通道 3,6,7,转换结果存放在 Result[3]变量中。

```
GPIO_InitTypeDef GPIO_InitStructure;
ADC_InitTypeDef ADC_InitStructure;
int Read_ADC1_MultiChannel(u8 channNo);
uint16_t Result[3];                                      /* 定义存放转换结果的变量 */
RCC_APB2PeriphClockCmd(RCC_APB2Periph_GPIOA|RCC_APB2Periph_AFIO| RCC_APB2Periph_ADC1, ENABLE);
                                                         /* 打开 PA 口、AFIO 及 ADC1 时钟 */
/* 配置 GPIO 的 PA3/6/7 作为 ADCIN3/6/7 模拟通道输入端,频率为 50MHz */
GPIO_InitStructure.GPIO_Pin = GPIO_Pin_3|GPIO_Pin_6|GPIO_Pin_7;
GPIO_InitStructure.GPIO_Speed = GPIO_Speed_50MHz;        /* 管脚频率为 50MHz */
GPIO_InitStructure.GPIO_Mode = GPIO_Mode_AIN;            /* 模拟输入模式 */
GPIO_Init(GPIOA, &GPIO_InitStructure);                   /* 初始化参数写入 GPIO 控制寄存器 */
/* 初始化 ADC:独立模式、多通道扫描、连续转换、软件触发、ADC 数据右对齐 */
ADC_InitStructure.ADC_Mode = ADC_Mode_Independent;       /* 独立工作模式 */
ADC_InitStructure.ADC_ScanConvMode = ENABLE;             /* 开启多通道扫描 */
ADC_InitStructure.ADC_ContinuousConvMode = ENABLE;       /* 连续转换模式 */
ADC_InitStructure.ADC_ExternalTrigConv = ADC_ExternalTrigConv_None;  /* 不用外部触发 */
ADC_InitStructure.ADC_DataAlign = ADC_DataAlign_Right;   /* ADC 数据右对齐 */
```

```
ADC_InitStructure.ADC_NbrOfChannel = 3;                 /* 进行规则转换 AD 通道数为 3 */
ADC_Init(ADC1, &ADC_InitStructure);                     /* 将初始化参数写入 ADC 控制寄存器 */
/* 设置 ADC1 使用 ADCIN3/ADCIN6/ADCIN7 转换通道,转换顺序 1,2,3,采样时间为 239.5 周期 */
ADC_RegularChannelConfig(ADC1, ADC_Channel_3, 1, ADC_SampleTime_239Cycles5 );
ADC_RegularChannelConfig(ADC1, ADC_Channel_6, 2, ADC_SampleTime_239Cycles5 );
ADC_RegularChannelConfig(ADC1, ADC_Channel_7, 3, ADC_SampleTime_239Cycles5 );
ADC_Cmd(ADC1, ENABLE);                                  /* 使能 ADC1 */
ADC_ResetCalibration(ADC1);                             /* 使能 ADC1 复位校准寄存器 */
while(ADC_GetResetCalibrationStatus(ADC1));             /* 等待复位校准寄存器接收 */
ADC_StartCalibration(ADC1);                             /* 启动 ADC1 校准 */
while(ADC_GetCalibrationStatus(ADC1));                  /* 等待 ADC1 校准结束 */
ADC_SoftwareStartConvCmd(ADC1, ENABLE);                 /* 启动软件转换 */
Result[0] = Read_ADC1_MultiChannel(ADC_Channel_3);
Result[1] = Read_ADC1_MultiChannel(ADC_Channel_6);
Result[2] = Read_ADC1_MultiChannel(ADC_Channel_7);
/* 启动变换,查询状态 ,读取结果的函数 */
int Read_ADC1_MultiChannel(u8 channNo)
{
u16   ADC_data;
    ADC_RegularChannelConfig(ADC1, channNo, 1, ADC_SampleTime_7Cycles5 );   /* 选择通道 */
    ADC_SoftwareStartConvCmd(ADC1, ENABLE);             /* 软件启动 A/D 变换 */
        while(!ADC_GetFlagStatus(ADC1,ADC_FLAG_EOC));   /* 查询是否转换结束 */
        ADC_data = ADC_GetConversionValue(ADC1);        /* 获取转换结果 */
        ADC_SoftwareStartConvCmd(ADC1, DISABLE);        /* 关闭 A/D 变换 */
        return(ADC_data);
}
```

1.6 STM32F10x 的 DAC

1.6.1 STM32F10x 片上 DAC 概述

STM32F10x 片上 DAC 模块是 12 位数字输入,是模拟电压输出的数/模转换器。DAC 可以配置为 8 位或 12 位模式,也可以与 DMA 控制器配合使用。DAC 工作在 12 位模式时,数据可以设置成左对齐或右对齐。DAC 模块有 2 个输出通道,每个通道都有单独的转换器。在双 DAC 模式下,2 个通道可以独立地进行转换,也可以同时进行转换并同步地更新 2 个通道的输出,通道 1 用 PA4(DAC_OUT1)引脚,通道 2 使用 PA5(DAC_OUT2)引脚。片上 DAC 模块的组成如图 1.38 所示,由触发源、DAC 控制寄存器、数据输出寄存器(DOR)以及数字至模拟转换器组成。

数字输入经过 DAC 被线性地转换为模拟电压输出,电压范围为 0 到 V_{REF+}。任一 DAC 通道引脚上的输出电压满足以下关系:

$$DAC 输出 = VREFx (DOR / 4\,095) \tag{1-7}$$

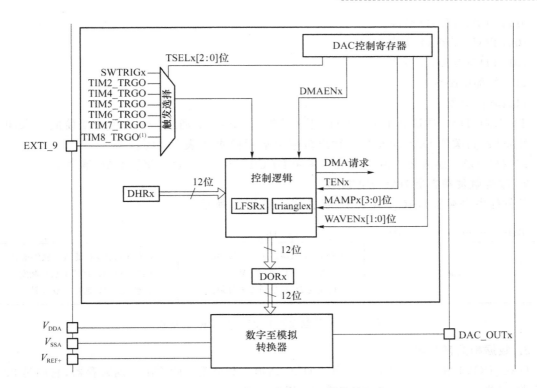

图 1.38　STM32F10x 片上 DAC 模块的组成

1.6.2　STM32F10x 的 DAC 寄存器

1. DAC 控制寄存器 DAC_CR

DAC_CR 寄存器的格式如图 1.39 所示,各位含义如下。

31	30	29	28	27	26	25	24	23	22	21	20	19	18	17	16
保留			DMAEN2	MAMP2[3:0]				WAVE2[2:0]		TSEL2[2:0]			TEN2	BOFF2	EN2

15	14	13	12	11	10	9	8	7	6	5	4	3	2	1	0
保留			DMAEN1	MAMP1[3:0]				WAVE1[2:0]		TSEL1[2:0]			TEN1	BOFF1	EN1

图 1.39　STM32F10x 片上 DAC 控制寄存器 DAC_CR 的格式

DMAEN2/1:DAC 通道 2/1 DMA 使能,0 表示关闭 DAC 通道 2/1 DMA 模式,1 表示使能 DAC 通道 2/2 DMA 模式;

MAMP2/1[3:0]:DAC 通道 2/1 屏蔽/幅值选择器,用来在噪声生成模式下选择屏蔽位,在三角波生成模式下选择波形的幅值。

WAVE2/1[1:0]:DAC 通道 2/1 噪声/三角波生成使能,00 表示关闭波形发生器,10 表示使能噪声波形发生器,1x:表示使能三角波发生器。

TSEL2/1[2:0]:DAC 通道 2/1 触发选择。

000:TIM6 TRGO 事件。

001:对于互联型产品是 TIM3 TRGO 事件,对于大容量产品是 TIM8 TRGO 事件。

010:TIM7 TRGO 事件。

011：TIM5 TRGO 事件。

100：TIM2 TRGO 事件。

101：TIM4 TRGO 事件。

110：外部中断线 9。

111：软件触发。

TEN2/1：DAC 通道 2/1 触发使能，用来使能/关闭 DAC 通道 2/1 的触发，1 使能，0 关闭。

BOFF2/1：关闭 DAC 通道 2/1 输出缓存，0 表示使能；1 表示关闭。

EN2/1：DAC 通道 2/1 使能，0 表示关闭 DAC 通道 2/1，1 表示使能 DAC 通道 2/1。

2. 软件触发寄存器 DAC_SWTRIG

软件触发寄存器 DAC_SWTRIG 的格式如图 1.40 所示。

D31 ··············· D2	D1	D0
保留	SWTRIG2：DAC 通道 2 软件触发 0：关闭 DAC 通道 2 软件触发 1：使能 DAC 通道 2 软件触发	SWTRIG1：DAC 通道 1 软件触发 0：关闭 DAC 通道 1 软件触发 1：使能 DAC 通道 1 软件触发

图 1.40　软件触发器 DAC_SWTRIG 的格式

3. 数据相关寄存器

DAC_DOR1 和 DAC_DOR2 分别为 DAC 通道 1 和通道 2 的输出数据寄存器，它们是 32 位寄存器，其中，低 12 位为有效的 DAC 数据，高位保留。

DAC 通道 1、2 的 8 位右对齐数据保持寄存器 DHR8R1、DHR8R2。

DAC 通道 1、2 的 12 位右对齐数据保持寄存器 DHR12R1、DHR12R2。

DAC 通道 1、2 的 8 位左对齐数据保持寄存器 DHR8L1、DHR8L2。

DAC 通道 1、2 的 12 位左对齐数据保持寄存器 DHR12L1、DHR12L2。

双 DAC 12 位左对齐数据保持寄存器 DHR12LD。

双 DAC 12 位右对齐数据保持寄存器 DHR12RD。

1.6.3　DAC 寄存器的结构定义

DAC 寄存器的结构定义如下：

```
typedef struct
{
__IO uint32_t CR;
__IO uint32_t SWTRIGR;
__IO uint32_t DHR12R1;
__IO uint32_t DHR12L1;
__IO uint32_t DHR8R1;
__IO uint32_t DHR12R2;
__IO uint32_t DHR12L2;
__IO uint32_t DHR8R2;
__IO uint32_t DHR12RD;
__IO uint32_t DHR12LD;
__IO uint32_t DHR8RD;
```

```
    __IO uint32_t DOR1;
    __IO uint32_t DOR2;
} DAC_TypeDef;
```

1.6.4 DAC 的配置与初始化

1. DAC 的操作步骤

第 1 步:使能 DAC 时钟。

采用固件库函数 RCC_APB1PeriphClockCmd()使能 DAC 时钟。

第 2 步:配置和初始化 DAC。

(1) 配置用于 DAC 的引脚。

用于 DAC 的 GPIO 引脚如下:DAC_OUT1 为 PA4,DAC_OUT2 为 PA5。

(2) 初始化 DAC。

采用函数 DAC_Init()配置和初始化 DAC,选择触发模式、是否自定义波形、是否要将输出缓冲等参数写入 DAC 控制寄存器。

(3) 使能 DAC。

采用函数 DAC_Cmd (DAC_Channel_x, ENABLE)使能 DAC_OUTx(x=1 或 2)。

第 1 步:将待变换数据送到数据寄存器。

采用函数 DAC_SetChannel1Data(),根据要求将待转换的数据送到 12 位左对齐 DAC_Align_12b_L 或右对齐数据保持寄存器 DAC_Align_12b_R 中。

第 2 步:是否允许软件触发 DAC。

采用函数 DAC_SoftwareTriggerCmd()使能或禁止软件触发 D/A 变换,如果软件触发 DAC,则每次变换前都要软件触发一次,如果禁止软件触发(即无软件触发方式),则 DAC 只要有数据即进行变换,通常采用无软件触发方式。

2. DAC 的操作示例

【例1.12】 初始化 DAC 使用通道 1,采用 12 位右对齐方式,将变量 Value 中的值通过 DAC 变换为模拟电压并输出到 DAC_OUT1,变换关系为 $V0 = Value \times 3.3 \times 1\,000 \div 4\,096$,要求输出 2.5 V,写出 DAC 相关代码。

解:由变换关系式可知,$Value = 4\,096 \div 1\,000 \div 3.3 \times Vx$,假设 $Vx = 2.5\,V$,则 $Value = 4\,096 \div 1\,000 \div 3.3 \times 2.5$。

```
void Dac1_Set_Vol(float Vx);
GPIO_InitTypeDef GPIO_InitStructure;                              /* 声明 GPIO 结构体 */
DAC_InitTypeDef DAC_InitType;                                     /* 声明 DAC 结构体 */
RCC_APB2PeriphClockCmd(RCC_APB2Periph_GPIOA|RCC_APB2Periph_AFIO, ENABLE);/* 使能时钟 */
RCC_APB1PeriphClockCmd(RCC_APB1Periph_DAC, ENABLE );              /* 使能 DAC 通道时钟 */
GPIO_InitStructure.GPIO_Pin = GPIO_Pin_4;                        /* 端口配置 PA4 = DAC_OUT1 */
GPIO_InitStructure.GPIO_Mode = GPIO_Mode_AF_PP;                  /* 复用推挽(模拟)输出 */
GPIO_InitStructure.GPIO_Speed = GPIO_Speed_50MHz;                /* 最高频率 50MHz */
GPIO_Init(GPIOA, &GPIO_InitStructure);                           /* 写入 DAC 控制寄存器 */
DAC_InitType.DAC_Trigger = DAC_Trigger_None;                     /* 不使用触发功能 */
DAC_InitType.DAC_WaveGeneration = DAC_WaveGeneration_None;       /* 不使用波形发生 */
DAC_InitType.DAC_OutputBuffer = DAC_OutputBuffer_Disable ;       /* DAC1 输出缓存关闭 */
```

```
DAC_Init(DAC_Channel_1,&DAC_InitType);                        /* 参数写入控制寄存器 */
DAC_Cmd(DAC_Channel_1, ENABLE);                               /* 使能 DAC1 */
DAC_SetChannel1Data(DAC_Align_12b_R, 0);                      /* 12 位右对齐数据格式,DAC 初始值 0 */
DAC_SoftwareTriggerCmd(DAC_Channel_1,DISABLE);                /* 不用软件启动变换 */
Dac1_Set_Vol(2.5);                                           /* 调用函数 Dac1_Set_Vol 输出 2.5V 电压 */
    :
void Dac1_Set_Vol(float Vx)
{float  Value;Value = 4096/1000/3.3 * Vx;
DAC_SetChannel1Data(DAC_Align_12b_R,Value);                   /* 12 位右对齐数据格式设置 DAC 值 */
}
```

1.7 STM32F10x 的 USART

1.7.1 STM32F10x 的 USART 相关寄存器

STM32F10x 的 USART/UART 寄存器很多,主要包括三个控制寄存器 USART_CR1～USART_CR3、状态寄存器 USART_SR、波特比率寄存器 USART_BRR、数据寄存器 USART_DR 以及保护时间与预分频寄存器 USART_GTPR。

1. USART 控制寄存器

USART 控制寄存器 1(USART_CR1)的格式如图 1.41 所示,各位含义如下。

31	30	29	28	27	26	25	24	23	22	21	20	19	18	17	16
保留															

15	14	13	12	11	10	9	8	7	6	5	4	3	2	1	0
保留		UE	M	WAKE	PCE	PS	PEIE	TXEIE	TCIE	REN IE	IDLEIE	TE	RE	EWU	SBK

图 1.41 STM32F10x 之 USART_CR1 的格式

UE:USART 使能,0 表示 USART 分频器和输出被禁止,1 表示 USART 模块使能。

M:数据字长度,0 表示 8 个数据位,n 个停止位,1 表示 9 个数据位,n 个停止位。

WAKE:唤醒的方法,0 表示被空闲总线唤醒,1 表示被地址标记唤醒。

PCE:检验控制使能,0 表示禁止校验控制,1 表示使能校验控制。

PS:校验选择,0 表示偶校验,1 表示奇校验。

PEIE:PE 中断使能,0 表示禁止中断,1 表示允许中断。

TXEIE:发送缓冲区空中断使能,0 表示禁止中断,1 表示允许中断。

TCIE:发送完成中断使能,0 表示禁止中断,1 表示允许中断。

RXNEIE:接收缓冲区非空中断使能,0 表示禁止中断,1 表示接收有数据允许中断。

IDLEIE:IDLE 中断使能,0 表示禁止中断,1 表示允许中断。

TE:发送使能,0 表示禁止发送,1 表示使能发送。

RE:接收使能,0 表示禁止接收,1 表示使能接收。

RWU:接收唤醒,0 表示正常工作模式,1 表示接收器处于静默模式。

SBK:发送断开帧,0 表示没有发送断开字符,1 表示将要发送断开字符。

USART 控制寄存器 2(USART_CR2)的格式如图 1.42 所示,各位含义如下。

31	30	29	28	27	26	25	24	23	22	21	20	19	18	17	16
保留															

15	14	13	12	11	10	9	8	7	6	5	4	3	2	1	0
保留	LINEN	STOP[1:0]		CLKEN	CPOL	CPHA	LBCL	保留	LBDLE	LBDL	保留	ADD[3:0]			

图 1.42　STM32F10x 之 USART_CR2 的格式

LINEN:LIN 模式使能,0 表示禁止 LIN 模式,1 表示使能 LIN 模式。

STOP:停止位,00 表示 1 个停止位,01 表示 0.5 个停止位,10 表示 2 个停止位,11 表示 1.5 个停止位。其中,UART4 和 UART5 不能产生 0.5 和 1.5 停止位。

以下为与同步时钟有关的位,仅用于 USART 同步方式,UART 异步方式不用。

CLKEN:时钟使能,0 表示禁止 CK 引脚,1 表示使能 CK 引脚。

CPOL:时钟极性,0 表示总线空闲时 CK 脚上为低电平,1 表示总线空闲时 CK 引脚上为高电平。

CPHA:时钟相位,0 表示在时钟第一个边沿捕获,1 表示在时钟第二个边沿捕获。

LBCL:最后一位时钟脉冲,0 表示最后一位数据的时钟脉冲不从 CK 输出,1 表示最后一位数据的时钟脉冲会从 CK 输出。

LBDIE:LIN 断开符检测中断使能,0 表示禁止中断,1 允许中断。

LBDL:LIN 断开符检测长度,0 表示 10 位的断开符检测,1 表示 11 位的断开符检测。

ADD[3:0]:本设备的 USART 节点地址,这是在多处理器通信下的静默模式中使用的。

USART 控制寄存器 3(USART_CR3)的格式(UART4 和 UART5 不适用)如图 1.43 所示,各位含义如下。

31	30	29	28	27	26	25	24	23	22	21	20	19	18	17	16
保留															

15	14	13	12	11	10	9	8	7	6	5	4	3	2	1	0
保留					CTSIE	CTSE	RTSE	DMAT	DMAR	SCEN	NACK	HDSEL	IRLP	IREN	EIE

图 1.43　STM32F10x 之 USART_CR3 的格式

CTSIE:CTS 中断使能,0 表示禁止中断,1 表示允许中断。

CTSE:CTS 使能,0 表示禁止 CTS 硬件流控制,1 表示允许 CTS 硬件流控制。

RTSE:RTS 使能,0 表示禁止 RTS 硬件流控制,1 表示允许 RTS 硬件流控制。

DMAT:DMA 使能发送,0 表示禁止发送时的 DMA 模式,1 表示使能发送时的 DMA 模式。

DMAR:DMA 使能接收,0 表示禁止接收时的 DMA 模式,1 表示使能接收时的 DMA 模式。

SCEN:智能卡模式使能,0 表示禁止智能卡模式,1 表示使能智能卡模式。

NACK:智能卡 NACK 使能,0 表示校验错误出现时,不发送 NACK,1 表示校验错误出现时,发送 NACK。

HDSEL:半双工选择,0 表示不选择半双工模式,1 表示选择半双工模式。

IRLP:红外低功耗,0 表示通常模式,1 表示低功耗模式。

IREN:红外模式使能,0 表示不使能红外模式,1 表示使能红外模式。

EIE:错误中断使能,0 表示禁止中断,1 表示允许中断。

2. USART 状态寄存器 USART_SR

USART 状态寄存器 USART_SR 的格式如图 1.44 所示,各位含义如下。

31	30	29	28	27	26	25	24	23	22	21	20	19	18	17	16
保留															

15	14	13	12	11	10	9	8	7	6	5	4	3	2	1	0
保留						CTS	LBD	TXE	TC	RXNE	IDLE	ORE	NE	FE	PE

图 1.44   STM32F10x 之 USART_CR3 的格式

CTS:CTS 标志,0 表示 nCTS 状态无变化,1 表示 nCTS 状态有变化。

LBD:LIN 断开检测标志,0 表示没有检测到 LIN 断开,1 表示检测到 LIN 断开。

TXE:发送数据寄存器空,0 表示发送寄存器未空,1 表示发送寄存器已空。

TC:发送完成,0 表示发送还未完成,1 表示发送完成。

RXNE:读数据寄存器非空,0 表示数据没有收到,1 表示收到数据,可以读出。

IDLE:监测到总线空闲,0 表示没有检测到空闲总线,1 表示检测到空闲总线。

ORE:过载错误,0 表示没有过载错误,1 表示检测到过载错误。

NE:噪声错误标志,0 表示没有检测到噪声,1 表示检测到噪声。

FE:帧错误,0 表示没有检测到帧错误,1 表示检测到帧错误或者 break 符。

PE:校验错误,0 表示没有检测到奇偶校验错误,1 表示奇偶校验错误。

3. 波特比率寄存器 USART_BRR

USART 状态寄存器 USART_BRR 的格式如图 1.45 所示,各位含义如下。

31	30	29	28	27	26	25	24	23	22	21	20	19	18	17	16
保留															

15	14	13	12	11	10	9	8	7	6	5	4	3	2	1	0
DIV_Mantisssa[11:0]												DIV_Fraction[3:0]			

图 1.45   STM32F10x 之 USART_BRR 格式

DIV_Mantissa[11:0]:USARTDIV 的整数部分(分频因子 12 位整数部分)。

DIV_Fraction[3:0]:USARTDIV 的小数部分(分频因子 4 位小数部分)。

波特率与分频因子 USARTDIV 的关系如下:

$$Tx/Rx \text{ 波特率} = fCK/(16 \times USARTDIV) \tag{1-8}$$

$$USARTDIV = DIV\_Mantissa + DIV\_Fraction/16 \tag{1-9}$$

4. USART 其他寄存器

数据寄存器 USART_DR 尽管是 32 位寄存器,但仅有低 8 位存放有效的数据。

保护时间和预分频寄存器 USART_GTPR 用于存放保护时间(智能卡模式用)及预分频值(红外模式有效)。

1.7.2   USART 寄存器的结构定义

USART 寄存器的结构定义如下:

```
typedef struct
{
```

```
    __IO uint16_t SR;
    uint16_t   RESERVED0;
    __IO uint16_t DR;
    uint16_t   RESERVED1;
    __IO uint16_t BRR;
    uint16_t   RESERVED2;
    __IO uint16_t CR1;
    uint16_t   RESERVED3;
    __IO uint16_t CR2;
    uint16_t   RESERVED4;
    __IO uint16_t CR3;
    uint16_t   RESERVED5;
    __IO uint16_t GTPR;
    uint16_t   RESERVED6;
} USART_TypeDef；
```

1.7.3　USART 的配置与初始化

1. USART 的操作步骤

第 1 步：使能 USART 时钟。

采用固件库函数 RCC＿APB1PeriphClockCmd（）使能 USART2/3/4/5 时钟，使用函数 RCC_APB2PeriphClockCmd()使能 USART1 时钟。

第 2 步：配置和初始化 USART。

（1）配置用于 USART 的引脚。

用于 USART 的 GPIO 引脚参见 1.3.3 节中的 GPIO 复用 USART 引脚：USART1 默认的 TX 为 PA9，RX 为 PA10；USART2 默认的 TX 为 PA2，RX 为 PA3；USART3 默认的 TX 为 PB10，RX 为 PB11。

（2）初始化 USART。

采用函数 USART_Init()配置和初始化 USART，设置波特率、字符格式（数据字长度、停止位、校验位）以及数据流硬件控制与否等。

（3）使能 USART。

采用函数 USART_Cmd（USARTx，ENABLE)使能 USARTx(x＝1,2,3)。

采用函数 USART_Cmd（UARTx，ENABLE)使能 UARTx(x＝4,5)。

第 3 步：收发数据。

（1）接收数据。

采用 USART_GetITStatus()函数查询接收数据缓冲区是否有数据，若在查询方式下没有数据则等待，若有数据则先利用 USART＿ClearITPendingBit（）函数清除接收标志，再利用 USART_ReceiveData()函数接收数据。

如果是中断接收，则在中断处理函数中直接判断是否为接收中断，若不是，则返回，若是，则先利用 USART_ClearITPendingBit()函数清除接收标志，再利用 USART_ReceiveData()函数接收数据。

在中断接收时，还要对中断进行初始化。

（2）发送数据。

先用 USART＿SendData（）函数将数据写到输出缓冲寄存器，然后利用 USART＿GetFlagStatus()函数等待发送完成。

在一般实际应用中，接收采用中断方式，发送采用查询方式。

2. USART 的操作示例

【例 1.13】 利用 USART2 查询方式接收和发送数据，先发送 0xAA，对方回应 0xBB，若本方收到 0xBB 则结束，若没有收到则等待，要求波特率为 115 200 baud，8 位数据，1 位停止位，无校验，不用硬件流控制。写出程序片段。

```
GPIO_InitTypeDef GPIO_InitStructure;                              /*引用 GPIO 结构体*/
USART_InitTypeDef USART_InitStructure;                           /*引用 USART 结构体*/
uint8_t buf = 0;                                                  /*定义接收数据变量*/
RCC_APB1PeriphClockCmd(RCC_APB1Periph_USART2，ENABLE);
/* USART2 端口配置 PD5 TX 复用推挽输出 PD6 RX 浮空输入模式*/
GPIO_PinRemapConfig(GPIO_Remap_USART2，ENABLE);                   /*如果使用 PA2、PA3 不需要重新映射*/
GPIO_InitStructure.GPIO_Pin = GPIO_Pin_5 ;
GPIO_InitStructure.GPIO_Mode = GPIO_Mode_AF_PP;
GPIO_InitStructure.GPIO_Speed = GPIO_Speed_50MHz;
GPIO_Init(GPIOD, &GPIO_InitStructure);
GPIO_InitStructure.GPIO_Pin = GPIO_Pin_6 ;
GPIO_InitStructure.GPIO_Mode = GPIO_Mode_IN_FLOATING;
GPIO_Init(GPIOD, &GPIO_InitStructure);
        /* ---------------USART2 配置------------------ */
USART_InitStructure.USART_BaudRate = 115200;                     /*波特率为 115200baud*/
USART_InitStructure.USART_WordLength = USART_WordLength_8b;      /*8 位数据*/
USART_InitStructure.USART_StopBits = USART_StopBits_1;          /*1 位停止位*/
USART_InitStructure.USART_Parity = USART_Parity_No;             /*无校验*/
USART_InitStructure.USART_HardwareFlowControl = USART_HardwareFlowControl_None;   /*无硬件流控制*/
USART_InitStructure.USART_Mode = USART_Mode_Rx｜USART_Mode_Tx;   /*允许接收和发送*/
USART_Init(USART2, &USART_InitStructure);                        /*将参数写入 USART 控制寄存器*/
USART_Cmd(USART2, ENABLE)                                        ;/*使能 USART2*/
while(1)
{
USART_SendData(USART2, 0xAA);                                    /*发送 0xAA*/
while(!USART_GetFlagStatus(USART2, USART_FLAG_TXE));            /*等待发送完成*/
while(USART_GetITStatus(USART1，USART_IT_RXNE) == SET)          /*等待接收数据*/
{
USART_ClearITPendingBit(USART1，USART_IT_RXNE);                /*清除接收标志*/
buf = USART_ReceiveData(USART1);                                /*接收数据*/
if(buf == 0xBB)  break;
}
}
```

1.8　STM32F10x 的 I²C 功能模块及寄存器结构

I²C 组件包括两个独立的 I²C 总线控制器,因此相关寄存器也有两组——1 和 2,但数据寄存器和时钟控制寄存器等共用一个相应寄存器。

1.8.1　I²C 的主要寄存器

1.　I²C 控制寄存器 I2C_CR1

I²C 控制寄存器 I2C_CR1 的格式如图 1.46 所示,复位后为 0,各位标识如下。

15	14	13	12	11	10	9	8	7	6	5	4	3	2	1	0
SWRST	保留	ALERT	PEC	POS	ACK	STOP	START	NO STRETCH	ENGC	ENPEC	ENARP	SWB TYPE	保留	SMBUS	PE

图 1.46　STM32F10x 的 I²C 控制寄存器 I2C_CR1 的格式

SWRST:软件复位,0 表示 I²C 模块不处于复位状态,1 表示 I²C 模块处于复位状态。

LERT:SMBus 提醒,0 表示释放 SMBAlert 引脚使其变高,提醒响应地址头紧跟在 NACK 信号后面,1 表示驱动 SMBAlert 引脚使其变低,提醒响应地址头紧跟在 ACK 信号后面。

PEC:数据包出错检测,0 表示无 PEC 传输,1 表示 PEC 传输(在发送或接收模式)。

POS：应答/PEC 位置,0 表示 ACK 位控制当前移位寄存器内正在接收的字节的(N)ACK。PEC 位表明当前移位寄存器内的字节是 PEC,1 表示 ACK 位控制在移位寄存器里接收的下一字节的(N)ACK。PEC 位表明在移位寄存器里接收的下一字节是 PEC。

ACK:应答使能,0 表示无应答返回,1 表示在接收到一字节后返回一个应答。

STOP:停止条件产生,0 表示无停止条件产生,1 表示产生停止条件。

START:起始条件产生,0 表示无起始条件产生,1 表示重复产生起始条件。

NOSTRETCH:禁止时钟延长(从模式),0 表示允许时钟延长,1 表示禁止时钟延长。

ENGC:广播呼叫使能,0 表示禁止广播呼叫,1 表示允许广播呼叫,以应答响应地址 00h。

ENPEC:PEC 使能,0 表示禁止 PEC 计算,1 表示开启 PEC 计算。

ENARP:ARP 使能,0 表示禁止 ARP,1 表示使能 ARP。

SMBTYPE:SMBus 类型,0 表示 SMBus 设备,1 表示 SMBus 主机。

SMBUS:SMBus 模式,0 表示 I²C 模式,1 表示 SMBus 模式。

PE:I²C 模块使能,0 表示禁用 I²C 模块,1 表示启用 I²C 模块。

2.　I²C 控制寄存器 I2C_CR2

I²C 控制寄存器 I2C_CR2 的格式如图 1.47 所示,复位后为 0,各位标识如下。

15 14 13	12	11	10	9	8	7 6	5 4 3 2 1 0
保留	LAST	DMAEN	ITBUFEN	ITEVTEN	ITERREN	保留	FREQ[5:0]

图 1.47　STM32F10x 的 I²C 控制寄存器 I2C_CR2 的格式

LAST：DMA 最后一次传输,0 表示下一次 DMA 的 EOT 不是最后的传输,1 表示下一次 DMA 的 EOT 是最后的传输。

DMAEN:DMA 请求使能,0 表示禁止 DMA 请求,1 表示当 TxE＝1 或 RxNE ＝1 时,允许

DMA 请求。

ITBUFEN:缓冲器中断使能,0 表示当 TxE＝1 或 RxNE＝1 时,不产生任何中断,1 表示当 TxE＝1 或 RxNE＝1 时,产生事件中断(不管 DMAEN 是何种状态)。

ITEVTEN:事件中断使能,0 表示禁止事件中断,1 表示允许事件中断。

ITERREN:出错中断使能,0 表示禁止出错中断,1 表示允许出错中断。

FREQ[5:0]:I^2C 模块时钟频率,允许的范围在 2～36 MHz 之间。000000 和 000001 表示禁用,000010 表示 2 MHz,…,100100 表示 36 MHz。

3. I^2C 状态寄存器 I2C_SR1

I^2C 状态寄存器 I2C_SR1 的格式如图 1.48 所示,复位后为 0,各位标识如下。

15	14	13	12	11	10	9	8	7	6	5	4	3	2	1	0
SMB ALERT	TIME OUT	保留	PEC ERR	OVR	AF	ARLO	BERR	TXE	RXNE	保留	STOPF	ADD10	BTF	ADDR	SB

图 1.48　STM32F10x 的 I^2C 状态寄存器 I2C_CR2 的格式

SMBALERT:SMBus 提醒,0 表示无 SMBus 提醒,1 表示在引脚上产生 SMBAlert 提醒事件。

TIMEOUT:超时错误,0 表示无超时错误,1 表示 SCL 处于低已达到 25 ms(超时)。

PECERR:在接收时发生 PEC 错误,0 表示无 PEC 错误,1 表示有 PEC 错误。

OVR:过载/欠载,0 表示无过载/欠载,1 表示出现过载/欠载。

AF:应答失败,0 表示没有应答失败,1 表示应答失败。

ARLO:仲裁丢失(主模式),0 表示没有检测到仲裁丢失,1 表示检测到仲裁丢失。

BERR:总线出错,0 表示无起始或停止条件出错,1 表示起始或停止条件出错。

TxE:数据寄存器为空(发送时),0 表示数据寄存器为非空,1 表示数据寄存器为空。

RxNE:数据寄存器非空(接收时),0 表示数据寄存器为空,1 表示数据寄存器为非空。

STOPF:停止条件检测位(从模式),0 表示没有检测到停止条件,1 表示检测到停止条件。

ADD10:10 位头序列已发送(主模式),0 表示没有发送,1 表示已经发送出去。

BTF:字节发送结束,0 表示字节发送未完成,1 表示字节发送结束。

ADDR:地址已被发送(主模式),0 表示地址不匹配或没有收到地址,1 表示收到的地址匹配。

SB:起始位(主模式),0 表示未发送起始条件,1 表示起始条件已发送。

4. I^2C 状态寄存器 I2C_SR2

I^2C 状态寄存器 I2C_SR2 的格式如图 1.49 所示,复位后为 0,各位标识如下。

15	14	13	12	11	10	9	8	7	6	5	4	3	2	1	0
			PEC[7:0]					BUALF	SBM HOST	SMB DEFFAUL	GEN CALL	保留	TRA	BUSY	MSL

图 1.49　STM32F10x 的 I^2C 状态寄存器 I2C_CR2 的格式

PEC[7:0]:数据包出错检测,当 ENPEC＝1 时,PEC[7:0]存放内部 PEC 的值。

DUALF:双标志(从模式),0 表示接收到的地址与 OAR1 内的内容相匹配,1 表示接收到的地址与 OAR2 内的内容相匹配。

SMBHOST：SMBus 主机头系列（从模式），0 表示未收到 SMBus 主机的地址，1 表示当 SMBTYPE＝1 且 ENARP＝1 时，收到 SMBus 主机地址。

SMBDEFAULT：SMBus 设备默认地址（从模式），0 表示未收到 SMBus 设备的默认地址，1 表示当 ENARP＝1 时，收到 SMBus 设备的默认地址。

GENCALL：广播呼叫地址（从模式），0 表示未收到广播呼叫地址，1 表示当 ENGC＝1 时，收到广播呼叫的地址。

TRA：发送/接收，0 表示接收到数据，1 表示数据已发送。

BUSY：总线忙，0 表示在总线上无数据通信，1 表示在总线上正在进行数据通信。

MSL：主从模式，0 表示从模式，1 表示主模式。

5. I^2C 数据寄存器 I2C_DR

I^2C 数据寄存器 I2C_DR 的格式如图 1.50 所示，复位后为 0，DR[7:0]存放 8 位数据。接收和发送数据均在这个寄存器中。

图 1.50　STM32F10x 的 I^2C 数据寄存器 I2C_DR 的格式

6. I^2C 其他寄存器

I^2C 自身地址寄存器 OAR1 和 OAR2 可设置 8 位或 10 位从地址。

I^2C 时钟控制寄存器 I2C_CCR 可选择普通模式和快速模式及其时钟和占空比。

I^2C 上升沿控制寄存器 I2C_TRISE 选择 6 位来确定上 I^2C 的最大上升沿时间。

1.8.2　I^2C 寄存器的结构定义

I^2C 寄存器的结构定义如下：

```
typedef struct
{
    __IO uint16_t CR1;
    uint16_t    RESERVED0;
    __IO uint16_t CR2;
    uint16_t    RESERVED1;
    __IO uint16_t OAR1;
    uint16_t    RESERVED2;
    __IO uint16_t OAR2;
    uint16_t    RESERVED3;
    __IO uint16_t DR;
    uint16_t    RESERVED4;
    __IO uint16_t SR1;
    uint16_t    RESERVED5;
    __IO uint16_t SR2;
    uint16_t    RESERVED6;
    __IO uint16_t CCR;
    uint16_t    RESERVED7;
```

```
    __IO uint16_t TRISE;
  uint16_t   RESERVED8;
} I2C_TypeDef;
```

1.8.3 I²C 的配置与初始化

I²C 的操作步骤如下。

第 1 步：使能 I²C 时钟。

采用固件库函数 RCC_APB1PeriphClockCmd()使能 I²C 时钟。

第 2 步：配置和初始化 I²C。

（1）配置用于 I²C 的引脚。

用于 I²C 的 GPIO 引脚参见 1.3.3 节中的 GPIO 复用 I²C 引脚：I2C_SCL 默认复用引脚为 PB6，I2C1_SDA 为 PB7。

（2）初始化 I²C。

采用函数 I2C_Init()配置和初始化 I²C，设置 I²C 模式、占空比、7 位器件标识地址、使能 ACK、应答 7 位地址以及 I²C 速度等。

（3）使能 I²C。

采用函数 I2C_Cmd（I2C1，ENABLE）使能 I²C。

第 3 步：收发数据。

（1）接收数据。

以读基于 I²C 的 EEPROM 为例，说明读的步骤。

利用 I2C_GetFlagStatus()函数等待不忙。

利用 I2C_GenerateSTART()函数发起始位，利用 I2C_CheckEvent()函数等待测试并清除 EV5。

利用 I2C_Send7bitAddress()函数发送 7 位器件标识写地址，利用 I2C_CheckEvent()函数等待测试并清除 EV6。

利用 I2C_SendData()函数发送数据，用 I2C_CheckEvent()函数等待测试并清除 EV8。

利用 I2C_GenerateSTART 函数()再次产生起始位，并利用 I2C_CheckEvent()函数等待测试并清除 EV5。

利用 I2C_Send7bitAddress()函数发送 7 位器件标识读地址，利用 I2C_CheckEvent()函数等待测试并清除 EV6。

利用 I2C_CheckEvent()函数等待数据并清除 EV7，然后用 I2C_ReceiveData()函数读 EEPROM 中的数据。

利用 I2C_AcknowledgeConfig()函数发送非应答。

利用 I2C_GenerateSTOP()函数发停止位，结束操作。

（2）发送数据。

利用 I2C_GetFlagStatus()函数等待 I²C 不忙。

利用 I2C_GenerateSTART()函数发起始位，利用 I2C_CheckEvent 函数()等待测试并清除 EV5。

利用 I2C_Send7bitAddress()函数发送 7 位器件标识写地址，利用 I2C_CheckEvent()函数等待测试并清除 EV6。

利用 I2C_SendData()发送写 EEPROM 内部地址,并用 I2C_CheckEvent()函数等待测试并清除 EV8。

利用 I2C_SendData()函数写实际的数据到指定单元,并用 I2C_CheckEvent()函数等待测试并清除 EV8。

最后利用 I2C_GenerateSTOP()函数发停止位,完成写的操作。

1.9　STM32F10x 的 SPI 功能模块及寄存器结构

SPI 组件中包括了三个 SPI 接口,分别为 SPI1、SPI2 和 SPI3。主要寄存器有控制寄存器、状态寄存器、数据寄存器、CRC 多项式寄存器、接收 CRC 寄存器、发送 CRC 寄存器等。

1.9.1　SPI 的主要寄存器

1. SPI 控制寄存器 1(SPI_CR1)

SPI_CR1 可以控制 SPI 总线时钟的相位、极性、主从设备选择、波特率控制、SPI 使能、从设备管理与选择、CRC 校验使能、双向数据使能等。具体各位的标识如图 1.51 所示。

15	14	13	12	11	10	9	8	7	6	5	4	3	2	1	0
BIDI MODE	BIDIOE	CRCEN	CRC NEXT	DFF	RX ONLY	SSM	SSI	LSB FIRST	SPE		BR[2:0]		MSTR	CPOL	CPHA

图 1.51　STM32F10x 的 SPI 控制寄存器 SPI_CR1 的格式

CPHA 为时钟相位选择,0 表示数据采样从第一个时钟边沿开始,1 表示数据采样从第二个时钟边沿开始。

CPOL 为时钟极性选择,0 表示空闲时低电平,1 表示空闲时高电平。

MSTR 为主设备选择,0 表示配置为从设备,1 表示配置为主设备。

BR[2:0]为波特率选择,000~111 时钟分别为 fPCLK 的 2~256 分频。

SPE 为 SPI 使能,0 表示禁止 SPI,1 表示开启 SPI。

LSB FIRST 帧格式位的先后,0 表示高位在前,低位在后,而 1 表示低位在前,高位在后。

SSI 为内部从设备选择,1 表示有效,0 表示无效。

SSM 为软件从设备管理,0 表示禁止软件从设备管理,1 表示允许软件从设备管理。

RXONLY 为仅接收,0 表示全双工时允许发送和接收,1 表示仅接收,禁止发送。

DEF 为数据帧格式,0 表示使用 8 位数据收发,1 表示使用 16 位数据收发。

CRCNEXT 为发送下一个 CRC,0 表示下一个发送的数据来自缓冲区,1 表示下一个发送的数据来自 CRC 寄存器。

CRCEN 为 CRC 使能,0 表示禁止 CRC 计算,1 表示启用 CRC 计算。

BIDIOE 为双向模式下的输出使能,0 表示禁止输出(只接收),1 表示禁止接收(只发送)。

BIDIMODE 为双向数据模式使能,0 表示选择"双线双向"模式,1 表示选择"单线双向"模式。

2. SPI 控制寄存器 2(SPI_CR2)

SPI_CR2 可以控制 SPI 总线是否允许 DMA、是否允许接收或发送中断等,具体各位的标识如图 1.52 所示。

15	14	13	12	11	10	9	8	7	6	5	4	3	2	1	0
保留								TXEIE	RXNEIE	ERRIE	保留		SSOE	TXDMA EN	RXDMA EN

图 1.52　STM32F10x 的 SPI 控制寄存器 SPI_CR2 的格式

RXDMA 为接收 DMA 使能,0 表示禁止接收 DMA 缓冲,1 表示启动接收 DMA 缓冲。

TXDMA 为发送 DMA 使能,0 表示禁止发送 DMA 缓冲,1 表示启动发送 DMA 缓冲。

SSOE 为 SS 输出使能,0 表示禁止主模式下的 SS 输出,1 表示在设备开启时开启主模式下的 SS 输出,此时不能工作在多主模式。

ERRIE 为错误中断使能,0 表示禁止错误中断,1 表示允许错误中断。

RXNEIE 为接收缓冲区非空中断,0 表示禁止 RXNE 中断,1 表示允许 RXNE 中断。

TXNEIE 为发送缓冲区空中断,0 表示禁止 TXE 中断,1 表示允许 TXE 中断。

3. SPI 状态寄存器(SPI_SR)

SPI_SR 反映 SPI 总线的工作状态包括是否有接收数据、忙不忙、是否有 CRC 出错等。具体各位的标识如图 1.53 所示。

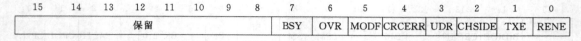

15	14	13	12	11	10	9	8	7	6	5	4	3	2	1	0
保留								BSY	OVR	MODF	CRCERR	UDR	CHSIDE	TXE	RENE

图 1.53　STM32F10x 的 SPI 状态寄存器 SPI_SR 的格式

RXNE 为接收缓冲区非空标志,0 表示接收缓冲为空,1 表示接收缓冲非空。

TXE 为发送缓冲为空标志,0 表示发送缓冲非空,1 表示发送缓冲为空。

CHSIDE 为 I2S 下的声道选择,在 SPI 模式不用。

UDR 为 I2S 下的下溢标志,在 SPI 模式下不用。

CRCERR 为 CRC 出错标志,0 表示 CRC 正确,1 表示 CRC 出错。

MODF 为模式出错,0 表示没有出现模式错误,1 表示出现模式错误。

OVR 为溢出标志,0 表示没有出现溢出错误,1 表示出现溢出错误。

BSY 为忙标志,0 表示 SPI 不忙,1 表示 SPI 忙。

4. 其他 SPI 寄存器

SPI CRC 寄存器包括接收 CRC 寄存器 SPI_RXCRCR,发送 CRC 寄存器 SPI_TXCRCR,它们都是 16 位寄存器,当数据为 8 位时,低 8 位参与 CRC 计算,而当数据为 16 位时,所有 16 位参与 CRC 计算。

SPI 数据寄存器 SPI_DR 为 16 位数据寄存器。

SPI CRC 多项式寄存器 SPI_CRCPR 寄存的是用于 CRC 计算的 16 位多项式,默认值为 7。

1.9.2　SPI 寄存器的结构定义

SPI 寄存器的结构定义如下:

```
typedef struct
{
    __IO uint16_t CR1;
    uint16_t    RESERVED0;
```

```
    __IO uint16_t CR2；
    uint16_t   RESERVED1；
    __IO uint16_t SR；
    uint16_t   RESERVED2；
    __IO uint16_t DR；
    uint16_t   RESERVED3；
    __IO uint16_t CRCPR；
    uint16_t   RESERVED4；
    __IO uint16_t RXCRCR；
    uint16_t   RESERVED5；
    __IO uint16_t TXCRCR；
    uint16_t   RESERVED6；
    __IO uint16_t I2SCFGR；
    uint16_t   RESERVED7；
    __IO uint16_t I2SPR；
    uint16_t   RESERVED8；
} SPI_TypeDef；
```

1.9.3　SPI 的配置与初始化

SPI 的操作步骤如下。

第 1 步：使能 SPI 时钟。

采用固件库函数 RCC_APB2PeriphClockCmd() 使能 SPI 时钟。

第 2 步：配置和初始化 SPI。

（1）配置用于 SPI 的引脚。

用于 SPI 的 GPIO 引脚参见 1.3.3 节中的 GPIO 复用 SPI 引脚：SPI1_NSS 默认复用引脚为 PA4，SPI1_SCK 为 PA5，SPI1_MISO 为 PA6，SPI1_MOSI 为 PA7。

（2）初始化 SPI。

采用函数 SPI_Init() 配置和初始化 SPI，设置 SPI 通信模式为全双工，工作模式为主模式，数据宽度为 8，CPOL 极性为高，同时，设置 CPHA 边沿触发模式、片选 NSS、波特率系数（决定速率）、高位在前以及多项式位数等。

（3）使能 SPI。

利用 SPI_Cmd() 函数使能 SPI。

第 3 步：读写数据。

（1）读数据。

首先指定 GPIO 引脚为片选信号为 0，选中 SPI 外接器件。

然后利用 SPI_I2S_GetFlagStatus() 函数等待 SPI 接收数据到缓冲区，利用 SPI_I2S_ReceiveData() 函数读 SPI 器件的数据。

最后将 GPIO 指定的引脚置为 1，结束 SPI 读操作。

（2）写数据。

首先指定 GPIO 引脚为片选信号为 0，选中 SPI 外接器件。

然后利用 SPI_I2S_SendData() 函数写数据到 SPI，利用 SPI_I2S_GetFlagStatus() 函数等待

SPI 写结束。

最后将 GPIO 指定的引脚置为 1,结束 SPI 写操作。

1.10 STM32F10x 的 CAN 控制器组成及相关寄存器

STM32F107 片上双 CAN 控制器的组成如图 1.54 所示。CAN1 是主 bxCAN,它负责管理在 bxCAN 和 512 B SRAM 存储器之间的通信,CAN2 是从 bxCAN,不能直接访问 SRAM 存储器。

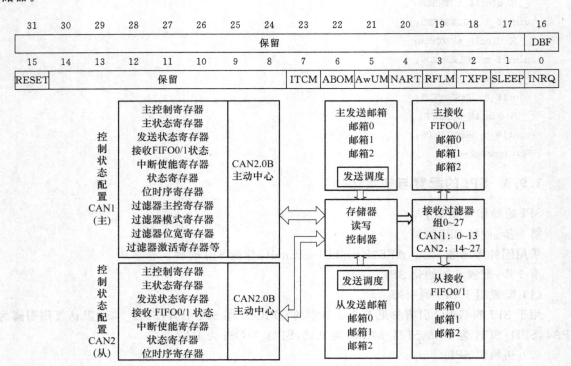

图 1.54　STM32F107 片上双 CAN 控制器的组成

1.10.1　CAN 相关寄存器

CAN 总线操作很复杂,涉及的寄存器比较多,下面仅介绍最为重要的可编程寄存器。

1. CAN 主控制寄存器 CAN_MCR

CAN 主控制寄存器(CAN_MCR)的格式如图 1.55 所示,各位含义如下。

图 1.55　CAN 主控制寄存器 CAN_MCR 的格式

DBF:调试冻结,0 表示在调试时,CAN 照常工作,1 表示在调试时,冻结 CAN 的接收/发送,但仍然可以正常地读写和控制接收 FIFO。

RESET：bxCAN 软件复位,0 表示本外设正常工作,1 表示对 bxCAN 进行强行复位。

TTCM：时间触发通信模式,0 表示禁止时间触发通信模式,1 表示允许时间触发通信模式。

ABOM：自动离线管理,0 表示在离线状态的退出过程中,在软件对 CAN_MCR 寄存器的 INRQ 位进行置 1 且清 0 后,一旦硬件检测到 128 次 11 位连续的隐性位,则退出离线状态,1 表示一旦硬件检测到 128 次 11 位连续的隐性位,则自动退出离线状态。

AWUM：自动唤醒模式,0 表示睡眠模式通过清除 CAN_MCR 寄存器的 SLEEP 位,由软件唤醒,1 表示睡眠模式通过检测 CAN 报文,由硬件自动唤醒。

NART：禁止报文自动重传,0 表示按照 CAN 标准,CAN 硬件在发送报文失败时会一直自动重传直到发送成功,1 表示 CAN 报文只被发送 1 次,不管发送的结果如何(成功、出错或仲裁丢失)。

RFLM：接收 FIFO 锁定模式,0 表示在接收溢出时 FIFO 未被锁定,当接收 FIFO 的报文未被读出时,下一个收到的报文会覆盖原有的报文,1 表示在接收溢出时 FIFO 被锁定,当接收 FIFO 的报文未被读出时,下一个收到的报文会被丢弃。

TXFP：发送 FIFO 优先级,0 表示优先级由报文的标识符来决定,1 表示优先级由发送请求的顺序来决定。

SLEEP：睡眠模式请求,软件对该位置 1 可以请求 CAN 进入睡眠模式,一旦当前的 CAN 活动(发送或接收报文)结束,CAN 就进入睡眠模式。软件对该位清 0 可使 CAN 退出睡眠模式。

INRQ：初始化请求。软件对该位清 0 可使 CAN 从初始化模式进入正常工作模式:当 CAN 在接收引脚检测到连续的 11 个隐性位时,CAN 就达到同步,并为接收和发送数据做好准备了。为此,硬件相应地对 CAN_MSR 寄存器的 INAK 位清 0。软件对该位置 1 可使 CAN 从正常工作模式进入初始化模式,一旦当前的 CAN 活动(发送或接收)结束,则 CAN 就进入初始化模式。相应地,硬件对 CAN_MSR 寄存器的 INAK 位置 1。

2. CAN 主状态寄存器 CAN_MSR

CAN 主状态寄存器(CAN_MSR)的格式如图 1.56 所示,各位含义如下。

31	30	29	28	27	26	25	24	23	22	21	20	19	18	17	16
保留														

15	14	13	12	11	10	9	8	7	6	5	4	3	2	1	0
保留				RX	SWMP	RXM	TXM	保留				SLAKI	WKUI	ERRI	SLAK	INAK

图 1.56 CAN 主状态寄存器 CAN_MSR

RX:CAN 接收电平。该位反映 CAN 接收引脚(CAN_RX)的实际电平。

SAMP:上次采样值。CAN 接收引脚上次的采样值(对应于当前接收位的值)。

RXM:接收模式。该位为 1 表示 CAN 当前为接收器。

TXM:发送模式。该位为 1 表示 CAN 当前为发送器。

SLAKI:睡眠确认中断。当 SLKIE=1 时,一旦 CAN 进入睡眠模式,硬件就对该位置 1,紧接着相应的中断被触发。当设置该位为 1 时,如果设置了 CAN_IER 寄存器中的 SLKIE 位,则将产生一个状态改变中断。软件可对该位清 0,当 SLAK 位被清 0 时硬件也对该位清 0。

WKUI:唤醒中断挂号。当 CAN 处于睡眠状态时,一旦检测到帧起始位(SOF),硬件就置该位为 1,并且如果 CAN_IER 寄存器的 WKUIE 位为 1,则产生一个状态改变中断。

ERRI：出错中断挂号。当检测到错误时，CAN_ESR 寄存器的某位被置 1，如果 CAN_IER 寄存器的相应中断使能位也被置 1，则硬件对该位置 1；如果 CAN_IER 寄存器的 ERRIE 位为 1，则产生状态改变中断。

SLAK：睡眠模式确认。该位由硬件置 1，指示软件 CAN 模块正处于睡眠模式。当 CAN 退出睡眠模式时，硬件对该位清 0（需要跟 CAN 总线同步）。

INAK：初始化确认。该位由硬件置 1，指示软件 CAN 模块正处于初始化模式。

3. CAN 位时序寄存器 CAN_BTR

CAN 位时序寄存器 CAN_BTR 决定与 CAN 总线通信的波特率相关的分频系统 BRP、TS1、TS2 以及 SJW 等的时序参量，格式如图 1.57 所示。各位含义如下。

31	30	29	28	27	26	25	24	23	22	21	20	19	18	17	16
SILM	LBKM	保留				SJW[1:0]		保留	TS2[2:0]			TS1[3:0]			

15	14	13	12	11	10	9	8	7	6	5	4	3	2	1	0
保留						BKP[9:0]									

图 1.57　CAN 位时序寄存器 CAN_BTR

SILM：静默模式，0 表示正常状态，1 表示 静默模式（调试）。

LBKM：环回模式，0 表示禁止环回模式，1 表示允许环回模式（调试）。

SJW[1:0]：重新同步跳跃宽度，定义了 CAN 硬件在每位中可以延长或缩短多少个时间单元的上限。$t_{RJW} = t_{CANx}(SJW[1:0]+1)$，其中 t_{CANx} 表示 CAN 的一个时钟单元，也记为 tq。

TS2[2:0]：时间段 2，定义了时间段 2 占用了多少个时间单元，$t_{BS2} = t_{CANx}(TS2[2:0]+1)$。

TS1[3:0]：时间段 1，定义了时间段 1 占用了多少个时间单元，$t_{BS1} = t_{CANx}(TS1[3:0]+1)$。

BRP[9:0]：波特率分频器，定义了时间单元（tq）的时间长度：tq＝（BRP[9:0]＋1）×tPCLK。

正常位时间＝$1 \times tq + t_{BS1} + t_{BS2}$，其中，$t_{BS1} = tq \times (TS1[3:0]+1)$，$t_{BS2} = tq \times (TS2[3:0]+1)$，tq＝（BRP[9:0]＋1）×tPCLK。

4. CAN 发送状态寄存器 CAN_TSR

CAN 发送状态寄存器 CAN_TSR 寄存 CAN 的发送状态，格式如图 1.58 所示。各位含义如下。

31	30	29	28	27	26	25	24	23	22	21	20	19	18	17	16
LOW2	LOW1	LOW0	TME2	TME1	TME0	CODE[1:0]		ABRQ2	保留			TERR1	ALST2	TXOK2	RQCP2

15	14	13	12	11	10	9	8	7	6	5	4	3	2	1	0
ABQ1	保留			TERR1	ALST1	TXOK1	RQCP1	ABRQ0	保留			TERR0	ALST0	TXOK0	RQCP0

图 1.58　CAN 发送状态寄存器 CAN_TSR

所有状态位均 1 为有效。

RQCP0/1/2：邮箱 0/1/2 请求完成标志。

TXOK0/1/2：邮箱 0/1/2 发送成功标志。

TERR0/1/2：邮箱 0/1/2 发送失败标志。

ABRQ0/1/2：邮箱 0/1/2 中止发送标志。

ALST0/1/2：邮箱 0/1/2 仲裁丢失标志。

CODE[1:0]：邮箱编号，00 为邮箱 0，01 为邮箱 1，10 为邮箱 2。

TEM0/1/2：发送邮箱 0/1/2 为空标志。

LOW0/1/2:邮箱 0/1/2 最低优先级标志。

5. CAN 接收 FIFO 寄存器 CAN_RF0R/CAN_RF1R

CAN 接收 FIFO 寄存器 CAN_RF0R 和 CAN_RF1R,格式如图1.59 所示。各位含义如下。

31	30	29	28	27	26	25	24	23	22	21	20	19	18	17	16
保留(所有保留位全部强制为0)															
15	14	13	12	11	10	9	8 76		5		4		3	2	1	0
保留								RFOM0/1	FOVR0/1	FULL0/1	保留	FMP0/1[1:0]			

图 1.59 CAN 接收 FIFO 寄存器 CAN_RF0R/CAN_RF1R

FMP0[1:0]/ FMP1[1:0]:FIFO 0/1 报文的数目。
FULL0/1:FIFO0/1 满(3 个报文)则置位为 1。
FOVR0/1:FIFO0/1 溢出,当 FIFO0/1 已满又有新的报文时置位为 1。
RFOM0/1:释放接收 FIFO0/1,1 为有效。

6. CAN 中断使能寄存器 CAN_IER

CAN 中断使能寄存器 CAN_IER,格式如图1.60 所示。各位含义如下。

31	30	29	28	27	26	25	24	23	22	21	20	19	18	17	16
保留														SLKIE	WKUIE
15	141312	11	10	9	8	7	6	5	4	3	2	1	0		
ERRIE	保留	LECIE	BOFIE	EPVIE	EWGIE	保留	FOVIE1	FFIE1	FMPIE1	FOVIE0	FFIE0	FMPIE0	TMEIE		

图 1.60 CAN 发送状态寄存器 CAN_IER

对于以下所有中断使能位,1 为有效。
对于 TMEIE:发送邮箱空中断使能。
FMPIE0/1:FIFO0/1 消息挂号中断使能。
FFIE0/1:FIFO0/1 满中断使能。
FOVIE0/1:FIFO0/1 溢出中断使能。
EWGIE:错误警告中断使能。
EPVIE:错误被动中断使能。
BOFIE:离线中断使能。
LECIE:上次错误号中断使能。
ERRIE:错误中断使能。
WKUIE:唤醒中断使能。
SLKIE:睡眠中断使能。

7. CAN 错误状态寄存器 CAN_ESR

CAN 错误状态寄存器 CAN_ESR 的格式如图1.61 所示。各位含义如下。

31	30	29	28	27	26	25	24	23	22	21	20	19	18	17	16
REC[7:0]								TEC[7:0]							
15	141312	11	10	9	8	7	6	5	4	3	2	1	0		
保留							LEC[2:0]			保留	BOFF	EPVF	WEGF		

图 1.61 CAN 错误状态寄存器 CAN_ESR

对于以下所有中断使能位,1 为有效。

EWGF：错误警告标志,当出错次数达到警告的阈值时置位为 1。

EPVF:错误被动标志,当出错次数达到出错被动的阈值时置位为 1。

BOFF:离线标志,当进入离线状态时该位置位为 1。

LEC[2:0]:上次出错代码。000 表示没有错,001 表示位填充错,010 表示格式错,011 表示确认错,100 表示隐性位错,101 表示显性位错,110 表示 CRC 错,111 表示由软件设置。

TEC[7:0]:9 位发送错误计数器的低 8 位。

REC[7:0]:接收错误计数器。

8. CAN 邮箱寄存器组

CAN 邮箱共有 3 个发送邮箱和 2 个接收邮箱。每个接收邮箱为 3 级深度的 FIFO,并且只能访问 FIFO 中最先收到的报文。每个邮箱包含 4 个寄存器。邮箱寄存器组如图 1.62 所示。

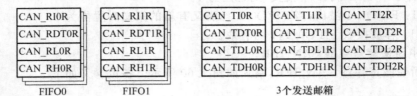

图 1.62　CAN 邮箱寄存器

发送邮箱寄存器主要如下。

- 发送邮箱标识符寄存器 CAN_TIxR(x=0,1,2)。
- 发送邮箱数据长度和时间戳寄存器 CAN_TDTxR(x=0,1,2)。
- 发送邮箱低字节数据寄存器（CAN_TDLxR）(x=0,1,2)。
- 发送邮箱高字节数据寄存器（CAN_TDHxR）(x=0,1,2)。

接收邮箱寄存器主要如下。

- 接收邮箱标识符寄存器 CAN_RIxR(x=0,1)。
- 接收邮箱数据长度和时间戳寄存器 CAN_RDTxR(x=0,1)。
- 接收邮箱低字节数据寄存器 CAN_RDLxR(x=0.1)。
- 接收邮箱高字节数据寄存器 CAN_RDHxR(x=0.1)。

9. CAN 过滤器寄存器组

CAN 过滤器寄存器组中的寄存器包括 CAN 过滤器主控寄存器 CAN_FMR、CAN 过滤器模式寄存器 CAN_FM1R、CAN 过滤器位宽寄存器 CAN_FS1R、CAN 过滤器 FIFO 关联寄存器 CAN_FFA1R、CAN 过滤器激活寄存器 CAN_FA1R 以及 CAN 过滤器组 i 的寄存器 CAN_FiRx 等。

1.10.2　CAN 寄存器的结构定义

CAN 寄存器的结构定义如下:

```
typedef struct
{
    __IO uint32_t MCR;
    __IO uint32_t MSR;
    __IO uint32_t TSR;
    __IO uint32_t RF0R;
    __IO uint32_t RF1R;
```

```
    __IO uint32_t IER;
    __IO uint32_t ESR;
    __IO uint32_t BTR;
    uint32_t   RESERVED0[88];
    CAN_TxMailBox_TypeDef sTxMailBox[3];
    CAN_FIFOMailBox_TypeDef sFIFOMailBox[2];
    uint32_t   RESERVED1[12];
    __IO uint32_t FMR;
    __IO uint32_t FM1R;
    uint32_t   RESERVED2;
    __IO uint32_t FS1R;
    uint32_t   RESERVED3;
    __IO uint32_t FFA1R;
    uint32_t   RESERVED4;
    __IO uint32_t FA1R;
    uint32_t   RESERVED5[8];
} CAN_TypeDef;
```

1.10.3　CAN 的配置与初始化

CAN 的操作步骤如下。

第 1 步:使能 CAN 时钟。

采用固件库函数 RCC_APB1PeriphClockCmd()使能 CAN 时钟。

第 2 步:配置和初始化 CAN。

(1) 配置用于 CAN 的引脚。

用于 CAN 的 GPIO 引脚参见 1.3.3 节中的 GPIO 复用 CAN 引脚:CAN1_RX 默认复用引脚为 PA11,CAN1_TX 为 PA12,CAN2_RX 为 PB12,CAN2_TX 为 PB13。

(2) 初始化 CAN。

采用函数 CAN_Init()配置和初始化 CAN,设置 CAN 结构体中对象 CAN_InitStructure 中的成员 CAN_TTCM(时间角发方式)、CAN_ABOM 自动离线禁止、CAN_NART 报文重发禁止、CAN_RFLM 接收锁定禁止、CAN_TXFP 发送优先级使能以及将 CAN_Mode 工作模式采用正常模式等参数写入 CAN 控制寄存器。

利用 CAN_Baud_Process()函数设置波特率。

(3) 设置滤波参数。

由于 CAN 总线可接多个 CAN 主或从设备,因此通过 CAN_FilterInit()函数设置滤波参数,可以让指定 ID 的 CAN 报文进入接收器或禁止指定 ID 的 CAN 报文进入接收器。

第 3 步:读写数据。

(1) 读数据。

先判断 ID 是否与本机相同,如果相同,则接收该帧数据。

查询 CAN 接收 FIFO 寄存器 CAN_RF0R 中的 FMP0 是否有请求挂起,若有则说明数据已达到接收邮箱,可用如下函数读 CAN 数据:

```
CAN_Receive(CAN1,CAN_FIFO0, &RxMessage);
if(RxMessage.ExtId == MyID)   /* 判断 ID 是否与本机设定的 ID 相同,若相同则取数据到缓冲区。
/* 将接收到的数据存入 CAN1_Rec 指示的缓冲区,以便主函数处理 */
{for (i = 0;i<8;i++)   {CAN2_DATA0[i] = CAN1_Rec[i] = RxMessage.Data[i];}}
```

（2）写数据。

利用 CAN_Transmit() 函数写数据到 CAN 总线上指定 ID。

```
CanTxMsg TxMessage;
TxMessage.StdId = 0;                            /* 标准标识符 0x0000 */
TxMessage.ExtId = ID;                           /* 扩展标识符 */
TxMessage.IDE = CAN_ID_EXT;                     /* CAN_ID_EXT 为扩展标识符 */
TxMessage.RTR = CAN_RTR_DATA;                   /* 设置为数据帧 */
TxMessage.DLC = 8;                              /* 数据长度，can 报文规定最大的数据长度为 8 字节 */
for(i = 0;i < 8; i ++)
{
    TxMessage.Data[i] = CAN1_DATA[i];  /* 发送数据 */
}
CAN_Transmit(CAN1,&TxMessage);                  /* 请求发送 */
```

1.11　STM32F10x 的中断及事件相关寄存器

STM32 由于是基于 Cortex-M3 设计的，因此具有嵌套中断向量控制器 NVIC，在集成为 MCU 时，除了支持 M3 的 16 个内核中断源，还支持 68 个外设硬件中断源，涵盖 STM32F10x 中所有的硬件中断。

1.11.1　STM32F10x 片上外设中断的结构

STM32F10x 片上外设中断的结构如图 1.63 所示，所有片上外设中断通过输入线进入边沿

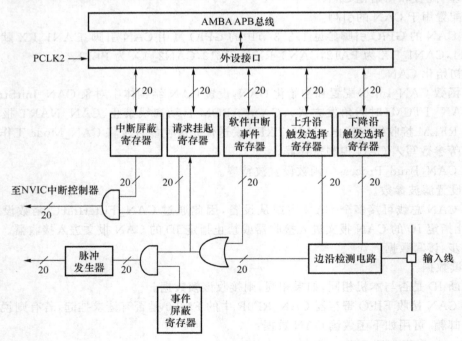

图 1.63　STM32F10x 片上外设中断的结构

检测电路并进行边沿检测,通过上升沿触发选择寄存器或下降沿触发选择寄存器,判断是上升沿还是下降沿,有触发中断的条件包括软件中断事件发生的中断源,中断被记录在请求挂起寄存器,如果没有中断屏蔽则传输到嵌套向量中断控制器 NVIC 中。通过 1.11.2 节所述的中断向量表查找中断服务程序入口地址,进行相应中断处理。

事件:表示检测到某一动作(电平、上升边沿、下降沿)触发事件发生了。

中断:有某个事件发生并产生中断,并能跳转到对应的中断处理程序中。

事件是中断的触发源,事件可以触发中断,也可以不触发,若开放了对应的中断屏蔽位,则事件可以触发相应的中断。事件还是其他一些操作的触发源,如 DMA、TIM 中影子寄存器的传递与更新。

简单地说就是中断一定要有中断服务函数,但是事件却没有对应的函数。

事件可以在不需要 CPU 干预的情况下,执行这些操作,但是中断则必须要 CPU 介入。

1.11.2　STM32F10x 的中断向量表

基于 Cortex-M 系列 ARM 微控制器的异常编号类型、优先级及向量地址如表 1.24 所示,外设中断向量表如表 1.25 所示。

表 1.24　基于 Cortex-M 系列 ARM 微控制器的异常编号类型、优先级及向量地址

中断类型号	中断号	异常类型	优先级别	异常向量地址	说明
0	−16			0x00000000	初始主栈指针 MSP 的值
1	−15	复位 RESET	−3(最高)	0x00000004	当 RESET 复位引脚有效时进入该异常
2	−14	NMI	−2	0x00000008	不可屏蔽中断,外部 NMI 中断引脚
3	−13	硬件故障 Hard	−1	0x0000000C	硬件故障异常向量
4	−12	存储管理异常	可编程	0x00000010	MPU 访问冲突及访问非法位置异常
5	−11	总线故障	可编程	0x00000014	总路线错误(预取中止/数据中止异常)
6	−10	使用故障	可编程	0x00000018	程序错误导致的异常
7～10		保留			
11	−5	SVCall	可编程	0x0000002C	系统服务调用异常(系统 SVC 指令调用)
12	−4	保留			
13		保留			
14	−2	PendSV	可编程	0x00000038	为系统设备而设置的可挂起请求
15	−1	SysTick	可编程	0x0000003C	系统节拍定时溢出异常
16	0	IRQ0	可编程	0x00000040	片上外设中断 0
17	1	IRQ1	可编程	0x00000044	片上外设中断 1
⋮	⋮	⋮	⋮	⋮	⋮
47	31	IRQ31	可编程	0x000000BC	片上外设中断 31
255	239	IRQ239	可编程	0x000003FC	片上外设中断 239

表 1.25　STM32F10x 系列 M3 微控制器片上外设的中断向量表

中断类型号	中断号	IRQn	中断源标识	中断向量地址	片上外设中断源的含义
16	0	IRQ0	WWDG	0x00000040	看门狗定时器中断
17	1	IRQ1	PVD	0x00000044	可编程电压检测器中断
18	2	IRQ2	TAMPER	0x00000048	侵入检测中断
19	3	IRQ3	RTC	0x0000004C	实时钟 RTC 中断
20	4	IRQ4	FLASH	0x00000050	Flash 中断
21	5	IRQ5	RCC	0x00000054	时钟控制器中断
22	6	IRQ6	EXTI0	0x00000058	外部中断 0
23	7	IRQ7	EXTI1	0x0000005C	外部中断 1
24	8	IRQ8	EXTI2	0x00000060	外部中断 2
25	9	IRQ9	EXTI3	0x00000064	外部中断 3
26	10	IRQ10	EXTI4	0x00000068	外部中断 4
27	11	IRQ11	DMA1_Channel1	0x0000006C	DMA1 通道 1 中断
28	12	IRQ12	DMA1_Channel2	0x00000070	DMA1 通道 2 中断
29	13	IRQ13	DMA1_Channel3	0x00000074	DMA1 通道 3 中断
30	14	IRQ14	DMA1_Channel4	0x00000078	DMA1 通道 4 中断
31	15	IRQ15	DMA1_Channel5	0x0000007C	DMA1 通道 5 中断
32	16	IRQ16	DMA1_Channel6	0x00000080	DMA1 通道 6 中断
33	17	IRQ17	DMA1_Channel7	0x00000084	DMA1 通道 7 中断
34	18	IRQ18	ADC1_2	0x00000088	ADC1 和 ADC2 中断
35	19	IRQ19	CAN1_TX	0x0000008C	CAN1 发送中断
36	20	IRQ20	CAN1_RX0	0x00000090	CAN1 接收 0 中断
37	21	IRQ21	CAN1_RX1	0x00000094	CAN1 接收 1 中断
38	22	IRQ22	CAN1_SCE	0x00000098	CAN1_SCE 中断
39	23	IRQ23	EXTI9_5	0x0000009C	EXIT 线[9:5]中断
40	24	IRQ24	TIM1_BRK	0x000000A0	TIM1 刹车中断
41	25	IRQ25	TIM1_UP	0x000000A4	TIM1 更新中断
42	26	IRQ26	TIM1_TRG_COM	0x000000A8	TIM1 触发和通信中断
43	27	IRQ27	TIM1_CC	0x000000AC	TIM1 捕获中断
44	28	IRQ28	TIM2	0x000000B0	TIM2 全局中断
45	29	IRQ29	TIM3	0x000000B4	TIM3 全局中断
46	30	IRQ30	TIM4	0x000000B8	TIM4 全局中断
47	31	IRQ31	I2C1_EV	0x000000BC	I^2C1 事件中断
48	32	IRQ32	I2C1_ER	0x000000C0	I^2C1 错误中断
49	33	IRQ33	I2C2_EV	0x000000C4	I^2C2 事件中断
50	34	IRQ34	I^2C2_ER	0x000000C8	I^2C2 错误中断
51	35	IRQ35	SPI1	0x000000CC	SPI1 全局中断
52	36	IRQ36	SPI2	0x000000D0	SPI2 全局中断

续 表

中断类型号	中断号	IRQn	中断源标识	中断向量地址	片上外设中断源的含义
53	37	IRQ37	USART1	0x000000D4	USART1 全局中断
54	38	IRQ38	USART2	0x000000D8	USART2 全局中断
55	39	IRQ39	USART3	0x000000DC	USART3 全局中断
56	40	IRQ40	EXTI15_10	0x000000E0	EXITI[15:9]中断
57	41	IRQ41	RTCAlarm	0x000000E4	RTC 报警中断
58	42	IRQ42	OTG_FS_WKUP	0x000000E8	USB OTG 唤醒中断
59~65	43~49	保留	0:Reserved	0x000000EC~ 0x000001040	保留
66	50	IRQ50	TIM5	0x00000108	TIM5 全局中断
67	51	IRQ51	SPI3	0x0000010C	SPI3
68	52	IRQ52	UART4	0x00000110	UART4 全局中断
69	53	IRQ53	UART5	0x00000114	UART4 全局中断
70	54	IRQ54	TIM6	0x00000118	TIM6 全局中断
71	55	IRQ55	TIM7	0x0000011C	TIM7 全局中断
72	56	IRQ56	DMA2_Channel1	0x00000120	DMA2 通道 1 中断
73	57	IRQ57	DMA2_Channel2	0x00000124	DMA2 通道 2 中断
74	58	IRQ58	DMA2_Channel3	0x00000128	DMA2 通道 3 中断
75	59	IRQ59	DMA2_Channel4	0x0000012C	DMA2 通道 4 中断
76	60	IRQ60	DMA2_Channel5	0x00000130	DMA2 通道 5 中断
77	61	IRQ61	ETH	0x00000134	以太网全局中断
78	62	IRQ62	ETH_WKUP	0x00000138	以太网唤醒中断
79	63	IRQ63	CAN2_TX	0x0000013C	CAN2 发送中断
80	64	IRQ64	CAN2_RX0	0x00000140	CAN2 接收 0 中断
81	65	IRQ65	CAN2_RX1	0x00000144	CAN2 接收中断
82	66	IRQ66	CAN2_SCE	0x00000148	CAN2_SCE 中断
83	67	IRQ67	OTG_FS	0x0000014C	USB OTG 全局中断

1.11.3　STM32F10x 外设中断线路映像

所有的 GPIO 引脚都具有中断输入功能,按照图 1.64 所示的规律接入相应输入线。

由图 1.63 可知,输入线有 EXIT0~EXIT15,分别对应 GPIO 不同端口的 0~15 号引脚,如 PA7 连接到 EXIT7 上,PD12 连接到 EXIT12 引脚上。不是 16 个引脚中的每个引脚都对应唯一的一个中断向量,EXIT0 ~ EXIT4 对应的中断向量为 EXTI0 _ IRQHandler ~ EXTI4 _ IRQHandler,而 EXIT5~EXIT9 共用一个中断向量 EXTI9_5_IRQHandler,EXIT10~EXIT15 则共用一个中断向量 EXTI15_10_IRQHandler。

除了 16 个 EXIT 线外,还有另外四个 EXTI 线的连接方式。

(1) EXTI16 连接到 PVD 输出。

(2) EXTI17 连接到 RTC 闹钟事件。

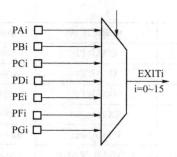

图 1.64　STM32F10x 的 GPIO 中断输入线

（3）EXTI18 连接到 USB 唤醒事件。

（4）EXTI19 连接到以太网唤醒事件（只适用于互联型产品）。

1.11.4　STM32F10x 外设中断相关寄存器

1．中断屏蔽寄存器 EXIT_IMR

中断屏蔽寄存器 EXIT_IMR 可以屏蔽 20 个中断源中某个或多个中断源的中断，具体格式如图 1.65 所示。

31	30	29	28	27	26	25	24	23	22	21	20	19	18	17	16
保留												MR19	MR18	MR17	MR16

15	14	13	12	11	10	9	8	7	6	5	4	3	2	1	0
MR15	MR14	MR13	MR12	MR11	MR10	MR9	MR8	MR7	MR6	MR5	MR4	MR3	MR2	MR1	MR0

图 1.65　中断屏蔽寄存器 EXIT_IMR

2．事件屏蔽寄存器/EXIT_EMR

事件屏蔽寄存器 EXIT_EMR 可以屏蔽 20 个中断源中某个或多个中断源的事件，具体格式与中断屏蔽寄存器相同，如图 1.66 所示。

31	30	29	28	27	26	25	24	23	22	21	20	19	18	17	16
保留												MR19	MR18	MR17	MR16

15	14	13	12	11	10	9	8	7	6	5	4	3	2	1	0
MR15	MR14	MR13	MR12	MR11	MR10	MR9	MR8	MR7	MR6	MR5	MR4	MR3	MR2	MR1	MR0

图 1.66　中断屏蔽寄存器 EXIT_EMR

3．上升沿触发选择寄存器 EXIT_RTSR

上升沿触发选择寄存器 EXIT_RTSR 可以选择 20 个中断源中的某个或多个中断源是否允许上升沿触发，具体格式如图 1.67 所示，1 有效。

31	30	29	28	27	26	25	24	23	22	21	20	19	18	17	16
保留												TR19	TR18	TR17	TR16

15	14	13	12	11	10	9	8	7	6	5	4	3	2	1	0
TR15	TR14	TR13	TR12	TR11	TR10	TR9	TR8	TR7	TR6	TR5	TR4	TR3	TR2	TR1	TR0

图 1.67　上升沿触发选择寄存器 EXIT_RTSR

4．下升沿触发选择寄存器 EXIT_FTSR

下升沿触发选择寄存器 EXIT_FTSR 可以选择 20 个中断源中的某个或多个中断源是否允

许上升沿触发,具体格式与上升沿触发选择寄存器一样,如图 1.68 所示,1 为有效。

31	30	29	28	27	26	25	24	23	22	21	20	19	18	17	16
保留													TR19	TR18	TR17	TR16

15	14	13	12	11	10	9	8	7	6	5	4	3	2	1	0
TR15	TR14	TR13	TR12	TR11	TR10	TR9	TR8	TR7	TR6	TR5	TR4	TR3	TR2	TR1	TR0

图 1.68　下升沿触发选择寄存器 EXIT_FTSR

5. 软件中断事件寄存器 EXIT_SWIER

软件中断事件寄存器 EXIT_SWTER 可以选择 20 个中断源中的某个或多个中断源,是否允许软件触发,具体格式如图 1.69 所示,1 为有效。

31	30	29	28	27	26	25	24	23	22	21	20	19	18	17	16
保留													SWIER19	SWIER18	SWIER17	SWIER16

15	14	13	12	11	10	9	8	7	6	5	4	3	2	1	0
SWIER15	SWIER14	SWIER13	SWIER12	SWIER11	SWIER10	SWIER9	SWIER8	SWIER7	SWIER6	SWIER5	SWIER4	SWIER3	SWIER2	SWIER1	SWIER0

图 1.69　上升沿触发选择寄存器 EXIT_RTSR

6. 挂起寄存器 EXIT_PR

挂起寄存器 EXIT_PR 记录了选择 20 个中断源中某个或多个中断源是否发生了触发中断或事件的请求,1 为有效。其具体格式如图 1.70 所示。

31	30	29	28	27	26	25	24	23	22	21	20	19	18	17	16
保留													PR19	PR18	PR17	PR16

15	14	13	12	11	10	9	8	7	6	5	4	3	2	1	0
PR15	PR14	PR13	PR12	PR11	PR10	PR9	PR8	PR7	PR6	PR5	PR4	PR3	PR2	PR1	PR0

图 1.70　上升沿触发选择寄存器 EXIT_PR

7. 中断相关寄存器的结构定义

中断相关寄存器的结构定义如下:

```
typedef struct
{
    __IO uint32_t IMR;
    __IO uint32_t EMR;
    __IO uint32_t RTSR;
    __IO uint32_t FTSR;
    __IO uint32_t SWIER;
    __IO uint32_t PR;
} EXTI_TypeDef;
```

1.11.5　STM32F10x 的中断设置及中断操作

许多片上外设除了使用查询方式进行读写操作外,最常用的方式是中断方式。设置了相应中断使能,当事件或外设挂起时参照表 1.25 所描述的中断向量,自己进入相应中断向量对应的服务函数,在中断服务函数中收发数据。

1. GPIO 引脚的中断操作

要使 GPIO 引脚作为输入且在有边沿时能进入中断服务函数中,必须先用 1.11.3 节描述的中断输入线结构接入 NVIC,然后要打开中断,并设置 NVIC。

GPIO 引脚的中断操作步骤如下。

第 1 步:使能 GPIO 引脚对应端口时钟及复用功能时钟。

采用固件库函数 RCC_APB2PeriphClockCmd() 使能 GPIO 端口时钟以及 AFIO 时钟。

第 2 步:配置和初始化 GPIO。

(1) 配置用于 GPIO 的引脚。

采用 GPIO_Init() 函数配置 GPIO 引脚为上拉输入。

(2) 配置指定引脚的中断线。

采用函数 GPIO_EXTILineConfig() 配置指定引脚中断线输入。

第 3 步:初始化外设中断。

利用 EXTI_Init() 函数对外设中断进行初始化,将外设中断结构体 EXTI_InitStructure 中的成员 EXTI_Line(外部引线)设置为指定引脚的中断线 EXTI_Linex($x=0\sim15$),如果有多个中断引脚同时设置,则可以用"|"分隔开,该参数写入边沿触发寄存器。成员 EXTI_Mode(中断模式)该置为 EXTI_Mode_Interrupt;成员 EXTI_Trigger(触发方式)设置为 EXTI_Trigger_Falling(下降沿触发);成员 EXTI_LineCmd(外设引线命令)设置为 ENABLE。

第 4 步:初始化嵌套向理中断控制器 NVIC。

首先用 NVIC_PriorityGroupConfig() 函数设置优先级分组。然后利用 NVIC_Init() 函数初始化 NVIC,给结构体 NVIC_InitStructure 中的成员赋值,成员 NVIC_IRQChannel(外设中断通道)设置为 EXITx_IRQ($x=0\sim15$),NVIC_IRQChannelPreemptionPriority(抢占优先级)设置为 0,NVIC_IRQChannelSubPriority(子优先级)设置为 0,NVIC_IRQChannelCmd(通道使能命令)设置为 ENABLE。

第 5 步:编写中断服务函数。

按照要求编写中断服务函数,用中断服务函数完成相关操作。

上述工作完成后,按照中断向量的定义,当硬件有边沿触发时,会自动进入相应中断服务函数入口。在中断服务函数中获得引脚的状态并进行相关操作。所有中断服务程序的名称必须与启动文件 startup_stm32f10x_cl.s 指示的完全一致,GPIO 引脚中断服务函数的名称如表 1.26 所示。

表 1.26　GPIO 引脚中断服务函数的名称

外设引线	对应的 GPIO 引脚	中断服务函数的名称
EXIT0	PA0/PB0/PC0/PD0/PE0/PF0/PG0	EXTI0_IRQHandler
EXIT1	PA1/PB1/PC1/PD1/PE1/PF1/PG1	EXTI1_IRQHandler
EXIT2	PA2/PB2/PC2/PD2/PE2/PF2/PG2	EXTI2_IRQHandler
EXIT3	PA3/PB3/PC3/PD3/PE3/PF3/PG3	EXTI3_IRQHandler
EXIT4	PA4/PB4/PC4/PD4/PE4/PF4/PG4	EXTI4_IRQHandler
EXIT5~EXIT9	PA5/PB5/PC5/PD5/PE5/PF5/PG5~ PA9/PB9/PC9/PD9/PE9/PF9/PG9	EXTI9_5_IRQHandler
EXIT10~EXIT15	PA10/PB10/PC10/PD10/PE10/PF10/PG10~ PA15/PB15/PC15/PD15/PE15/PF15/PG15	EXTI15_10_IRQHandler

【例 1.14】　将 PD12 作为输入引脚,其具有下降沿发中断的功能,当 PD12 有下降沿时,让 PD7(设置为推挽输出,工作频率为 50 MHz)改变输出状态(0 变 1,1 变 0)。写出相应程序。

解：从题意可知 PD12 为输入，采用下降沿触发中断，PD7 为 50 MHz 的推挽输出。

初始化程序如下：

```
Init_Hard(void)
{
GPIO_InitTypeDef GPIO_InitStructure;                          /* 引用 GPIO 结构体 */
EXTI_InitTypeDef EXTI_InitStructure;                         /* 引用 EXIT 结构体 */
NVIC_InitTypeDef NVIC_InitStructure;                         /* 引用 NVIC 结构体 */
RCC_APB2PeriphClockCmd(RCC_APB2Periph_GPIOD|RCC_APB2Periph_AFIO, ENABLE);
                                                  /* PD 端口及复用端口时钟使能 */
NVIC_InitTypeDef NVIC_InitStructure;                         /* 引用 NVIC 结构体 */
GPIO_InitStructure.GPIO_Pin = GPIO_Pin_7 ;          /* PD7 引脚配置为 50MHz 的推挽输出 */
GPIO_InitStructure.GPIO_Speed = GPIO_Speed_50MHz;
GPIO_InitStructure.GPIO_Mode = GPIO_Mode_Out_PP;
GPIO_Init(GPIOD, &GPIO_InitStructure);                      /* 写入 GPIO 控制寄存器 */
GPIO_InitStructure.GPIO_Pin = GPIO_Pin_12;                  /* PD12 引脚配置为上拉输入 */
GPIO_InitStructure.GPIO_Mode = GPIO_Mode_IPU;
GPIO_Init(GPIOD, &GPIO_InitStructure);
GPIO_EXTILineConfig(GPIO_PortSourceGPIOD, GPIO_PinSource12);   /* PD12 中断线 */
EXTI_InitStructure.EXTI_Line = EXTI_Line12;                 /* PD12 外部中断输入 */
EXTI_InitStructure.EXTI_Mode = EXTI_Mode_Interrupt;        /* 外部中断模式 */
EXTI_InitStructure.EXTI_Trigger = EXTI_Trigger_Falling;    /* 下降沿触发 */
EXTI_InitStructure.EXTI_LineCmd = ENABLE;                  /* 外部中断使能 */
EXTI_Init(&EXTI_InitStructure);                            /* 写入中断相关寄存器 */
NVIC_PriorityGroupConfig(NVIC_PriorityGroup_2);           /* 使用优先级分组 2 */
NVIC_InitStructure.NVIC_IRQChannel = EXTI12_IRQn ;        /* 配置 EXTI 第 12 线的中断 */
NVIC_InitStructure.NVIC_IRQChannelPreemptionPriority = 0 ;   /* 抢占优先级 0 */
NVIC_InitStructure.NVIC_IRQChannelSubPriority = 0;        /* 子优先级 0 */
NVIC_InitStructure.NVIC_IRQChannelCmd = ENABLE ;         /* 使能外设中断线 */
NVIC_Init(&NVIC_InitStructure);                         /* 写入 NVIC 相关寄存器 */
}
```

主函数如下：

```
main()
{
Init_Hard();
While(1)
    {
    }
}
```

中断服务函数如下：

```
void EXTI15_10_IRQHandler(void)
{    if(EXTI_GetITStatus(EXTI_Line12)!= RESET)          /* 判断 PD12 上的中断是否发生 */
    {    EXTI_ClearITPendingBit(EXTI_Line12);           /* 清除中断标志 */
        GPIOD->ODR^ = (1<<7);                          /* PD7 取反操作用寄存器操作更方便 */
    }
}
```

2. 定时器的中断操作

要使 GPIO 引脚作为输入且在有边沿时能进入中断服务函数,必须先用 1.11.3 节描述的中断输入线结构接入 NVIC,然后要打开中断,并设置 NVIC。

定时器中断操作步骤如下。

第 1 步:使能定时器时钟。

第 2 步:初始化定时器。

第 3 步:使能定时器。

第 4 步:打开定时器中断。

利用函数 TIM_ITConfig(TIMx, TIM_IT_Update, ENABLE)打开定时中断。

第 5 步:设置定时器在嵌套向量中断控制器 NVIC 中的参数。

采用 NVIC_Init()函数,设置定时器相关参数:利用结构体 NVIC_InitStructure 中的成员将 NVIC_IRQChannel(中断通道)设置为相应定时器(如 TIMx_IRQ);将 NVIC_IRQChannelPreemptionPriority(抢占优先级)设置为适当的值;将 NVIC_IRQChannelSubPriority(子优先级)设置为适当的值;将 NVIC_IRQChannelCmd(通道使能命令)设置为 ENABLE。

第 6 步:编写中断服务函数。

定时中断的中断服务函数的名称已在启动文件 startup_stm32f10x_cl. s 中定义,不能随意更改。定时器中断服务函数的名称如表 1.27 所示。

表 1.27　定时器中断服务函数的名称

定时器中断的名称	定时器中断服务函数的名称
TIM1 刹车中断	TIM1_BRK_IRQHandler
TIM1 更新中断	TIM1_UP_IRQHandler
TIM1 触发和通信中断	TIM1_TRG_COM_IRQHandler
TIM1 捕获和比较中断	TIM1_CC_IRQHandler
TIM2 全局中断(包括更新、捕获比较等中断)	TIM2_IRQHandler
TIM3 全局中断(包括更新、捕获比较等中断)	TIM3_IRQHandler
TIM4 全局中断(包括更新、捕获比较等中断)	TIM4_IRQHandler
TIM5 全局中断(包括更新、捕获比较等中断)	TIM5_IRQHandler
TIM6 全局中断(仅支持更新中断)	TIM6_IRQHandler
TIM7 全局中断(仅支持更新中断)	TIM7_IRQHandler

【例 1.15】　在 1.4.5 节中的例 1.9 基础上,TIM2 采用中断方式,每隔 200 ms 改变 PD2 输出状态,试写出相应的程序。

解:首先要对 PD2 初始化,并设置为输出,频率为 2 MHz(200 ms 对应频率只有 0.1 kHz),然后调用例 1.9 中的函数 TIM2_ Configuration()初始化定时器 TIM2,并进行中断设置,最后编写中断服务函数。相关程序如下:

```
Hard_Init()
{
NVIC_InitTypeDef NVIC_InitStructure;                      /* 引用 NVIC 结构体 */
GPIO_InitTypeDef GPIO_InitStructure;                      /* 引用 GPIO 结构体 */
RCC_APB2PeriphClockCmd(RCC_APB2Periph_GPIOD, ENABLE);     /* PD 端口时钟使能 */
GPIO_InitStructure.GPIO_Pin = GPIO_Pin_2 ;                /* PD2 引脚配置为 2MHz 的推挽输出 */
GPIO_InitStructure.GPIO_Speed = GPIO_Speed_2MHz;
```

```
GPIO_InitStructure.GPIO_Mode = GPIO_Mode_Out_PP;
TIM2_ Configuration(200);                                /* 见 1.4.5 节中的例 1.9,TIM2 定时 200ms */
TIM_ITConfig(TIM2, TIM_IT_Update, ENABLE);                  /* 使能 TIM2 更新中断 */
NVIC_InitStructure.NVIC_IRQChannel = TIM2_IRQn ;          /* 中断通道 TIM2 */
NVIC_InitStructure.NVIC_IRQChannelPreemptionPriority = 0 ;
NVIC_InitStructure.NVIC_IRQChannelSubPriority = 0;
NVIC_InitStructure.NVIC_IRQChannelCmd = ENABLE ;
NVIC_Init(&NVIC_InitStructure);
}
```

初始化完 TIM2 后每隔 200 ms 进入一次中断服务程序 TIM2_IRQHandler。

中断服务函数的设计如下:

```
TIM2_IRQHandler(void)
{
if (TIM_GetITStatus(TIM2, TIM_IT_Update) != RESET)      /* 判断是否为 TIM2 更新中断 */
  {    TIM_ClearITPendingBit(TIM2, TIM_IT_Update);       /* 是更新中断清除中断标志 */
       if(GPIO_ ReadOutDataBit(GPIOD,GPIO_Pin_2)) GPIO_ResetBits(GPIOD,GPIO_Pin2);
       else                                GPIO_SetBits(GPIOD,GPIO_Pin2);
  }
}
```

第2章 嵌入式系统实验开发板的硬件结构

本章介绍与《嵌入式系统原理及应用(第3版)》教材配套的实验开发板的硬件结构。

2.1 嵌入式系统实验开发板的组成及功能

2.1.1 嵌入式系统实验开发板硬件的组成

嵌入式实验开发板的组成如图 2.1 所示,由嵌入式最小系统、人机交互通道(包括 LED 指示灯、LED 数码管/LCD/OLED、键盘输入接口等)、数字 I/O 通道(包括开关/频率信号输入输出接口、摄像头数字信号输入接口、数字传感器输入接口、直流电机驱动接口、步进电机驱动接口、蜂鸣器报警输出接口、隔离继电器输出控制接口等)、模拟 I/O 接口(包括模拟电压/电流信号输入接口、PT100 温度传感器接口、模拟电流输出接口、板载电位器信号输入接口、各种模拟传感器输入接口、音频输出接口等)以及互连通信通道(包括 USART 以及基于 UART 的 RS-232、RS-485 接口,I^2C 接口,SPI 接口,CAN/USB 通信接口。Ethernet 以太网通信接口以及无线通信接口等)五大部分组成。

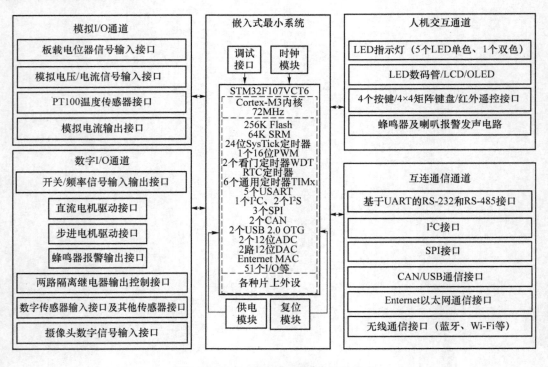

图 2.1 嵌入式系统实验开发板的组成

2.1.2 嵌入式系统实验开发板的总体目标和主要功能特点

1. 实验开发板的总体目标

（1）考虑共性和个性的结合。

实验开发板遵循共性和个性的原则，因此在开发板设计时希望根据大部分用户的要求，把共同的通用 I/O 接口和相关模块接口做进去。例如，将数字 I/O 通道、模拟 I/O 通道、人机交互通道、通信互连通道等尽可能全面地集成在一块底板上。在具体应用时，可以根据需求连接外部设备或传感器，尽可能不需要用户搭建详细的电路（底板集成了模拟通道的信号调整电路，可直接接模拟传感器）。

不同厂家不同型号的 ARM 芯片在开发时是有些区别的，这就是个性的考量，所以在设计开发板时，把最小系统单独设计成一块板子，如果不是所需要的 ARM 芯片，或用其他厂家的芯片，可以自行设计或委托设计最小系统以更换原配最小系统，而底板集成的各种模块均是通用的，任何处理器都可以使用。底板上设计了一个可以方便拔插的最小系统插座，可以方便不同使用者使用不同处理器进行嵌入式系统的开发。

（2）自行扩展实验功能。

实验开发板设计时尽可能考虑今后的扩展实验或开发，把 CPU 所有 GPIO 引脚全部引出连接到两个连接插针上，这样即使不用板载器件的实验，也可以将两个插针连接器通过杜邦线自行连接到自己设计的板子上，从而进行二次开发，也可以把最小系统拔下，使用自行设计或购买的最小系统，通过杜邦线把自己的最小系统 CPU 引脚连接到开发板预留的 GPIO 插针连接器上的相关引脚上，利用开发板上的所有外围接口进行二次开发。例如，借助板载各种通信接口、人机交互接口、模拟通道接口、数字通道接口等，把自行设计的最小系统连同本开发板用到的模块一起集成为自行设计的嵌入式应用系统，这样可加快系统开发的进度。

2. 实验开发板的主要功能特点

实验开发板采用最小系统板加底板的模式，人机交互通道的显示通道为拔插，可替换不同的显示器。

（1）支持灵活的最小系统。

如上所述，最小系统单独设计在一块板子上，默认使用 STM32F107VCT6，可根据需要换CPU，只要在 100 个引脚以内均可以替换，方便用户选择。

（2）接口引脚灵活配置。

多数接口使用的 GPIO 引脚既可选择直接连接短接器，采用默认引脚，也可以通过杜邦线连接底板 P1 或 P2 连接器到 MCU 的其他 GPIO 引脚。

（3）支持 J-Link/ST-Link 以及所有以 JTAG 为接口的调试器或下载器。

本书中的实验开发板例程默认使用 ST-Link，可以通过集成环境设置改为 J-Link 等其他仿真器。

（4）支持 MDK-ARM 集成开发环境。

（5）提供多种人机交互方式。

实验开发板提供了多种人机交互方式，也提供了简易按键和矩阵键盘接口，同时提供了红外遥控输入接口、LED 发光二极管、LED 数码管、LCD（支持真彩和单色屏）、OLED 等，同时，支持蜂鸣器提示、喇叭音频提示等。

（6）提供多个数字 I/O 接口。

从系统组成图可知，实验开发板提供开关/频率输入输出接口、直流电机和步进电机驱动接口、继电器输出控制接口、板载数字温度传感器及其他数字接口。

（7）提供多个模拟 I/O 接口。

除了提供板载电位器外，实验开发板还提供模拟信号（支持电压和电流）输入接口，包括放大、滤波等前端调理电路，同时提供可供工业现场经常使用的 PT100 温度传感器接口，可直接连接 PT100 温度传感器，还提供 4～20 mA 的电流输入输出接口。

（8）提供多种互连通信接口。

实验开发板提供一个基于 UART 的 RS-232 接口、一个 RS-485 接口、两路 CAN 总线接口、一路 USB OTG 接口、一路 UART 转 USB 接口、一个 10M/100M 以太网接口以及 I²C 和 SPI 等有线接口，还提供蓝牙、Wi-Fi 等。

（9）支持多种传感器接入。

支持数字温度湿度传感器接入、人体感应传感器接入、超声波测距传感器接入等。

（10）提供实验例程源代码。

系统提供实验开发板所有实验例程的源代码。

2.2　嵌入式实验开发板的硬件原理

2.2.1　嵌入式最小系统组成

实验开发板嵌入式最小系统的 PCB 布局如图 2.2 所示，其原理如图 2.3 所示。

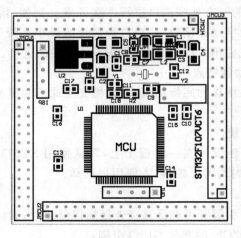

图 2.2　实验开发板最小系统的 PCB 布局

实验开发板电源采用一只 AC-DC 稳压电源，将 220 V 的交流市电变换为 5 V/1 A 输出给实验开发板，系统需要的电源有 5 V、3.3 V 和 12 V，其中，3.3 V 为与 MCU 电平匹配的电源，5 V 电源为继电器等需要的电源，12 V 为模拟通道使用的电源。因此，除了直接使用 5 V 电源时不同变换外，使用 3.3 V 和 12 V 电源时都需要变换，图 2.4 为采用外部电源接入时将 5 V 变换为 3.3 V 的电源电路。AC-DC 电源输出接 J1 连接器，经过 D5（防反接二极管），可恢复保险丝 F1（以防止板子短路），进入 LDO 电源芯片，将 5 V 变换为 3.3 V，将该电压经过 3.3 V 的保险丝输出给实验系统底板。

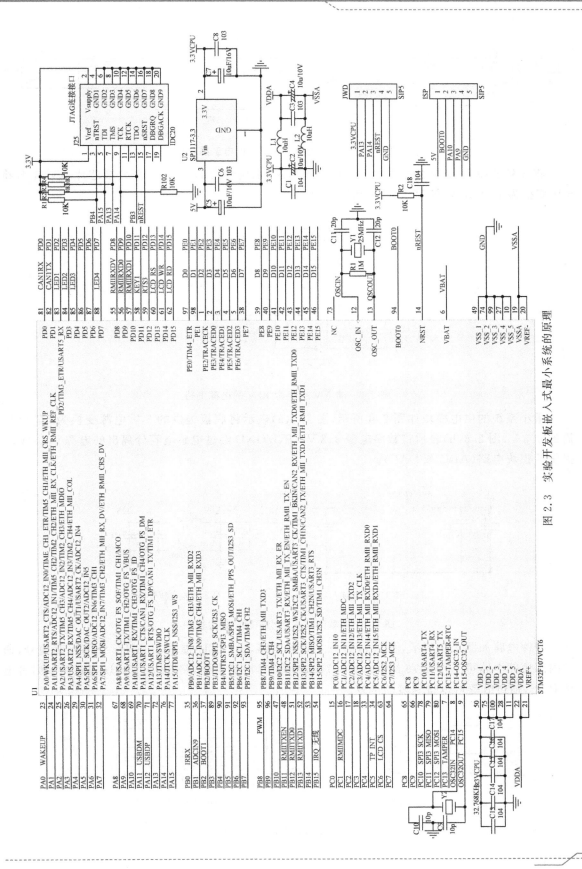

图2.3　实验开发板嵌入式最小系统的原理

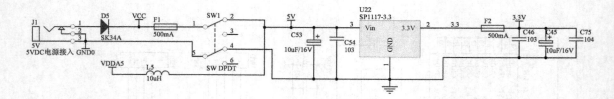

图 2.4　将 5 V 变换为 3.3 V 的电源的电路

将 5 V 变换为 12 V 的电源电路如图 2.5 所示,采用专用 DC-DC 电源变换芯片 BS0512S 将 5 V 变换为 12 V,5 V 与 12 V 是相互隔离的。

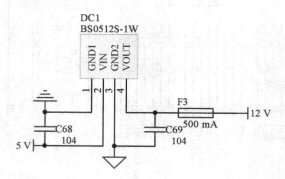

图 2.5　将 5 V 变换为 12 V 的电源电路

最小系统的供电模块如图 2.6 所示,图 2.6(a)表示将底板提供的 5 V 电源变换为 MCU 所需的 3.3 V,图 2.6(b)表示将数字电源 3.3 V CPU/GND 经过电感电容分离出的电源 V_{DDA}/V_{SSA} 提供给模块电路(ADC 和 DAC)。

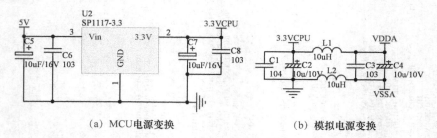

　　(a)　MCU电源变换　　　　　　　　　　(b)　模拟电源变换

图 2.6　实验开发板最小系统的供电模块

时钟电路如图 2.7 所示,图 2.7(a)为主时钟电路,为 MCU 提供 25 MHz 外部振荡信号,通过内部倍频电路可工作在 75 MHz,图 2.7(b)为 RTC 时钟电路,将 32.768 kHz 提供给实时钟电路 RTC,通过分频可以得到秒的倍数。

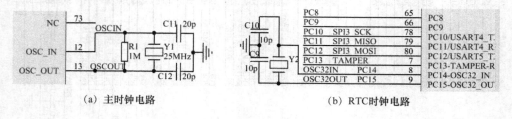

　　(a)　主时钟电路　　　　　　　　　　　(b)　RTC时钟电路

图 2.7　实验开发板的时钟电路

调试接口电路如图2.8所示,图2.8(a)JTAG调试接口电路,图2.8(b)为SWD调试接口电路。

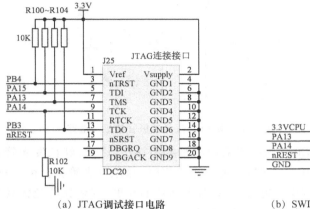

(a) JTAG调试接口电路　　　　　(b) SWD调试接口电路

图 2.8　实验开发板的调试接口电路

复位电路如图2.9所示。图2.9(a)为简单 RC 复位电路,采用上电 RC 复位和按键复位结合的方式。上电时系统产生一定时间的低电平后变高,使系统复位,平时可以通过按 KRSET1 按键使系统复位。图2.9(b)为采用专用复位芯片的高可靠复位电路。

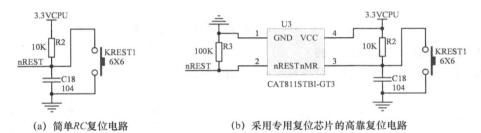

(a) 简单RC复位电路　　　　　(b) 采用专用复位芯片的高靠复位电路

图 2.9　实验开发板的复位电路

2.2.2　人机交互通道

1. LED 发光二极管的显示电路

LED 发光二极管作为最简单的人机交互接口,通过亮、灭或闪烁等可简单显示系统的工作状态,显示电路如图2.10所示。PD2、PD3、PD4 和 PD7 分别控制 LED1、LED2、LED3 和 LED4 这四个 LED 发光二极管,而通过短接 JP13 可以让 PB13 控制 LED5,也可以拔下 JP13,用杜邦线连接底板上 P1 或 P2 中的其他 GPIO 引脚来控制 LED5,可以练习用任何可用 GPIO 引脚控制 LED5 发光。

2. 双色 LED 发光二极管的显示电路

在许多嵌入式应用领域,由于体积的限制,系统不可能用许多 LED 发光二极管来作为状态指示,此时可以借助于一个 LED 发光二极管的孔位来显示多个状态,最简单的方法是采用双色或三色发光管,具有红和绿两种光的共阳双色 LED 发光二极管的显示电路如图2.11所示。短接 JP18 和 JP40 即可用 PB1 和 PB2 分别控制红色和绿色发光管,当 PB1=1 且 PB2=0 时,通过

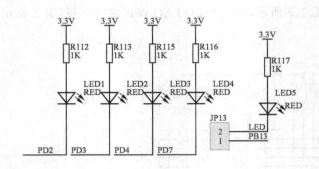

图 2.10　实验开发板 LED 发光二极管的显示电路

反向驱动使 LEDR＝0 和 LEDG＝1,由于采用的是共阳接法,因此,红色发光管点亮时,绿色发光管灭;同理,当 PB1＝0 且 PB2＝1 时,红色发光管灭时,绿色发光管亮。由于直插式的双色发光管红绿两种光同样亮度所需要的电流不同,对于同样的亮度,绿色比红色需要更大的电流,因此绿光限流电阻比红光限流电阻要小,这样电流就大。

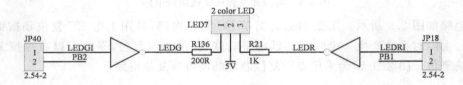

图 2.11　双色 LED 发光二极管的显示电路

3. 4 位 LED 数码管的显示电路

采用 4 位共阳 8 段 LED 数码管的显示电路如图 2.12 所示。

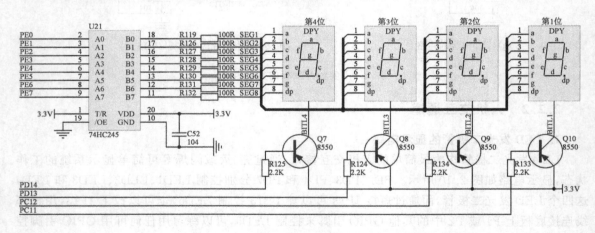

图 2.12　4 位共阳 8 段 LED 数码管的显示电路

由 U21(74HC245)作为段码同相驱动芯片,位码采用三极管驱动,当 PC11＝0 时,Q10 的集电极与发射极导通并接入 3.3 V 电源(实际低于 3 V,因为有饱和压降存在),使数码管第 1 位点亮,当从 PE 口送入段码时,第 1 位将显示相应字符,PC11＝1 时第 1 位不被选中而熄灭;同理,当 PC12、PD13 以及 PD14 分别为 0 时,分别选中第 2、3、4 位。通过软件轮流选中 4 个数码码之一,即可动态显示 4 位数字或特定字符。

4．LCD 的显示电路

采用普通常规 12864 屏的显示电路如图 2.13(a)和 2.13(b)所示。对于要求比较高的场合，要求有不同颜色的显示，可以采用 TFT 真彩屏，3.2 寸真彩屏 320×240 分辨率驱动芯片为 9341 及 9325 的显示电路如图 2.13(c)和 2.13(d)所示。

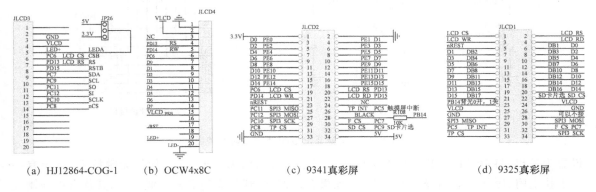

(a) HJ12864-COG-1　　(b) OCW4x8C　　(c) 9341真彩屏　　(d) 9325真彩屏

图 2.13　LCD 的显示电路

5．OLED 的显示电路

许多场合要求功耗低，亮度大，此时可以考虑 OLED，典型的 OLED 有串行接口和并行接口两种形式，如图 2.14 所示，采用 SPI 或 I²C 串行接口与 MCU 连接的 1.3 寸 OLED 的显示电路如图(a)所示，采用 8 位并行方式连接 MCU 的 2.4 寸 OLED 的显示电路如图(b)所示。

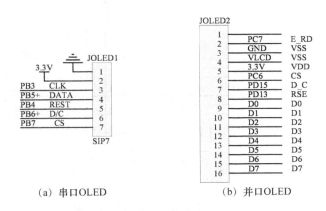

(a) 串口OLED　　　　　(b) 并口OLED

图 2.14　OLED 的显示电路

6．按键输入接口

实验开发板提供了最简单的按键式接口，如图 2.15(a)所示，PD11、PD12 和 PC13 分别检测 KEY1、KEY2 和 KEY3 是否按下，按下时，相应 GPIO 引脚逻辑为 0，没有按下时为 1。当短接 JP39 时，即把 PA0 与 WAKEUP 连接，当按下 KEY4 时，PA0＝0，抬起为 1。如果将 JP39 短接帽拔下，用杜邦线将 JP39 的 1 脚连接到底板 P1 或 P2 的其他可用 GPIO 引脚，即可改变 KEY4 的检测引脚，这方便练习不同 GPIO 引脚的电平检测。

对于复杂一点的系统，可以利用图 2.15(b)所示的接口外接矩阵键盘。具体应用如图 2.16 所示。4×4 矩阵键盘可构成 16 个按键键，其中 4 行由 4 个 GPIO 引脚(如 PE8~PE11)控制，4 列由另外 4 个 GPIO 引脚(如 PE12~PE15)控制，因此在判断按键之前必须首先将 PE8~PE11

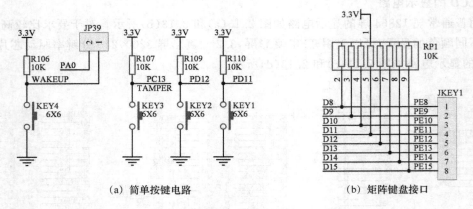

(a) 简单按键电路   (b) 矩阵键盘接口

图 2.15　实验开发板按键接口的原理图

设置为输出，将 PE11～PE15 设置为输入。当某一行输出为低电平时，如果无键按下，由于有一个上拉电阻，因此相应列线输出高电平，如果有键按下，则对应列输入为低电平，其状态在列输入端口可读到。通过识别行和列线上的电平状态，即可识别哪个键闭合。如果第 3 行输出低电平（PE10＝0），则当 9 键闭合时，使第 2 列为低电平（PE13＝0）。矩阵式键盘在工作时，按照行列线上的电平高低来识别键的闭合。

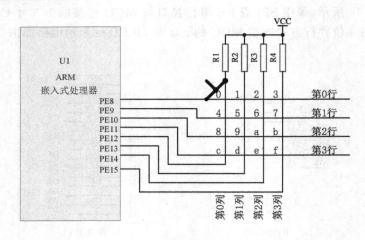

图 2.16　实验开发板矩阵键盘应用

7. 红外遥控接口

实验开发板提供了红外遥控接口，其与 MCU 的连接采用 PB0 引脚，如图 2.17 所示。

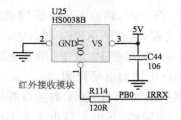

图 2.17　实验开发板红外遥控接口

通过红外遥控器对准 U25 接收头,即可接收红外信号,软件上要依据红外信号的特点解析遥控器发来的信号,从而判断具体遥控代码,然后根据红外遥控代码进行相应操作。

8. 蜂鸣器的驱动电路

蜂鸣器作为最简单的听觉器件,可以讯响提示系统运行状态,其驱动电路如图 2.18 所示。当短接 JP12 时,PC0 连接 BEEP,经过反向驱动后推动蜂鸣器发声。当 PC0=1 时,反向输出 0,蜂鸣器两端在有电压 5 V 后发声;当 PC0=0 时,蜂鸣器不得电而不发声。

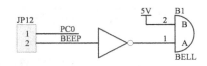

图 2.18　实验开发板蜂鸣器的驱动电路

9. 喇叭的驱动电路

喇叭可以发出音频声响,需要将模拟信号驱动放大后方能发出音乐声,其驱动电路如图 2.19 所示。

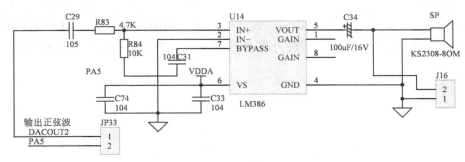

图 2.19　实验开发板喇叭的驱动电路

短接 JP30 使 PA5 连接到 DAC2,将 PA5 设置是模拟输出 DAC2,让 PA5 引脚产生一定正弦波即可通过 U14(LM386)功放推出喇叭发出音乐声。

2.2.3　数字 I/O 通道

1. 开关/频率信号输入接口

图 2.20 所示为开关/频率信号输入接口,输入数字信号(开关量或频率信号)接入 J11,当 FIN+信号为逻辑 0 时,经过光耦隔离变换后,在 FIN 处输出为同逻辑信号 0,输入为 1 时,输出也为 1。这样输入不同幅度一定频率的信号 FIN+,最后变换至 FIN,输出同频率幅度在 0~3.3 V 的数字信号。当短接器 JP28 短接时,FIN 连接 PC3,通过检测 PC3 的频率即可得到输入信号的频率。也可将短接器 JP28 拔下,通过用杜邦线连接 P1 或 P2 的其他 GPIO 引脚来检测开关/频率信号。

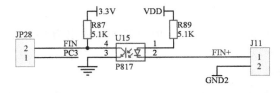

图 2.20　实验开发板开关/频率信号输入接口

2. 开关/频率信号的输出接口

图 2.21 为开关频率信号的输出接口,通过短接 JP27 可以将 PC2 接入光耦入端,当 PC2＝0 时,光耦导通,输出为 0,当 PC2＝1 时,光耦截止输出为 1,因此通过 PC2 可以输入一定频率的脉冲信号,并可通过外部连接器 J10 输出给外部设备使用。

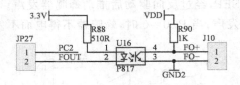

图 2.21　实验开发板开关/频率信号的输出接口

3. 直流电机的驱动接口

直流电机的驱动接口如图 2.22 所示,短接 JP4,接通 3.3 V 电源,通过短接 JP41 连接板载电机,通过短接 JP5 和 JP6 将 GPIO 引脚 PB8 和 PB9 连接到直流电机驱动器芯片 L9110 的控制输入端 IA 和 IB,按照 L9110 原理可知,当 PB8(IA)＝1 且 PB9(IB)＝0 时,OA 与 OB 间输出的 3.3 V 电压使电机正转;当 PB8(IA)＝0 且 PB9(IB)＝1 时,OA 与 OB 间输出的－3.3 V 电压使电机反转;当 PB8(IA)＝0 且 PB9(IB)＝0 时,OA 与 OB 间输出电压为 0,此时电机停止运转。当 PB8 或 PB9 按照不同频率或不同脉冲宽度控制 L9110 时,就可以方便地控制电机运行的速度。

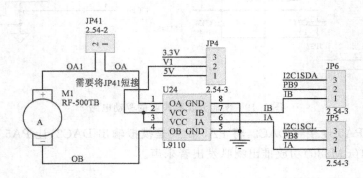

图 2.22　实验开发板直流电机的驱动接口

4. 步进电机驱动接口及蜂鸣器和双色发光二极管接口

如图 2.23 所示,通过 U20(ULN2003)驱动器,将 PD2、PD3、PD4 和 PD7 反向驱动输出后的 OUT1、OUT2、OUT3 和 OUT4 连接到步进电机的 4 相线,通过短接 JP42 连接步进电机电源。当 PD2～PD4 和 PD7 按照四相四拍时序输出时,即可控制步进电机正反转并控制电机速度。

BEEP 经过 IN5 反向驱动输出后的 OUT5 来连接 BPL 蜂鸣器 A,蜂鸣器 B 连接 5 V 电源,因此当 BEEP＝1 时,反向输出 0,使蜂鸣器得电而发声;当 BEEP＝0 时,反向输出 1,使蜂鸣器失电而不会发声。

双色发光二极管的输入端 LED_GI 为 1 时,LED_G 输出为 0;LED_GI 为 0 时,LED_G 输出为 1。

5. 数字式传感器接口

单总线数字型温湿度传感器 DS18B20 的接口如图 2.24 所示,可通过 JP15 短接器将传感器

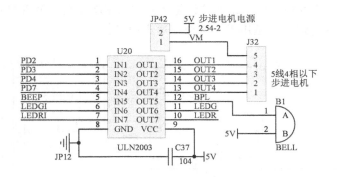

图 2.23 实验开发板步进电机驱动接口

数字输出引脚 DQ 连接到 STM32F107VCT6 的 PB10 引脚,按照 DS18B20 和 DHT11 的工作时序,对引脚 PB10 进行编程即可读取 DS18B20 测量得到的温度值以及 DHT11 测量的温度和湿度。DS18B20 为板载温度传感器,DHT11 可以连接到 J29 插座上。其他数字传感器(如超声波传感器、人体感应传感器、振动传感器等)的预留接口如图 2.25 所示。这些传感器可以直接插入J28、J30 和 J31 插座。

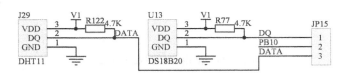

图 2.24 数字温湿度传感器 DS18B20 的接口

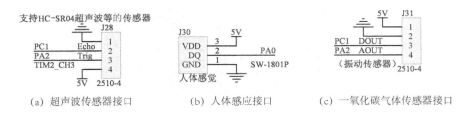

(a) 超声波传感器接口　　　　(b) 人体感应接口　　　　(c) 一氧化碳气体传感器接口

图 2.25 其他数字传感器的预留接口

6. 继电器控制输出接口

通过光电隔离带驱动的继电器控制输出接口如图 2.26 所示。JP21 和 JP 短接时,PC4 和PC15 分别控制 UJDQ1 和 UJDQ2 两个继电器,以控制连接到 J27 连接器的外部设备。

当 PC4＝0 时,光耦 U18 的 CE 导通,使 Q4 基极为 0,Q4 的 CE 导通,使 UJDQ1 得电 V_{DD},从而常闭点断开,常开点闭合,PC4＝1 时,继电器 UJDQ1 失电而恢复至原来的状态。

同理,当 PC15＝0 时,光耦 U19 的 CE 导通,使 Q5 基极为 0,Q5 的 CE 导通,使 UJDQ2 得电 V_{DD},从而常闭点断开,常开点闭合,PC15＝1 时,继电器 UJDQ2 失电而恢复至原来的状态。

7. 数字摄像头输入接口

常规数字摄像头采用 8 位并行接口,有片选信号 CS、写复位信号 WRST、写信号 WE、读信号 RD、复位信号 RRST 以及时钟信号 XCLK 等。采用 I^2C 的信号有 SCL 和 SDA。数字摄像头输入接口如图 2.27 所示。

此外,前面在人机交互通道中介绍的按键输入接口、LED 发光二极管显示接口、蜂鸣器输出接口等也属于数字 I/O 接口,只是用于人机交互通道而已。

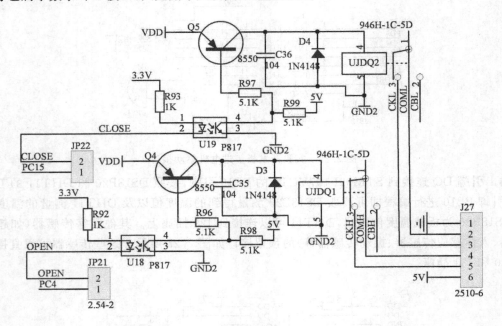

图 2.26 继电器控制输出接口

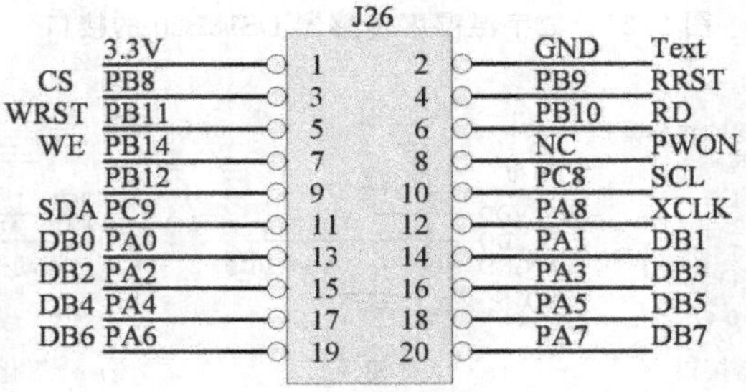

图 2.27 数字摄像头输入接口

2.2.4 模拟 I/O 通道

1. 板载电位器信号输入接口

利用板载电位器进行模拟输入信号检测的模拟输入信号接口如图 2.28 所示,通过短接 JP14 将 PA3 连接到电位器中心抽头,电位器两端连接 3.3 V 电源,当旋转电位器时,由于中心抽头跟着变化,因此电阻值发生变化,分压得到的电位就跟着变化,因此通过将 PA3 设置为模拟通道 ADCIN3 来检测 ADC 变换的值,通过标度变换即可得到电压值。

2. 模拟信号输入接口

对于电流型传感器,可以直接接入图 2.29 所示的接口。电流型传感器用得最多的是 0~10 mA、0~20 mA 以及 4~20 mA 等形式。传感器有水位、压力、流量等传感器。将 JP32 的短接器连接到 AIN7 的位置,使 PA7 连接到 AIN7 上,将 PA7 设置为模拟输入通道 ADCIN7,传感器信号通过前置放大处理后进入 PA7(ADCIN7),让它进行 A/D 变换,通过标度变换即可得到传感器对应的物理量。

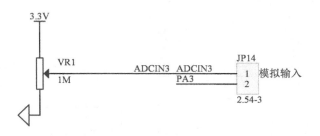

图 2.28　模拟信号输入接口

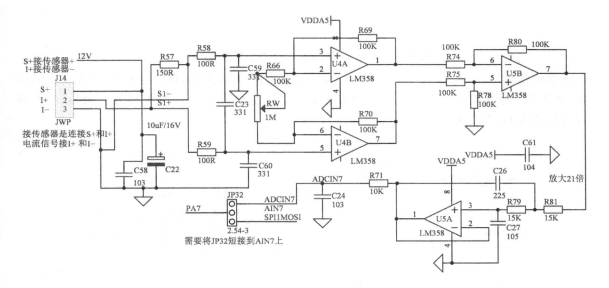

图 2.29　实验开发板模拟电流输入接口

对于电压型传感器,可以是 $0\sim10$ mV、$0\sim100$ mV、$0\sim3$ V 等不同等级的电压信号,它们可接入同样电路,只是 R57 要去掉不用,电压信号加入 I+ 和 I− 两端,电压信号无论大小是多少,经过上述差分放大器后,都可以调整 RW 的大小,决定放大倍数,放大到 $0\sim3.3$ V 后再接入 PA7(ADCIN7),通过 AD 变换得到数字量,最后通过标度变换得到对应的物理量。

3. PT100 温度传感器信号输入接口

在工程应用中经常需要测量温度,PT100 是最为常用的模拟温度传感器,温度不同时,其反应的电阻不同,其输入接口如图 2.30 所示。通过 Z2、R55、R11、U6A、R65 将 Q3 构建的 1mA 恒流源接入 PT100 传感器 S+ 端,当温度变化时,电流流过变化的电阻,产生相应电压,再通过由 R63、R64、R68、U3B 及 R72 组成的放大电路,将最大信号放大到接近 3.3 V,最后经过 R73、C25、C67 及 U6B 及 R82 等构建的二阶有源低通滤波器进行处理后,将 JP31 的 ADCIN6 短接到 PA6 引脚,把 PA6 设置为模拟通道 ADCIN6,AD 变换后,经过标度变换即可得到温度值。

4. 模拟电流输出接口

需要输出电流的场合很多,可利用 DAC 将输出的电压经过电压/电流变换电路转换为电流输出,如图 2.31 所示。将 JP34 短接,把 PA4 连接到 DACOUT1 上,再短接 JP29 到 DAC1,设置

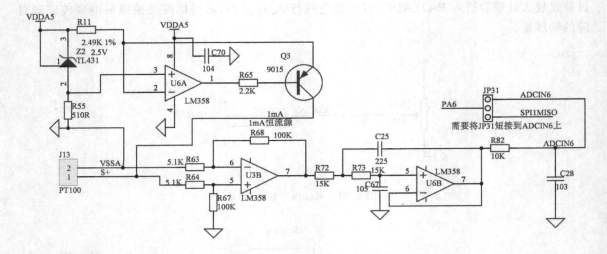

图 2.30　实验开发板 PT100 温度传感器输入接口

PA4 为模拟输出,通过 DAC_1 输出电压,经过 R12、R13、U3A、R14、Q2、Z1 以及 R15 构建的电压/电流变换电路把 $0\sim2\,V$ 的电压信号变换为 $0\sim20\,mA$ 或把 $0.4\sim2\,V$ 变换为 $4\sim20\,mA$,然后经过连接器 J12 输出给外部。

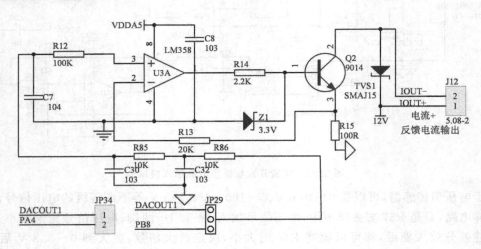

图 2.31　实验开发板模拟电流输出接口

此外,在人机交互通道中的喇叭驱动电路实际上也是模拟输出的一个应用,只是用在人机交互场合而已。

2.2.5　互连通信通道

实验开发板提供的互连通信接口有基于 UART 的 RS-232/RS-485、I^2C/SPI、CAN、USB 以及 Enternet 以太网通信等有线接口,还有无线模块的接口等。

1. RS-232 接口

基于 UART 的 RS-232 接口如图 2.32 所示,把 JP23 和 JP24 的 2-3 短接,使 U1TXD 连接到 PA9(把它配置为 UART1-TXD),U1RXD 连接到 PA10(把它配置为 UART1-RXD)。通过

TTL/CMOS-RS-232 逻辑电平转换芯片 U1(SP3232)将 STM32F107VCT6 的 USART 的逻辑电平(3.3 V CMOS)转换为 232 逻辑电平,通过 RS-232 连接器 DB9 与外部通信。

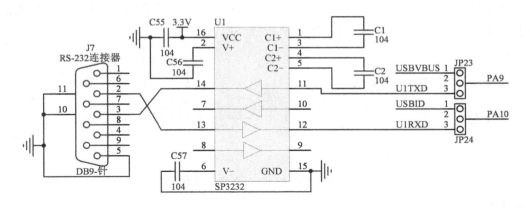

图 2.32　实验开发板 RS-232 接口

2. RS-485 接口

RS-485 接口如图 2.33 所示,将 JP25 和 JP26 的 1-2 短接,使 PD5 连接到 485TXD、PD6 连接到 485RXD,再短接 JP38,把 PD7 连接到 485DIR。配置 STM32F107VCT6 的 PD5 和 PD6 为 USART2 收发引脚,PD7 为输出控制 RS-485 方向,PD7=1 发送,PD7=0 接收。通过 USART2 发送或接收的引脚电平经过 U7(SP3485)物理收发器转换成 RS-485 信号(A,B),通过 J4 连接器连接到外部,与外部具有 RS-485 接口的设备通信。在构建 RS-485 网络时需要在首末端各并联一个匹配电阻 R26(120 Ω)。

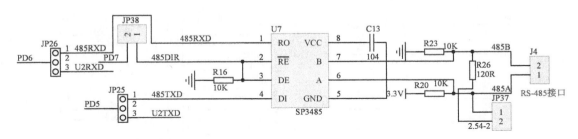

图 2.33　实验开发板 RS-485 接口

3. I²C 接口

基于 I²C 总线的 EEPROM 存储器 AT24C02 与 STM32F107VCT6 的连接接口如图 2.34 所示。将 JP5 和 JP6 的 1 和 2 短接,使 PB8 连接到 AT24C02 的 SCL、PB9 连接到 SDA,将它们配置为 I²C 总线。此时直流电机不能由 PB8 和 PB9 直接控制。

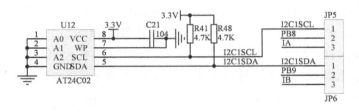

图 2.34　基于 I²C 的串行 EEPROM 存储器的连接接口

4. SPI 接口

基于 SPI 总线的 Flash 存储器 U11（W25Q16）与 STM32F107VCT6 的连接接口如图 2.35 所示。将 JP30 短接 PA5 到 SCK、JP31 短接 PA6 到 SO、JP32 短接 PA7 到 SI，并将 JP8 短接，将 PB9 作为 U11 的片选信号，配置 PA5、PA6、PA7 为 SPI1 接口引脚。

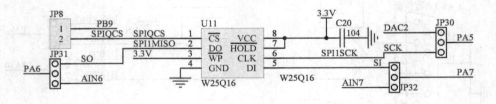

图 2.35　基于 SPI 的 Flash 存储器的连接接口

5. CAN 接口

STM32F107VCT6 内部有两路 CAN 控制器，因此本书中的实验开发板提供了两路 CAN 接口，如图 2.36 所示。其中，CAN1 直接通过 CAN1 引脚 PD0、PD1 连接到 CAN 收发器 U8（VP230）的接收和发送引脚，收发器 CAN 总线端 CANH 和 CANL 连接到 CAN1 连接器的 CANH1 和 CANL1 上，JP11 和 JP10 短接以连接 CAN2 引脚 PB5、PB6 到 CAN 收发器 U9（VP230）的接收和发送引脚，收发器 CAN 总线端 CANH 和 CANL 连接到 CAN2 连接器的 CANH2 和 CANL2 上。两路 CAN 可以相互通信，也可以与其他 CAN 总线设置通信。

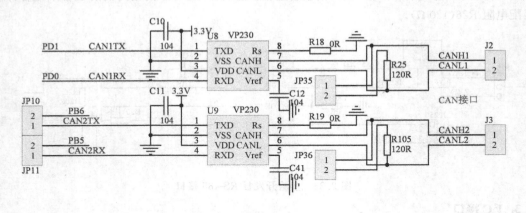

图 2.36　实验开发板 CAN 接口

6. USB 接口

USB 接口如图 2.37 所示，将 JP23 和 JP24 的 1-2 短接，让 PA9 和 PA10 工作在 USB 接口模式（此时这两个引脚不能作为 UART1 使用），即作为 USBVBUS 和 USBID 使用，PA11 和 PA12 分别为 USB 数据线。PB15＝0 时 5 V 电源接入 USB 电源 VBUS。

7. USB-UART 转换接口

由于体积的限制，现在笔记本计算机外部仅提供 USB 接口，并不提供 RS-232 接口，因此需要外部将 USB 转换为 RS-232 或 UART。本书中的实验开发板板载了转换接口，因此实验开发

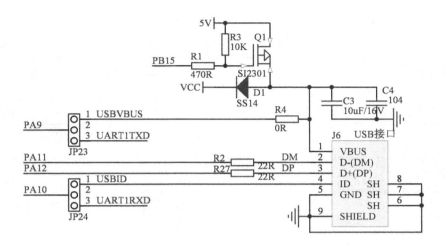

图 2.37 实验开发板 USB 接口

板可以直接通过 USB 连接器与笔记本计算机通信,接口如图 2.38 所示。把 JP25 和 JP26 的 2-3 短接,使 PD5 和 PD6 连接到 U2TXD 和 U2RXD(此时 PD5 和 PD6 不能用于 RS-485 接口)。配置 PD5 和 PD6 为 USART2 的发送端和接收端,即可按照 USART2 的通信方式与 PC 或笔记本计算机进行串行通信,在 PC 或笔记本计算机端用串口助手或自行编制串口程序通过虚拟串口与开发板进行串行通信。

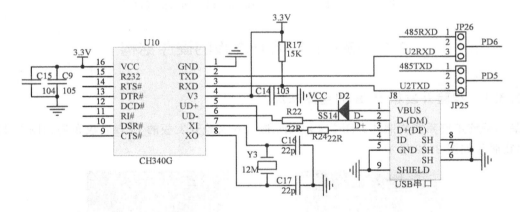

图 2.38 实验开发板 USB-UART 转换接口

8. Enthernet 以太网通信接口

STM32F107VCT6 片上集成了以太网控制器 MAC,提供 RMII 连接方式与外部以太网物理收发器 PHY 连接,具体接口如图 2.39 所示。STM32F107VCT6 的 RMII 相关引脚与 PHY 芯片 U2(DP83848CVV)相连接,其中,发送端 RMII 引脚为 PB12(TXD0)和 PB13(TXD1),接收引脚为 PD9(RXD0)和 PD10(RXD1),PC1 作为 MDC,PA2 作为 MDIO,PA1 为时钟输入,而 PA8 将输出的 50 MHz 时钟提供给 MAC。PHY 与网络变压器的连接如图 2.39 所示,把 TD+、TD−、RD+ 和 RD− 发送和接收信号连接到 RJ45 插座(网络变压器和 RJ45 一体化封装)。

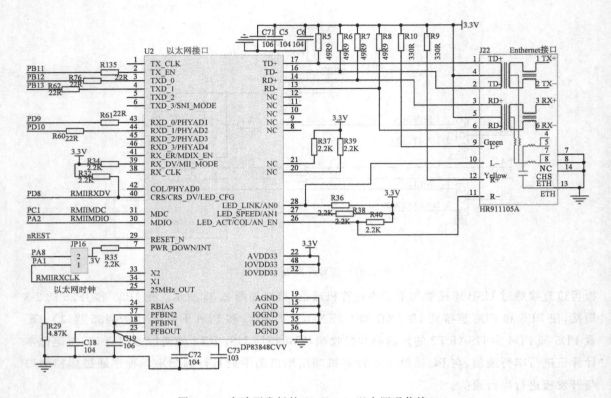

图 2.39　实验开发板的 Enthernet 以太网通信接口

2.3　嵌入式实验开发板的硬件结构

2.3.1　实验开发板 PCB 的整体布局

最小系统正反面实物照片如图 2.40 所示,嵌入式实验开发板的 PCB 底板布局如图 2.41 所示,实物照片如图 2.42 所示。

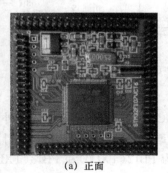

(a) 正面

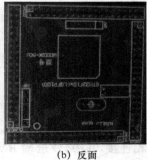

(b) 反面

图 2.40　最小系统正反面实物照片

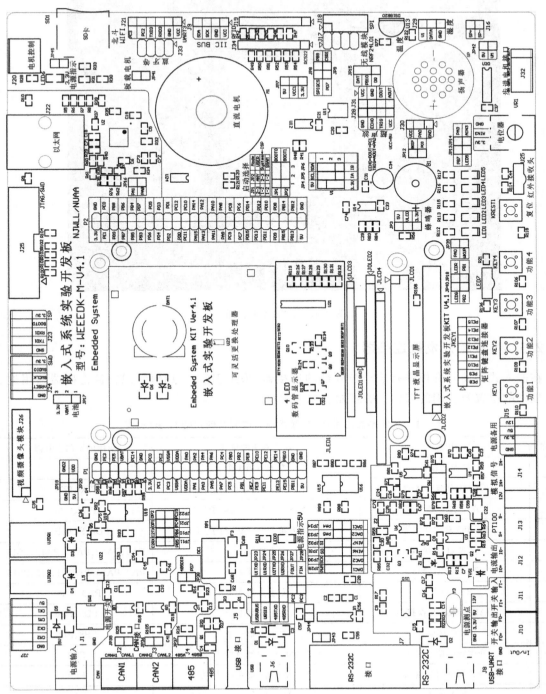

图 2.41　嵌入式实验开发板的 PCB 底板布局

图 2.42　PCB 实物照片

2.3.2　实验开发板连接器

在嵌入式实验开发板中有若干与外部的连接器,采用 Ji(J1～J34)标识。各连接器的用途、在底板中的位置及使用的 GPIO 引脚如表 2.1 所示。

表 2.1　各连接器的用途、在底板中的位置及使用的 GPIO 引脚

名称	用途	在底板中的位置	使用的 GPIO 引脚
J1	电源连接器	左上方第 1 个	无
J2	CAN1 总线连接器	左上方第 2 个(绿色端子)上	PD0、PD1
J3	CAN2 总线连接器	左上方第 2 个(绿色端子)中	PB5、PB6
J4	RS-485 总线连接器	左上方第 2 个(绿色端子)下	PD5、PD6、PD7
J5	立式 USB 接口	左上方第 3 个	PA9、PA10、PA11、PA12、PB15
J6	卧式 USB 接口	左上方第 4 个	PA9、PA10、PA11、PA12、PB15
J7	RS-232 接口	左上方第 5 个	PA9、PA10
J8	UART-USB 转换接口	左上方第 6 个	PD5、PD6
J9	I²C 接口	右上方第三个	PB8、PB9
J10	开关频率信号输出	下方左第 1 个(绿色端子)左 1	PC2
J11	开关频率信号输入	下方左第 1 个(绿色端子)左 2	PC3
J12	电流输出	下方左第 1 个(绿色端子)左 3	PA4
J13	PT100 接入	下方左第 1 个(绿色端子)右 2	PA6
J14	模拟电压电流输入	下方左第 1 个(绿色端子)右 1	PA7
J15	备用电源	下方左第 2 个(蓝色)	无

续 表

名称	用途	在底板中的位置	使用的 GPIO 引脚
J16	备用外接喇叭	右下方第 1 个（未焊接）	PA5
J17	外部 NRF24L01 模块连接器 1	右下方第 4 个左边双排 5×2 孔座	PA8、PB3、PB4、PB5、PD3
J18	外部 NRF24L01 模块连接器 2	右下方第 4 个右边双排 4×2 孔座（未焊接）	PA8、PB3、PB4、PB5、PD3
J19	RFID 模块连接器 1	右方中部单排 8 孔黑色	PB7、PB15、SPI1 接口
J20	外部直流电机等接线端子	上方右边第 1 个（绿色 2 芯座）	PB8、PB9
J21	蓝牙连接器及 UART3	右上方第 2 个单排 6 孔黑色座	PC2、PC3、PB10、PB11
J22	以太网 RJ45 插座	上方右边第 2 个	RMII 接口信号略
J23	ISP 插座	上方右边第 4 个（黄色）	PA9、PA10、BOOT0
J24	SWD 调试连接器	上方左边第 3 个（未焊接）	PA13、PA15、nRSET
J25	JTAG 调试连接器	上方右边第 3 个（黑色 20 针插座）	JTAG 信号
J26	摄像头连接器	上方左边第 2 个（黑色 10×2 孔座）	若干略
J27	继电器输出连接器	上方左边第 1 个（红色）	PC4、PC15
J28	超声波测距传感器 HC-SR04 连接器	右下角喇叭左上方（黑色 4×2 孔座左边）	PC1、PA2
J29	温湿度传感器 DHT11 连接器	右下方第 2 个（黑色 3 孔座）	PB10
J30	人体感应传感器连接器	右下方喇叭左边（黑色 3 孔座）	PA0
J31	振动传感器 SW-1801 及气体传感器 MQ-9 连接器	右下角喇叭左上方（黑色 4×2 孔座右边）	PA2、PC1
J32	步进电机 28BYJ-48 连接器	右下角（蓝色 5 针座）	PD2、PD3、PD4、PD7
J33	Wi-Fi 模块连接器	右上方（黑色 4×2 孔座）	PC2、PC3、PB7、PD7、PB10、PB11
J34	RFID 连接器 2	右下方第 4 个左边单排 8 孔黑色	PB7、PB15、SPI1 接口

此外，用于灵活应用连接的所有 GPIO 引脚引出的插针座有 P1 和 P2，位置在真彩 LCD 的两侧，用于杜邦线连接到指定位置。

系统默认（标准配置）的 LCD 是插在 JLCD1 上的由 9341 驱动的 320×240 的真彩屏，但在不需要真彩屏的情况下，取下液晶屏后的照片如图 2.43 所示，液晶屏下方可连接 4 位一体的共阳 LED 数码管，数码管插座标识为 JLED1。

除了使用提供的默认真彩屏外，也可以使用普通 12864 的单色 LCD 模块以及 OLED 模块，它们的标识为 JLCD3、JLCD4 以及 JOLED1 和 JOLED2。

使用 9325 驱动器的 320×240 的真彩屏可插入 JLCD2。

外接的矩阵键盘可连接到 JKEY1 插座上。

图 2.43 嵌入式系统实验与开发平台取下液晶屏后的照片

2.3.3　实验开发板短接器

本实验开发板有许多短接器,以方便在实验时灵活应用,这些短接器(有的也称跳线器)由插针和短接帽(跳线帽)组成。短接器在实验开发板底板上用 JPi 标识(i=1~39)。

短接器的标识及用途如表 2.2 所示。

表 2.2　连接器的标识及用途

名称	用途	在底板中的位置	GPIO 引脚
JP1	系统启动选择 1	直流电机左下方上	BOOT0
JP2	系统启动选择 2	直流电机左下方下	BOOT1
JP3	LCD 电源选择(3.3 V 和 5 V)	右下方的蜂鸣器左边	
JP4	电机电源选择(3.3 V 和 5 V)	液晶屏右下方左	
JP5	PB8 选择 SCL 和电机控制 IA	液晶屏右下方中	PB8
JP6	PB9 选择 SDA 和电机控制 IB	液晶屏右下方右	PB9
JP7	RFID 模块电源选择(3.3 V 和 5 V)	电机下方 1	
JP8	W25Q16 片选连接 PB9	电机下方 2 上	PB9
JP9	RFID 片选连接	电机下方 2 下	PD7
JP10	CAN2TX 连接	液晶屏左方左 1	PB6
JP11	CAN2RX 连接	液晶屏左方左 2	PB5
JP12	蜂鸣器控制连接	蜂鸣器右边	PC0
JP13	LED5 发光管连接	右下方喇叭的左下方左	PB13
JP14	电位器中心点连接	右下方喇叭的左下方右	PA3
JP15	温湿度传感器连接	喇叭上方	PB10
JP16	以太网时钟输出连接	电机左上方	PA1,PA8
JP17	RTC 电源选择	液晶屏上方	
JP18	双色发光二极管 LED7 红色连接	液晶屏下方	PB1
JP19	电源地 GND 连接 GND2	液晶屏左上角上	
JP20	5 V 电源连接 VDD	液晶屏左上角下	
JP21	继电器控制 OPEN 连接	液晶屏左边右 2	PC4
JP22	继电器控制 CLOSE 连接	液晶屏左边右 1	PC15
JP23	PA9 连接 U1TXD 和 USBVBUS	左边靠近 USB 接口右方	PA9
JP24	PA10 连接 U1RXD 和 USBID	左边靠近 USB 接口右方	PA10
JP25	PD5 连接 U2TXD 和 485TXD	左边靠近 USB 接口右方	PD5
JP26	PD6 连接 U2RXD 和 485RXD	左边靠近 USB 接口右方	PD6
JP27	开关频率输出连接	左边靠近 USB 接口右下方	PC2
JP28	开关频率输入连接	左边靠近 USB 接口右下方	PC3
JP29	电流输出选择(DAC1、PWM)	左边靠近 RS-232 接口右方	PB8,PA4
JP30	PA5 连接 DAC2 和 SCK	左边靠近 RS-232 接口右方	PA5
JP31	PA6 连接 AIN6 和 SO	左边靠近 RS-232 接口右方	PA6

续 表

名称	用途	在底板中的位置	GPIO 引脚
JP32	PA7 连接 AIN7 和 SI	左边靠近 RS-232 接口右方	PA7
JP33	PA5 与 DAC2 短接	左边靠近 RS-232 接口右方	PA5
JP34	PA4 与 DAC1 短接	左边靠近 RS-232 接口右方	PA4
JP35	CAN1 匹配电阻连接	CAN1 连接器右边	
JP36	CAN2 匹配电阻连接	CAN2 连接器右边	
JP37	RS-485 匹配电阻连接	RS-485 连接器右边 1	
JP38	RS-485 方向控制连接	RS-485 连接器右边 2	
JP39	KEY4 引脚连接	下方按键 KEY4 上方	PA0
JP40	双色发光二极管 LED7 绿色连接	液晶屏下方	PB2
JP41	板载电机输出连接	电机上方	
JP42	步进电机电源连接	右下角	
JP43	备用 TTL/CMOS-232 转换 TTL	RS-232 右上边	
JP44	备用 TTL/CMOS-232 转换 RS232	RS-232 右上边	
JP45	板载 SD 卡(CF 卡)片选连接	右上角	PA4

STM32F10x 有三种启动模式可供选择。

（1）用户模式

JP1 短接 2-3，JP2 的任何位置均可。除了 ISP 外，用户模式最常用的正常工作模式。

（2）系统模式（即 ISP 下载模式）

JP1 短接 1-2，JP2 短接 2-3。

（3）SRAM 模式

SRAM 模式是将程序在 SRAM 中运行的一种模式，主要用于调试，真正生产时不用此模式。

JP1 和 JP2 均短接 1-2。

第3章 MDK-ARM 的集成开发环境

MDK-ARM 全称为 Microcontroller Development Kit for ARM，也称 Keil MDK-ARM、KEIL ARM、Realview MDK 等，是为 Keil 公司（后来被 ARM 收购）设计的专用针对嵌入式微控制器的集成开发环境（Integrated Development Environment，IDE）。它支持世界上绝大多数微控制器，支持 ARM7、ARM9、ARM Cortex-M0、Cortex-M3、Cortex-M4、Cortex-M7、Cortex-R，与 DS-5 结合版本可支持 Cortex-A 系列等，是目前应用最广、反应最好的集成开发环境，有时也简称 Keil。本章介绍 MDK-ARM 的使用方法。

3.1 MDK-ARM 概述

MDK-ARM 集成开发包含了工业标准的 Keil C 编译器、宏汇编器、调试器、实时内核等组件，支持所有基于 ARM 的嵌入式系统。

MDK-ARM 开发工具集集成了很多有用的工具，正确地使用这些工具，有助于快速完成项目的开发。

1. MDK-ARM 主要包括的工具

（1）μVision IDE 集成开发环境

（2）编译器

编译器包括了 C/C++ Compiler、汇编器、链接器和工具。

（3）调试器

（4）模拟器

模拟器可以在没有硬件的情况下仿真处理器以及外设的操作。

（5）RTX 实时操作系统内核

（6）多种 MCU 启动代码

（7）多种 MCU Flash 编程算法

（8）编程实例和板级支持文件

MDK-ARM 支持各种调试器 ULINK-ME、ULINK2、ULINK Pro 等，以及性能分析器、运行分析器等。同时支持的第三方仿真调试器有 Keil ULINK 系列、Freescale PE-Micro、Nuvoton Nu-Link、Segger J-LINK，J-Trace、STMicroelectronics ST-LINK、基于 CMSIS-DAP 的 Atmel、Freescale、NXP 及其他仿真器。

2. MDK-ARM 的主要界面

图 3.1 所示的是 MDK-ARM 集成环境的主界面，它由标题栏、菜单栏、工具栏、窗口和状态行等组成。标题栏、菜单栏、工具栏、工程窗口、编辑窗口、编译信息输出窗口以及状态行的位置如图 3.1 所示。

图 3.1 MDK-ARM 集成环境的主界面

（1）菜单栏

主菜单如图 3.2 所示，主要包括如下内容。

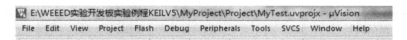

图 3.2 MDK-ARM 的主菜单

File：文件菜单，用于打开、新建、关闭、保存、打印文件、器件选择以及注册等。

Edit：编辑菜单，用于复制、剪切、粘贴、查找、替换等编辑工作，还用于配置工具。其中配置 Configuration-Editor 中的 Encoding 可以选择编码形式，对于中国大陆用户，可选择 GB2312 简体中文编码，否则默认的 ANSI 编码不支持与其他文档中汉字字符的相互复制，强行复制会乱码。

View：视图菜单，主要用于查看工具栏选择、窗口显示选择等操作。

Project：工程菜单，主要用于编辑模式下有关工程项目的新建、打开、删除、输出和管理等。

Flash：编程菜单，主要用于 Flash 程序下载、Flash 擦除和 Flash 配置。

Debug：调试菜单，主要用于系统的调试，包括单步、执行到光标处、CPU 复位、超过执行、全速运行等调试操作。

Peripherals：外设菜单，主要用于在调试时选择片上外设并打开对应的外设相关寄存器窗口，便于直接在调试过程中观察选择的外设寄存器的状态。

Tools：工具菜单，主要用于配置 PC-Lint 等，很少使用。

SVCS：版本控制菜单，一般不使用该菜单。

Window：窗口菜单，可以复位窗口，横排和竖排窗口以及关闭所有窗口。

Help：帮助菜单，用于帮助用户了解系统的使用方法，也用于帮助用户查看版本信息。

（2）工具栏

工具栏默认有两种：一是文件工具栏；二是编译或调试工具栏。在编辑环境下和调试环境下的文件工具栏一样，主要工具按钮图标、功能及快捷键如表 3.1 所示。在编辑状态下的编译工具栏如图 3.3 所示，此时的工具按钮图标、功能及快捷键如表 3.2 所示，而在调试状态下的调试工具栏如图 3.4 所示，此时的工具按钮图标、功能及快捷键如表 3.3 所示。

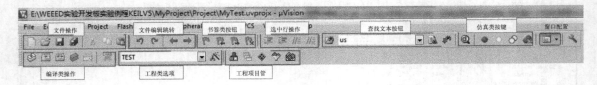

图 3.3　MDK-ARM 在编辑状态下的工具栏

图 3.4　MDK-ARM 在调试状态下的工具栏

表 3.1　主要工具按钮图标、功能及快捷键

图标	名称	功能	快捷键
	新建文件	新建一个空文档	Ctrl＋N
	打开文件	打开已有文件	Ctrl＋O
	保存文件	保存当前的一个文件	Ctrl＋S
	保存所有	保存所有文件	无
	剪切	剪切选中的文本	Ctrl＋X
	复制	复制选中的文本	Ctrl＋C
	粘贴	粘贴复制或剪切的文本	Ctrl＋V
	撤销	撤销编辑	Ctrl＋Z
	恢复	恢复编辑	Ctrl＋Y
	上跳转	跳转到上一位置	Ctrl＋—
	下跳转	跳转到上一位置	Ctrl＋Shift＋—
	添加书签	在当前位置添加一个书签	Ctrl＋F2
	上转书签	跳转至上一个书签	Shift＋F2
	下转书签	跳转至下一个书签	F2
	清除书签	清空所有书签	Ctrl＋Shift＋F2

续　表

图标	名称	功能	快捷键
	缩进	对选中行插入缩进	Tab
	取消缩进	取消选中行的缩进	Shif+Tab
	确定注释	对选定内容注释	无
	取消注释	取消选定内容注释	无
	查找文本	在指定文件中查找文本	Ctrl+Shift+F
	输入文本框	查找输入文本框	无
	查找单个文本	要打开的文件中查找文本	Ctrl+F
	增加搜索	增加的文本会自动进入输入文本框列表中	Ctrl+I
	调试	打开或关闭调试	Ctrl+F5
	插入或取消断点	在光标行插入或取消断点	F9
	失能断点	让光标所在行断点无效	Ctrl+F9
	失能所有断点	让所有断点失效	无
	取消所有断点	取消所有断点	Ctrl+Shift+F9
	窗口	可改变工作窗口	无
	配置	用得机会少	无

表 3.2　在编译状态下的工具栏图标、功能及快捷键

图标	名称	功能	快捷键
	编译当前文件	编译当前的一个文件	Ctrl+F7
	编译	编译所有修改过的目标文件	F7
	重建	编译所有工程目标文件,无论是否修改过	无
	编译多个工程文件	编译多个工程中的多个文件	无
	停止编译	停止正在编译的工作	无
	下载	下载目标文件	F8
	工程配置	工程配置,必须使用	Alt+F7

图标	名称	功能	快捷键
	单工程管理	管理单个工程项目（很重要）	无
	多工程管理	管理多个工程	无
	管理运行环境	管理运行时的工作环境	无
	运行软件包	运行软件包	无
	安装软件支持包	安装软件支持包	无

表 3.3　在调试状态下的工具栏图标及功能和快捷键

图标	名称	功能	快捷键
	复位	复位 CPU	无
	运行	全速运行程序直到出现断点	F5
	停止	停止程序运行	无
	单步	单步运行程序	F11
	执行过去	执行当前语句后跳到下一行	F10
	执行出去	在一个函数中的任何位置直接跳出	Ctrl+F11
	执行到光标处	执行到光标所在行	Ctrl+F10
	去执行的所在行	无论光标在哪儿,都可直接去执行的行	无
	命令窗口	显示或隐藏命令窗口	无
	反汇编窗口	显示或隐藏反汇编窗口	无
	符号窗口	显示或隐藏符号窗口	无
	寄存器窗口	显示或隐藏寄存器窗口	无
	堆栈窗口	显示或隐藏堆栈窗口	无
	观察窗口	显示或隐藏观察窗口(两个观察窗口)	无
	逻辑分析仪窗口	显示或隐藏逻辑分析仪窗口	无
	跟踪窗口	显示或隐藏跟踪窗口	无
	系统观察窗口	显示或隐藏系统观察窗口	无
	工具箱窗口	显示或隐藏工具箱窗口,可更新	无

（3）窗口

在编辑环境下,主窗口用于编辑和修改源代码,工程窗口可以选择项目分组文件,编译信息输出窗口可以查看编码错误信息。

在调试环境下,窗口更多,增加了命令窗口、寄存器窗口、反汇编窗口、堆栈窗口等,还增加选择观察窗口、逻辑分析仪窗口、跟踪窗口、系统观察窗口等,这些窗口的应用可以提高调试效率,缩短开发周期。

（4）状态栏

状态栏用于显示当前状态。

3.2　基于 MDK-ARM 的嵌入式软件开发步骤

3.2.1　硬件连接

在使用的 IDE 之前需要构建硬件平台,以嵌入式系统实验开发板为例,需要在实验开发板上做实验或应用开发,需要的硬件支撑包括一台主机（调试用主机也称宿主机）、硬件仿真下载器以及嵌入式实验开发板。它们之间的连接关系如图 3.5 所示,包括一台主（PC 或笔记本计算机）、一个仿真下载器 ST-LINK 或 J-LINK 等、一个嵌入式实验开发板硬件系统,仿真下载器与主机采用 USB 连接,与开发板采用 JTAG 连接器连接,J-LINK 等支持 JTAG 和 SWD 下载调试。

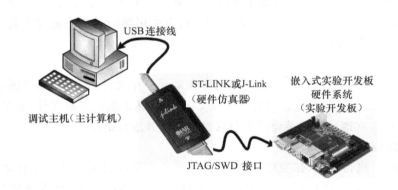

图 3.5　嵌入式系统调试的硬件连接

我们的嵌入式实验开发板 WEEEDK 采用的是 ST-LINK 仿真下载器,USB 连接线的小头连接仿真器,大头连接主机,扁平 20 芯电缆的插头一端连接仿真器,另一端连接实验开发板的JTAG/SWD 插座（J25）。

3.2.2　嵌入式软件的开发步骤

嵌入式系统的软件开发需要编辑、编译、链接与重定位、下载调试等阶段,如图 3.6 所示,这些工作完全可以很方便地在基于 MDK-ARM 的集成开发环境下完成。在此 IDE 下,有三类源文件,包括头文件（.h）、C/C++源代码文件（.c）以及汇编语言源代码文件（.s）。

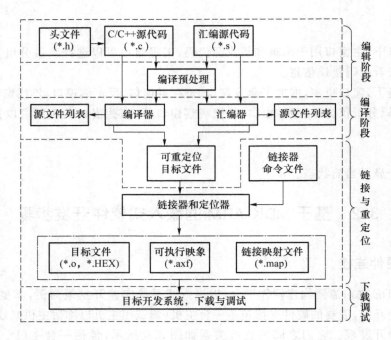

图 3.6 嵌入式系统的软件设计过程

1. 编辑

对于以 STM32F107VCT6 为处理器的嵌入式开发实验板,汇编语言源文件只有一个启动文件,名为 startup_stm32f10x_cl.s,根据需求可以设计多个 C/C++源代码或头文件。这些源文件和头文件用 IDE 的编辑窗口编辑。在编辑过程中可以使用编辑菜单或编辑工具,注意经常使用 Ctrl+S 键来保存编辑的文档。

2. 编译

编辑修改完毕就可以借助 IDE 进行编译,可单独编译一个文件,也可以编译所有文件,也可以只编译修改过的文件。纯粹的编译可直接采用 Ctrl+F7 键来编译当前文件,但最常用的也是通用的做法是采用 F7 功能键直接编译所有修改过的文件并进行链接。

3. 链接与重定位

在编译的基础上,进行链接,在使用 F7 功能键编译所有修改过的文件后会自动进行链接操作。也可以采用重建工具按钮重新编译和链接。也就是说,在 MDK-ARM 集成环境中,编译和链接是自动顺序执行的,没有专门的链接命令。

4. 下载调试

在下载程序到目标板之前必须保证系统已经生成目标文件和可执行映像文件,同时要求选择的仿真器类型为 ST-LINK(如果为其他仿真器,则可选择相应的仿真器名称),在模拟仿真环境下无法下载程序。

有两种下载程序的方法。一种是单独仅下载程序,不进入调试状态,可使用下载工具按钮或快捷键 F8 进行程序的下载,直接将程序目标代码下载到 ARM 处理器芯片的 Flash 存储器中。这种方式仅限用下载程序,不具有调试功能。另一种是下载程序后系统自动进入调试环境。通常采用后一种方法,即单击调试工具按钮进行下载并进入调试环境。

进入调试状态后,可以借助于表 3.3 中的各种调试工具对程序进行调试,如设置若干断点、单步执行、全速执行、执行到光标处、跳过执行,执行跳过等多种调试技巧,直到程序调试成功。

在 MDK-ARM 集成开发环境下,可以通过新建工程、添加文件(创建和编辑工程代码)、配置工程(工程设置)、编译与链接程序、使用调试器调试程序等进行嵌入式项目开发,也可借助 ARM 芯片厂商或板子厂商提供的板级支持包提供的示例,通过移植、修改、添加应用程序等来完成嵌入式项目开发。

3.3 新 建 工 程

3.3.1 准备工作

在新建工程前需要事先下载 MDK-ARM 软件,并注册,然后下载 STM32F10x 固件库,并提取相关文件。下载的固件库包括的 4 个文件文件夹和 1 个帮助文件。

_htmresc:图片文件夹。

Libraries:库文件夹。

Project:示例工程文件夹。

Utilities:公共代码以及估计板代码。

stm32f10x_stdperiph_lib_um.chm:固件库帮助文件。

需要将 Libraries(库文件夹)中需要用到的外设全部提取,不用的可以不提取,提取 Project(示例工程文件夹)中的少量文件,Utilites 不提取。帮助文件可以不用,也可以保留,以获取帮助。

新建一个新的项目文件夹 MyProject,然后在其文件夹中新建 User\Main 和 Doc 文件夹,两个文件夹分别存放用户程序和说明文档,保留 Project 文件夹,但原来其下的文件不要,以备新建工程存放工程相关文件,复制 Libraries 到 MyProject 中。至此,新建工程文件夹中有的目录结构如图 3.7 所示。

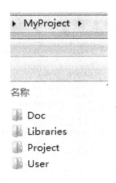

图 3.7 新建工程文件夹中有的目录结构

以下准备工作做好之后就可以着手新建工程了。新建工程一般需要三个步骤:建立工程、添加文件以及配置工程。

3.3.2 建立工程

运行 MDK-ARM uVision 5 程序,从 Project 菜单中选择"New uVision Project…",进入图

3.8 所示的界面,从中选择项目路径并输入项目文件名(在 MyProject\Project 下),这里输入 Mytest 工程名后会确认进入图 3.9 所示的界面。在其中的 STM32F1 Series 中选择 STM32F107 中的 STM32F107VCT6。在打开的 Manage Run-Time Environment 对话框中选择关闭,后面自己配置。

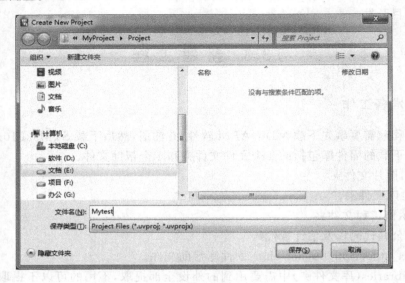

图 3.8 新建工程的初始界面

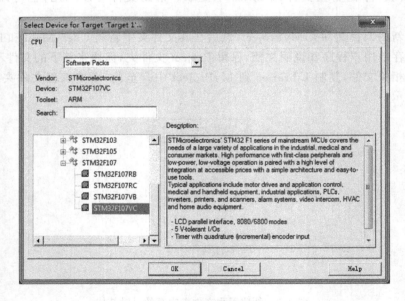

图 3.9 选择处理器界面

此时,在 Project 文件下会自动生成 Objects 和 Listings 两个文件夹,这两个文件夹分别存放目标文件以及列表文件,另外,新建的工程名 Mytest.uvprojx,如图 3.10 所示。

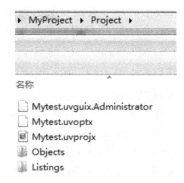

图 3.10　新建工程后 Project 文件夹中的文件目录结构

进入的初始界面如图 3.11 所示。

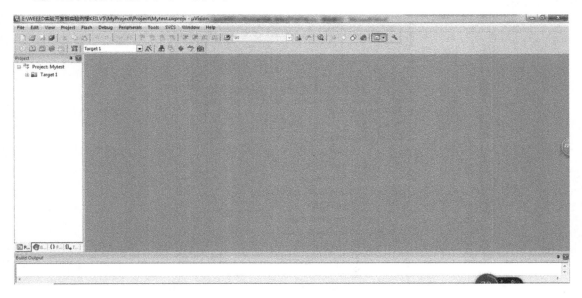

图 3.11　新建工程后的进入初始界面

3.3.3　添加文件

添加文件的目的是在项目中分组并把程序相关文件加入项目中,单击项目管理(图 3.12 所示的品字形图标),进入图 3.12 所示的项目管理设置界面。

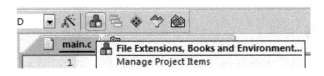

图 3.12　项目管理设置界面

建立 User/Main、Libraries/StdPeriph_Driver、Libraries/CMSIS 和 Doc 四个组,分别添加文件到相应组,结果如图 3.13 所示。

在 User/Main 组中是用户使用的各种源文件,其中 main.c 为 C 的主文件,stm32f10x_it.c

为中断服务函数对应的文件,hw_config.c 为与实验开发板有关的硬件驱动程序。

在 Libraries/StdPeriph_Driver 组中添加所有用到的片上硬件资源,用什么添加什么。

在 Libraries/CMSIS 组中添加 STM32F107 对应的启动文件 startup_fm32f10x_cl.c,如果是其他芯片,则可选择其他启动文件(startup_fm32f10x_cl.c)。

不同芯片的启动文件不同,说明如下。

(1) startup_stm32f10x_cl.s 适用互联型的芯片,如 STM32F105xx、STM32F107xx。

(2) startup_stm32f10x_hd.s 适用大容量的芯片,如 STM32F101xx、STM32F102xx、STM32F103xx;startup_stm32f10x_hd_vl.s 适用大容量的芯片,如 STM32F100xx。

(3) startup_stm32f10x_ld.s 适用小容量的芯片,如 STM32F101xx、STM32F102xx、STM32F103xx;startup_stm32f10x_ld_vl.s 适用小容量的芯片,如 STM32F100xx。

(4) startup_stm32f10x_md.s 适用中容量的芯片,如 STM32F101xx、STM32F102xx、STM32F103xx。

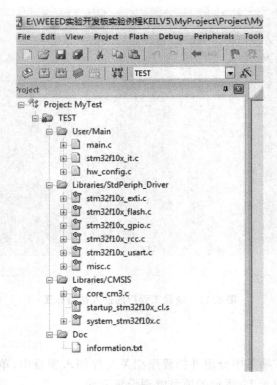

图 3.13　添加文件后的界面

3.3.4　配置工程

单击图 3.14 所示工具栏中的铁锤图标,进入配置工程界面,如图 3.15 所示。在配置工程环境下,主要需要选择和配置的有如下内容。

(1) 在 Output 中输入自己要输出的目标文件名(默认路径为 Project\obj)。

(2) 在 Debug 中选择仿真调试器类型,这里选择 ST-LINK Debugger,也支持 J-LINK。

(3) 在 Utilities 的 Setings 中选择"Reset and Run"(复位和运行),如图 3.16 所示。

其他基本不用特别配置,默认即可。

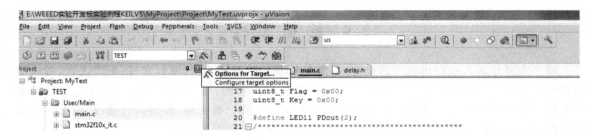

图 3.14 配置工程的工具图标

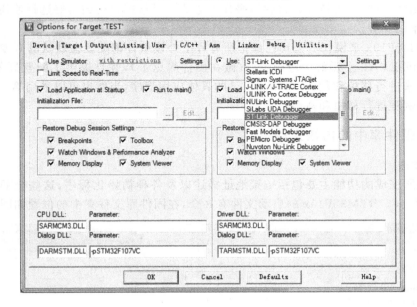

图 3.15 在配置工程环境下选择调试器类型

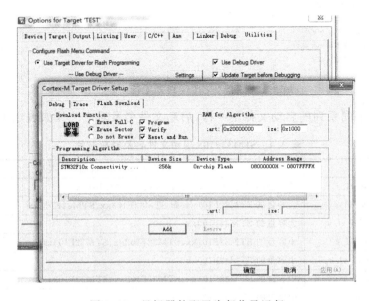

图 3.16 目标器件配置为复位及运行

3.4 移植工程

对于大部分嵌入式应用程序的设计,不需要从零开始创建工程、添加文件、配置工程、编译链接和调试。这对于快速有效地进行嵌入式软件设计是不利的,可以充分利用 ARM 芯片厂商或开发板厂商提供的相关例程来按照自己的需求移植和裁剪已有工程,然后再行修改、添加相关应用函数,最后编译链接和调试,这样可以大大减少开发时间和开发成本。

对于 ARM Cortex-M 系列芯片来说,由于引入 CMSIS 函数,因此商家提供的工程例程通常支持 CMSIS 函数,有的也支持直接寄存器操作的方式。可根据自己的喜好选择使用寄存器版本或 CMSIS 版本的例程。

对于 STM32F10x 来说,ST 公司已经把所有片上外设组件都配置在默认的开发板上了。例如,STM32100E-EVAL 上做好了应用示例(做在固件库里了),并且提供了配置好的工程项目,可以直接拿过来进行移植和裁剪,再添加自己的具体应用程序,当然也可以采用第三方开发板厂商提供的工程例程进行移植和裁剪。

3.4.1 固件库中的内核文件

1. 启动文件

启动文件所完成的功能主要包括链接地址描述以及各种初始化程序,这些全部由汇编语言编写,扩展名为.s。STM32F10x 的启动文件有 8 个,在固件库文件夹中的位置如图 3.17 所示。

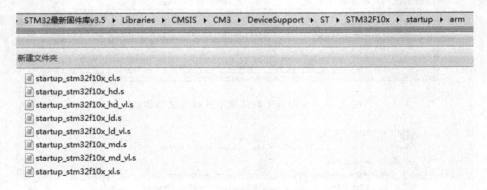

图 3.17 STM32F10x 启动文件所在位置

STM32F10x 不同系列的启动文件不一样,启动文件名及对应芯片如表 3.4 所示。

表 3.4 STM32F10x 启动文件名及对应芯片

启动文件名	对应 STM32F10x 器件的类型
startup_stm32f10x_cl.s	互联型的器件,如 STM32F105xx、STM32F107xx
startup_stm32f10x_hd.s	大容量的 STM32F101xx,如 STM32F102xx、STM32F103xx
startup_stm32f10x_hd_vl.s	大容量的 STM32F100xx
startup_stm32f10x_ld.s	小容量的 STM32F101xx、STM32F102xx、STM32F103xx
startup_stm32f10x_ld_vl.s	小容量的 STM32F100xx
startup_stm32f10x_md.s	中容量的 STM32F101xx、STM32F102xx、STM32F103xx
startup_stm32f10x_md_vl.s	中容量的 STM32F100xx
startup_stm32f10x_xl.s	FLASH 在 512 KB 到 1 024 KB 之间的 STM32F101xx、STM32F102xx、STM32F103xx

2. 内核支撑文件

内核支撑文件 core_cm3 在库中的位置如图 3.18 所示,它由 ARM 厂家提供,大部分函数采用 C 语言嵌入汇编编写(__ ASM),涉及内核操作,在应用开发时不用关心内核支撑文件,但必须有这些文件才能正常移植和调试。

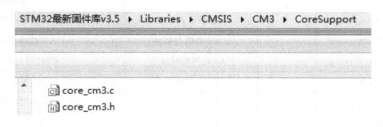

图 3.18 STM32F10x 内核支撑文件 core_cm3 在库中的位置

3.4.2 固件库中的片上外设驱动函数

移植和裁剪工程时,必须首先了解工程中有哪些与外设驱动有关的函数,才能有的放矢地进行移植和裁剪。

STM32F10x 固件库(Ver3.5)提供的片上外设主要基于 CMSIS 的库函数源文件,其在固件库的目录结构如图 3.19 所示,每个外设提供一个驱动函数并独立为一个文件。

这些 CMSIS 库文件处于 Libraries\STM32F10x_StdPeriph_Driver\src 下,每个源文件都对应有一个头文件,这个头文件在 Libraries\STM32F10x_StdPeriph_Driver\inc 下。

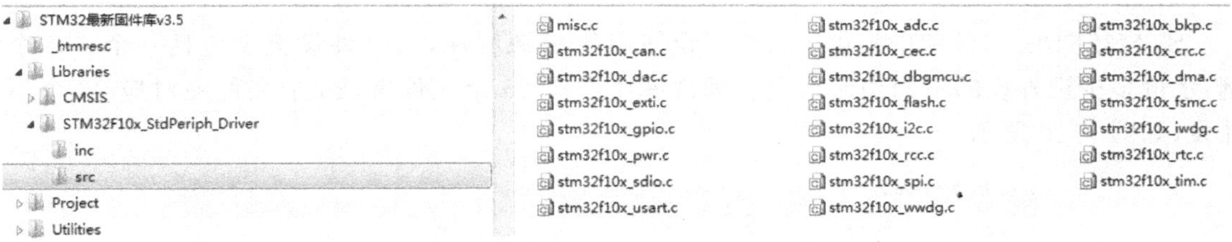

图 3.19 STM32F10x 片上外设 CMSIS 函数所处目录结构

STM32F10x 固件库(Ver3.5)提供的片上外设主要基于 CMSIS 的库函数源文件,这些文件全部由 C 语言编写,源文件名及对应的外设功能如表 3.5 所示。

表 3.5 源文件名及对应的外设功能

源文件名	对应的片上外设	外设的功能
misc.c(以前是 stm32f10x_nvic.c)	NVIC	嵌套向量中断控制器驱动
stm32f10x_rcc.c	时钟	时钟配置驱动
stm32f10x_gpio.c	GPIO	通用并行 I/O 端口驱动
stm32f10x_exit.c	外部中断	外部中断驱动
stm32f10x_spi.c	SPI 接口	SPI 驱动
stm32f10x_usart.c	USART 串口	同步异步收发器 USART 驱动
stm32f10x_sdio.c	SD 卡	SD 卡驱动

源文件名	对应片上外设	用途及功能
stm32f10x_dma.c	DMA 控制器	DAM 控制器驱动
stm32f10x_i2c.c	I²C 总线控制器	I²C 总线驱动
stm32f10x_adc.c	A/D 变换器	A/D 变换器驱动
stm32f10x_bkp.c	备份寄存器	备份寄存器驱动
stm32f10x_can.c	CAN 总线控制器	CAN 总线控制器驱动
stm32f10x_cec.c	CEC 网络模块	CEC 网络模块驱动
stm32f10x_crc.c	CRC 校验器	CRC 校验器驱动
stm32f10x_dac.c	D/A 变换器	D/A 变换器驱动
stm32f10x_dbgmcu.c	MCU DEBUG 调试接口	调试接口驱动
stm32f10x_flash.c	Flash 控制器	Flash 控制器驱动
stm32f10x_pwr.c	电源控制器	电源功耗控制驱动
stm32f10x_rtc.c	RTC 实时钟	RTC 驱动
stm32f10x_tim.c	定时器	定时器驱动
stm32f10x_wwdg.c	窗口看门狗定时器	窗口看门狗驱动

以上所列是 STM32F10x 片上外设 CMSIS 函数,可以直接使用,只要用到指定外设,就必须把指定的 CMSIS 函数引入工程后才能直接使用。

3.4.3 固件库中提供的例程

STM32F10x 固件库中提供了每个外设使用的 C 源程序,每个外设至少包括一个或多个示例,示例多少视外设的不同功能来定。固件库中共有 26 个文件夹,26 个文件夹对应 26 个不同外设,如图 3.20 所示。

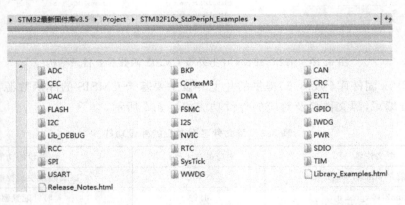

图 3.20　STM32F10x 片上外设基于 CMSIS 函数的例程类别

每个例程均包括有 6 个文件,主要有 main.c、stm32f10x_conf.h、stm32f10x_it.c、stm32f10x_it.h、system_stm32f10x.c 以及 readme.txt。其中:main.c 为主函数,启动文件最后会自动引导到这个函数的入口;stm32f10x_conf.h 为 STM32F10x 配置头文件,其中声明包含了若干外设头文件;stm32f10x_it.c 为中断函数,包括了常规启动文件中按照 CMSIS 规范定义的中断服务函数入口函数名。可在此写外设的中断函数。

stm32f10x_it. h 为中断函数使用的头文件; system_stm32f10x. c 为系统初始化关键函数, SystemInit()就在其中, 主要完成时钟的选择和配置等初始化工作; readme. txt 为说明文件, 主要描述本外设例程的功能及相关说明 。这些文件(除了 readme. txt 外)为我们将其移植到自己的工程中打下了基础, 提供了快速上手的路径, 在移植工程时要用到这些文件。

3.4.4 固件库中提供的工程范例

为了方便开发人员快速进行产品开发, ST 公司除了提供完整的 CMSIS 驱动函数外, 还在固件库中一并提供了一个工程范例(名为 Project), 在不同开发环境, 其扩展名不同, 在 MDK-ARM uVision 4 环境下提供的工程文件为 Project. uvproj, 其在固件库中的目录位置如图 3.21 所示。

图 3.21　STM32F10x 固件库提供的工程范例在固件库中的目录位置

借助固件库提供的工程范例, 可以通过移植和裁剪等快速进行嵌入式应用程序设计。

3.4.5 利用工程范例进行的工程移植

本节以 LED1、LED2、LED3 和 LED4 四个 LED 指示灯闪烁为例说明通过复制工程范例进行移植自己工程的方法。

由于 LED 灯采用 GPIO 引脚控制, 因此需要复制工程中的 GPIO 相关函数, 下面介绍在 MDK-ARM 下的工程移植。

(1) 复制工程范例到指定位置。

从网上下载 STM32F10x 的固件库, 假设是 3.5 版本, 下载后把固件库连目录全部复制到指定位置, 把固件库更名为"基于固件库的移植", 如图 3.22 所示, 根据自己的项目特征命名更好。

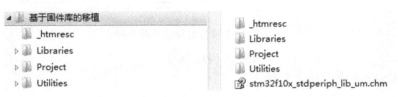

图 3.22　STM32F10x 固件库提供的工程范例在固件库中的位置

(2) 删除不必要的文件夹和文件。

① 把_htmresc 文件夹删除。

② 由于本例仅涉及 GPIO，因此把其他例程文件删除，即保留 Project\ STM324F10x_StdPeriph_Examples 下的 GPIO、SysTick 和 TIM 文件夹，其他文件夹全部删除（如果需要别的就保留）。

③ 在 Project\下除了保留 MDK-ARM 文件夹外，把其他文件夹全部删除，并把当前文件夹下的所有文件删除。删除 MDK-ARM 下的所有文件夹。

④ 删除 Utilities 文件夹。

这是 ST 提供的开发板相关文件夹，本移植不用该开板发，因此建议删除。

（3）复制文件。

把 Project\ STM32F10x_StdPeriph_Examples\GPIO\IOToggle 下的所有文件复制到 Project\STM32F10x_StdPeriph_Template 下并替换原来的相关文件，包括 main.c。

（4）建立文件夹。

在 Project 下建立名为 obj 的目标文件夹，以备在后面编译链接时存放目标文件。

在 Project 下建立名为 list 的列表目标文件夹，以备在后面编译链接时产生的列表文件。

（5）打开工程，删除组中相关的不用文件，添加启动文件。

双击 MDK-ARM 文件夹下的 Project.uvproj，如果你的系统是 MDK uVision V5，则需要下载 MDK V5 的支持包（官方下载地址为 http://www2.keil.com/mdk5/legacy/），可把 Project.uvproj 改名为 Project.uvprojx，再双击它，打开工程。

① 在管理工程项目窗口把 STM3210E-EVAL 改名为移植 GPIO 工程，把其他工程名删除。

② 保留 StdPeriph_Driver 组中图 3.23 所示的文件，把其他文件删除。

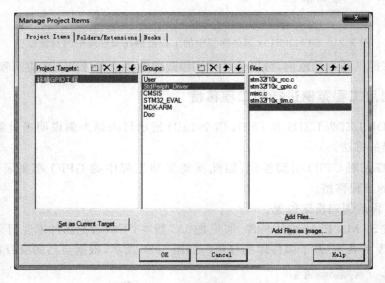

图 3.23　在项目管理中删除文件

③ 把 STM32_EVAL 和 MDK-ARM 工程组删除。

④ 在 CMSIS 组中添加启动文件。

将 Libraries\CMSIS\CM3\DeviceSupport\ST\STM32F10x\startup\arm 下基于 SFM32F107 的启动文件 startup_stm32f10x_cl.s 添加到 CMSIS 项目组中，最后单击"OK"确认即可。

展开后的工程管理窗口如图 3.24 所示，可见，在移植的工程组中保留了 User、StdPerih_

Driver、CMSIS 以及 Doc。在 User 工程组中保留了中断函数 stm32f10x_it.c 和主函数 main.c，
在 StdPeriph_Driver 工程组中保留了时钟、GPIO、NVIC 和 TIM 四个外设驱动函数，在 CMSIS
工程组中保留了内核、系统和启动文件。

图 3.24　工程管理窗口

（6）编写和修改工程 User 组中的 main.c 代码。

启动文件中已经包含了系统初始化函数 SystemInit()，main()函数就不需要再初始化了，范
例 main.c 代码给出的功能是让 PD0 和 PD2 两个 GPIO 引脚同时依次输出 0 和 1，这只能在单步
调试时有效，连续运行时看不出来波形变化，因为在程序中 GPIO 输出一次后没有延时。

现在在 WEEEDK NUAA_CS_107 Kit 嵌入式实验开发板上要求让 LED1、LED2、LED3 和
LED4 闪烁。由第 1 章 1.2.2 节可知，这 4 个发光二极管分别由 PD2、PD3、PD4 和 PD7 控制，如
图 3.25 所示。当相应引脚输出 0 时，对应 LED 发光二极管亮，当输出 1 时，对应 LED 发光二极
管灭。

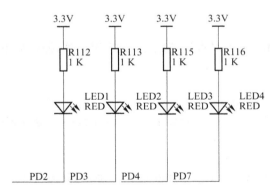

图 3.25　GPIOD 控制 LED 指示灯

因此程序修改如下。

① 注释掉或删除"＃include "stm32_eval.h""。

② 将原来输出 PD0 和 PD2 的改为输出 PD2、PD3、PD4 和 PD7，即将"GPIO_InitStructure.
GPIO_Pin = GPIO_Pin_0 | GPIO_Pin_2;"改为"GPIO_InitStructure.GPIO_Pin＝GPIO_Pin_2
|GPIO_Pin_3|GPIO_Pin_4|GPIO_Pin_7;"

③ 将 while 中的

```
/* Set PD0 and PD2 */
GPIOD->BSRR = 0x00000005;
/* Reset PD0 and PD2 */
GPIOD->BRR  = 0x00000005;
```

修改为

```
/* Set PD2、PD3、PD4 和 PD7 */
GPIOD->BSRR = (1<<2)|(1<<4) |(1<<3)|(1<<7);
/* Reset PD2、PD3、PD4 和 PD7 */
GPIOD->BRR = (1<<2)|(1<<4) |(1<<3)|(1<<7);
```

并在 main 函数之前添加一个 Delay() 延时函数，在输出 GPIO 引脚电平之间调用该函数，用于让发光二极管有亮和灭的时间，以便观察。Delay() 函数如下：

```
void Delay(uint16_t N)
{
int i,j;
for(i=N;i>0;i--)
    for(j=1000;j>0;j--);
}
```

在 while 循环中的代码变为

```
while(1)
{
    /* Set PD2、PD3、PD4 和 PD7 */
    GPIOD->BSRR = (1<<2)|(1<<4) |(1<<3)|(1<<7);
    Delay(5000);
    /* Reset PD2、PD3、PD4 和 PD7 */
    GPIOD->BRR = (1<<2)|(1<<4) |(1<<3)|(1<<7);
    Delay(5000);
}
```

以上是使用寄存器操作，也可以直接使用 CMSIS 库函数，操作如下：

```
while(1)
{
    /* Set PD2、PD3、PD4 和 PD7 */
    GPIO_SetBits(GPIOD, GPIO_Pin_2 | GPIO_Pin_3 | GPIO_Pin_4 | GPIO_Pin_7);
    Delay(5000);
    /* Reset PD2、PD3、PD4 和 PD7 */
    GPIO_ResetBits(GPIOD, GPIO_Pin_2 | GPIO_Pin_3 | GPIO_Pin_4 | GPIO_Pin_3);
    Delay(5000);
}
```

其他不用改动，保存修改的文件。

(7) 配置工程。

在代码修改完并保存后，单击工程配置按钮，进入工程配置选项卡，然后进行相关选择。

① 在 Device 选项卡中选择处理器 STM32F107 下的 STM32F107VC。

② 在 Output 选项卡中的 Name of Executable 中输入 LED，选择 Create HEX File。

③ 在 Listing 选项卡中选择列表路径 Project\list。

④ 在 C/C++选项卡中,把包含的不必需的路径删除,如 STM32_EVAL、STM3210B_EVAL 以及 Common。

⑤ 在 Debug 选项卡下的 Use 中选择 ST-Link Debugger。

⑥ 在 Utilities 选项卡,单击"Setings",然后选择其中的"RESET and Run",单击确定。

最后单击"OK"按钮即可完成工程配置工作。至此,移植工作告一段落。

3.5 编译链接和调试工程

3.5.1 编译链接的工程文件

利用 2.1 节中表 3.2 所示不同的编译工具对工程文件进行编译,有四种编译方式。

(1)编译当前文件

直接通过表中工具单击编译当前文件来编译修改后的当前源文件,仅编译一个文件时,编译的结果存放在 obj 文件夹中。除了用工具外,还可以通过 Project 菜单中的 Translate 来编译,也可以用快捷键 Ctrl+F7 直接编译当前文件。

单文件的编译速度快、效率高。

(2)编译并建立链接

通过多个文件均有修改的情况下,可以采用这种方法,直接单击编译工具按钮或通过 Project 菜单中的 Build target 命令或直接按 F7 功能键完成编译所有修改过的文件且进行链接。

这种方式是使用最广的编译手段,它除了完成编译外,还完成了文件的链接功能。建议使用该方法。

(3)重建

重建是编译所有文件(无论其是否修改),并建立链接。可单击重建工具按钮或通过 Project 菜单中的 Rebuild all tartget files 来完成所有工程文件的编译及链接。此法浪费时间,很少使用。

(4)编译多个工程文件

对于打开的工程,可以用该方法编译多个工程的所有文件。

建议使用最为常用而简捷的方法,用 F7 功能键直接编译和链接。编译和链接的结果在信息显示窗口显示,如图 3.26 所示,前面是编译结果,后面是链接信息。如果有编译错误,会逐条显示出来,供修改参考。

```
Build Output
Build target '移植GPIO工程'
compiling main.c...
linking...
Program Size: Code=668 RO-data=368 RW-data=4 ZI-data=1028
FromELF: creating hex file...
"..\..\..\obj\LED.axf" - 0 Error(s), 0 Warning(s).
```

图 3.26 编译链接信息显示

Code 是代码占用的空间,以字节为单位,RO-data 是 Read Only 只读常量的大小(如 const 型),是只在 Flash 中定义的常量大小,RW-data 是(Read Write)初始化了的可读写变量的大小,是指在 SRM 中的变量大小,ZI-data 是(Zero Initialize)没有初始化的可读写变量的大小,也是 SRAM 空间。

3.5.2 调试工程

在 MDK-ARM 集成环境下,在编译没有任何错误的前提下,就可以进行软件调试工作了。可以单击调试工具按钮"🔍"或从 Debug 菜单中选择"Start/Stop debug Sesion"命令,也可以直接按 Ctrl＋F5 键进入调试环境,如图 3.27 所示。

图 3.27　MDK-ARM 调试状态下的窗口

进入此界面之前,有一个 DownLoad 操作,就是下载(也叫烧写)程序到目标(实验)板的 Flash 程序存储器中,如果出现下载异常,则可以尝试使用 SW 调试方式,默认是 JTAG 调试方式,如图 3.28 所示。

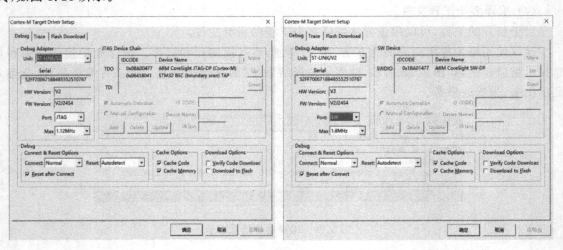

图 3.28　Debug-Seting 对话框

如果还不正常,则可以查看仿真器的指示灯是否正常,如果不正常,可拔下仿真器,重新装上后再试。可查看 PC Windows 系统中的设备管理器 USB 设备,若有 ST-LINK 字样,说明仿真器接入系统正常。

1. 基本调试工作

(1) 单步调试

进入调试状态之后可以按 F11 或单击单步工具按钮一步一步向下执行,尽管可以用菜单操作(即从 Debug 菜单中选择 Step 命令),但很少使用菜单来进行单步调试,应该记住快捷键操作方式。这种操作可以在遇到函数时进入函数内部一条语句一条语句地执行。

(2) 单步执行调试

进入调试状态之后可以按 F10 或单击单步执行工具按钮一步一步向下执行。这种单步操作在执行到函数时能执行完该函数,不能进入函数内部进行调试。

(3) 执行到光标处

如果希望程序执行到指定目标行,可将光标指向待执行的行,然后单击执行到光标处按键或直接按 Ctrl+F10 键。

(4) 设置断点

如果想让程序执行到以下语句处停下来,就要在该语句行设置断点,方法是单击该行程序窗口左端或将光标移动到该行并单击断点工具按钮,此时该行左方呈现红色实心圆,如图 3.29 所示,如果要取消断点,则再单击这行,实心圆消失。

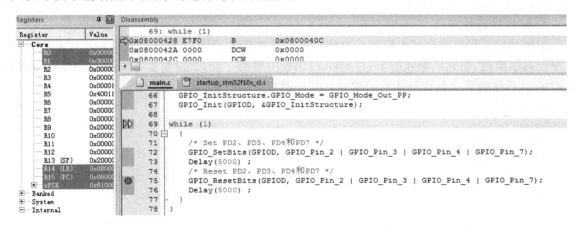

图 3.29　设置断点状态

(5) 全速执行

在调试中可以直接按 F5 快捷键全速运行程序,也可以单击运行工具按钮来全速运行程序,直到遇到断点。

(6) 停止

如果在全速执行时没有断点,则程序会一直按照设计的程序连续执行下去,不会自己停止。在需要停止的时候,可以单击停止工具按钮或从 Debug 菜单选择 Stop 来停止程序的运行。停止的目的是观察运行结果。

(7) 复位 CPU

在调试窗口的任何时候,无论是在运行状态,还是停止状态,都可以随时通过单击复位工具按钮或从 Debug 菜单中选择 RESET CPU 来复位 CPU,此时程序停止运行,CPU 的程序指针指向 0x00000004 地址，在 0x00000004 处存放的是复位向量，地址名为 Reset_Handler，为系统复位后初始化入口。因此复位后，在 MDK-ARM 环境下，系统会自动指向这个入口，如图 3.30 所示，图中的三角形图标处就是复位处理函数的第一条指令所在行，该段程序把 SystemInit() 函数所在地址装入 R0，通过 BLX R0 去执行该系统的初始化函数，执行完再把 main() 函数地址装入 R0，通过 BX R0 将指针指向 main 入口，转 C 程序。

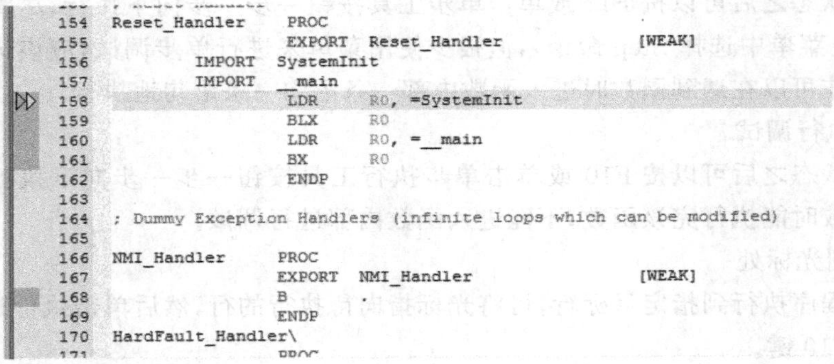

```
154  Reset_Handler    PROC
155          EXPORT   Reset_Handler            [WEAK]
156          IMPORT   SystemInit
157          IMPORT   __main
158          LDR      R0, =SystemInit
159          BLX      R0
160          LDR      R0, = __main
161          BX       R0
162          ENDP
163
164  ; Dummy Exception Handlers (infinite loops which can be modified)
165
166  NMI_Handler      PROC
167          EXPORT   NMI_Handler              [WEAK]
168          B        .
169          ENDP
170  HardFault_Handler\
171          PROC
```

图 3.30 复位时的指针状态

你可以在按复位按钮后，通过不断按 F10 键来执行程序代码，查看执行过程，首先进入全部由汇编语言编写的启动文件 startup_stm32f10x_cl.s 中的复位处理程序，一步一步地执行，直到执行由 C 语言编写的 main 程序。

2. 观察运行情况

前面通过几种简单调试手段可以对代码进行简单调试，调试的目的是要得到正常的结果，为了便于观察清楚，回到编辑状态下，在 main() 函数中增加一个 32 位变量 Times，在 while 循环中自动加 1，然后查看执行循环体的次数。main() 函数修改如下：

```
int main(void)
{
uint32_t times = 0;
:            ;端口初始化略
times = 0;
while(1)
{
    /* Set PD2、PD3、PD4 和 PD7 */
    GPIO_SetBits(GPIOD, GPIO_Pin_2 | GPIO_Pin_3 | GPIO_Pin_4 | GPIO_Pin_7);
    Delay(5000);
    /* Reset PD2、PD3、PD4 和 PD7 */
    GPIO_ResetBits(GPIOD, GPIO_Pin_2 | GPIO_Pin_3 | GPIO_Pin_4 | GPIO_Pin_3);
    Delay(5000);
    times ++ ;
}
}
```

保存文件后，按 F7 键编译链接。

（1）观察变量的值。

在一个函数中定义的变量为局部变量，在 MDK-ARM 集成环境中，局部变量的观察与全局变量的观察有区别。

　　对于局部变量,在默认工程参数配置下是不能在观察窗口观察其值的,要重新设置。方法是,单击工程配置工具按钮进入配置选项界面,在 C/C++选项卡的 Optimization 选项中选取 Level0(默认状态为 Level3,这就无法观察局部变量的状态),单击"OK"确定后,再重新按 F7 键编译链接,最后单击调试工具按钮或按快捷键 Ctrl+F5,进入调试状态。

　　对准要观察的局部变量 times 右击,在弹出的快捷菜单中,若选择 Add 'times' to Watch1 或 Watch2,则出现 Watch1 或 Watch2 的观察窗口,其中有你选择的变量名,后面是其值和类型,如图 3.31 所示。

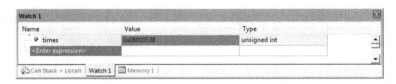

图 3.31　Watch 窗口

　　值得注意的是,在全速运行过程中单击停止运行时,会在变量值处显示<not in scope>,这时可以通过执行到光标处观察,这样就有正确的值出现了。times 的值就是 LED 闪烁的次数。

　　如果是全局变量,则可以在任何情况下观察其值,方法是在 main() 函数外定义变量 times,然后使用同样方法将 times 放入观察窗口 Wacth1。全速运行后按停止按钮即可查看 times 的值。此外,对于全局变量还可以在执行过程停止后用鼠标指向该变量来查看数值。

　　在观察窗口查看数据可以设置显示数据的方式,可以是十六进制显示、浮点数显示等,方法是右击变量名并在弹出的快捷菜单中选取。

　　应该注意的是,在 MDK-ARM Keil5 环境下,在全速运行时要在观察窗口观察变量值的变化,必须在 View 菜单下选择 Preiodic Windows update,否则不会动态显示数据的变化。

　　(2) 观察存储器和外设状态。

　　对于 MCU 片上所有外设均可以在窗口中查看其状态或数值,由 STM32F107VCT6 可知,其片上外设与存储器是统一编址的,因此查看外设与查看内存的方法是一样的,只需要知道地址即可查看,可通过 memory 窗口查看指定地址的数据,MDK-ARM 集成环境提供了 4 个这样的窗口,4 个窗口可同时被查看,方法如下:从 View 菜单中选择 MemoryWindows 选项,再在弹出的子菜单中选取相应的窗口(如 Memory1),在 Address 中输入你要关注的外设或存储器的地址(以十六进制地址为准),按回车键确认即可观察窗口中连续若干地址的存储器或外设中的数据。

　　由于我们是要让 PD2、PD3、PD4 和 PD7 四个 LED 指示灯闪烁,因此可以来看看 GPIO 中 PD 端口的值,看是否按照我们的要求输出 0 和 1。

　　按照上述方法添加一个 Memory 观察窗口 Memory1,查看 STM32F107 手册可知,PD 口的数据输出 GPIOD->ODR 端口的地址为 0x4000140C,在右击后选择 unsign-> Int 类型,如图 3.32 所示。

　　在调试环境下,用鼠标单击 main() 函数中 GPIO_SetBits() 行的下一行 Delay(5000),按快捷键 Ctrl+F10 或从 Debug 菜单中选择 Run to Cursor Line 或直接右击该行,选择 Run to Cursor Line,让程序执行到该行停止。此时查看 Memory1 窗口的变化,如图 3.33 所示。

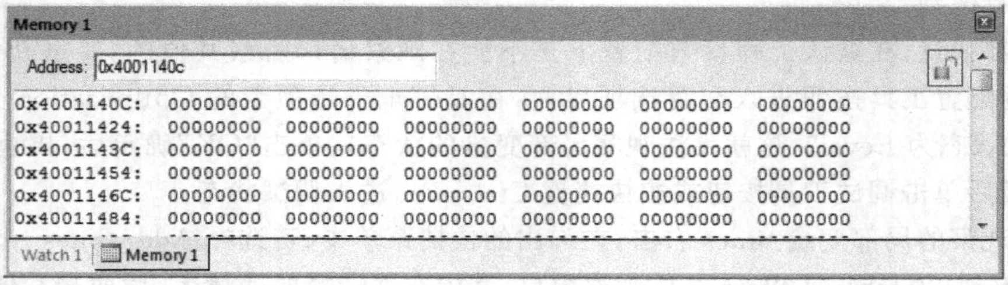

图 3.32　Memory1 初始窗口

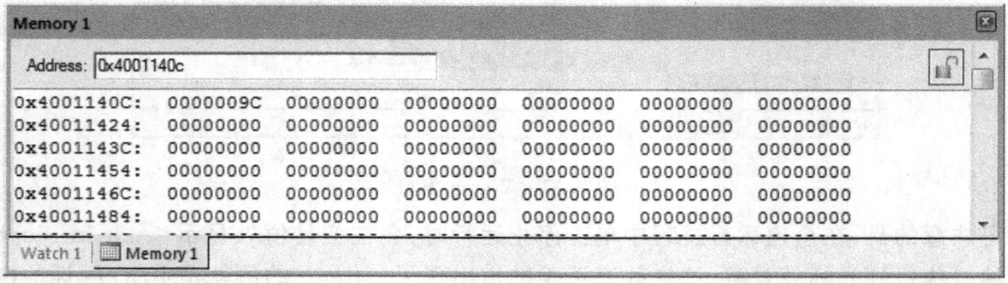

图 3.33　Memory1 执行 PD 相关口置位后的窗口

此时 0x4001140C 开始的一个字的值为 0x0000009C,最低字节为 0x9c＝0b10011100,即 2、3、4 和 7 号位的 PD2、PD3、PD4 和 PD7 均为 1,运行结果完全正确。由实验开发板硬件的连接关系可知,此时观察 LED1～LED4 四个 LED 指示灯应该全灭。

再按 F10 键继续执行程序,直到下一个 Delay(5000)为止,可以看到 Memory 窗口中 0x4001140C 地址的值为 0,因此能看到实验开发板上这四个指示灯全亮。

LED 指示灯的亮和灭是靠 PD 口的数据输出寄存器复位和置位来完成的,但前提是已经对 PD 口进行初始化操作,让 PD2、PD3、PD4 和 PD7 处于上拉输出状态方可以控制 LED。

通过同样方法可以查看内存中的数据、Flash 中的代码和常数,也可以查看 SRAM 中的数据。

查看代码除了用上述方法,还可以通过反汇编窗口来查看。

(3) 利用外设专用观察工具查看内部硬件相关寄存器状态的变化。

MDK-ARM 集成开发环境提供可观察 MCU 片上外设以及内核外设寄存器的工具,在调试环境下,可通过从菜单 Peripherals 中选择 SystemViewer 或 Core Peripherals 来选择观察外片外设及内核外设寄存器的状态。在 SystemViewer 下可选择所有片上外设相关寄存器,Core Peripherals 可选择所有内核外设相关寄存器。调试时使用最多的是 SystemViewer,以观察外上外设的状态,如 GPIO、定时器、ADC、DAC、USART、CAN 等以及 MCU 内置的所有外设寄存器。前面的例子主要用到 GPIO 的 D 端口,因此可以通过 Peripherals 菜单选择 SystemViewer 中的 GPIO-GPIOD,显示图 3.34 所示的寄存器状态。

在 GPIOD 寄存器的观察窗口中可以直观方便地查看控制寄存器 CRL/CRH 的值,可以查看输入寄存器 IDR 和输出寄存器 ODR 的值。

如果要只看输出寄存器的状态,则可单击 ODR 前面的“＋”,展开,显示寄存器的 16 位,每一位对应一只引脚的输出状态,如图 3.35 所示。窗口中对应 ODR 各位的右边有方框,如果是空白方框,则表示逻辑为 0,如果方框中有“√”,则表示逻辑为 1。用同样方法可观察输入寄存器

IDR 以及其他寄存器的状态。

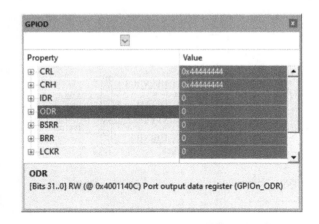

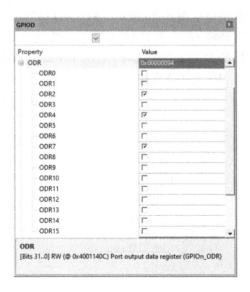

图 3.34　GPIOD 寄存器的观察窗口　　　图 3.35　GPIOD 输出寄存器 ODR 的状态

3.5.3　下载程序

下载程序就是要把编译链接后的目标文件写入 Flash 程序存储器中,下载程序也通常被称为烧写程序,有时也叫作固化程序。

1. 在 MDK-ARM 集成环境下的下载程序

在 MDK-ARM 集成环境下的上述调试工程中,单击调试工具按钮后,自己下载程序并进入调试窗口的这种方式需要完全的工程文件,包括源代码都必须齐全。硬件条件是必须有仿真下载器,如 ST-LINK Debugger 或 J-LINK、ULINK 等。

有时为了知识产权或商业机密的问题,只交给操作人员目标代码,而不给源代码,这时可以借助 MDK-ARM 提供的下载工具来直接下载程序,条件是生成的下载文件 *.axf 是正确的且在指定位置。即如果仅下载程序而不用调试,则在编译链接后会在指定文件夹(如前面设置的 obj)下自动生成烧写文件 LED.axf,只需要有这个文件就可以在 MDK-ARM 环境下直接下载程序。下载方法是直接按 F8 功能键。

当然如果为了保密起见,应该把你的工程项目复制到另外一个位置并把项目中所有的其他文件或文件夹删除,仅留下工程文件.uvproj 或 uvprojx 以及含.axf 下载文件的文件夹和文件。这时打开工程后会有许多错误,不用管它,指正不用于调试,只是下载,任何编译链接错误均不用管,也不要编译,直接按 F8 功能键下载即可。

2. 脱离 MDK-ARM 环境进行程序下载

对于成熟产品,不可能都需要通过 MDK-ARM 集成开发环境来调试,只需要脱离该环境利用专用下载工具来下载。

对于 STM32F10x 等 ARM 芯片 ,通常可以采用基于 UART 的 ISP 下载方式。ISP(In System Programing)在系统编程是常见且应用比较广泛的下载方式,只需要 USART1 和

BOOT0 的配合,加上配备 ISP 下载软件即可方便进行下载程序的工作。基于 RS-232 的 ISP 下载接口如图 3.36 所示。对于 STM32F10x 处理器,使用 USART1 的 PA10、PA9 以及 BOOT0,需要将 JP23 和 JP24 短接 2-3,然后与 RS-232 电平转换器连接,最后将 RS-232 接口通过交叉连接的 R-232 连接线与 PC 的 RS-232 连接器连接。下载时要求 BOOT0 接高电平,即在开发板上将 JP1 的 1-2 连接。

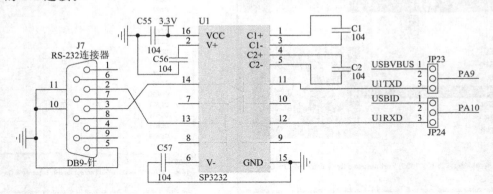

图 3.36　基于 RS-232 的 ISP 下载接口

对于没有 RS-232 接口的笔记本计算机来说,可以直接使用 STM32F10x 处理器 USART1 的 RXD1(PA10)、TXD1(PA9)以及 BOOT0 进行 ISP 下载,接口如图 3.37 的所示。由于 RS-232 接口也使用 PA9 和 PA10 引脚,因此,必须把 JP23 和 JP24 拔下,让 USART1 的引脚脱离 RS-232 接口。将 J23 连接器连接到 USB 转串口(USB-UART)模块的 UART 端〔注意 PA10(RXD1)连接到模块的 TXD,PA9(TXD1)连接到模块的 RXD〕,USB 端连接笔记本计算机的 USB 接口,连接 JP1 的 1-2,使 BOOT0 接高电平,或者在 J23 连接端将 BOOT0 连接到 3.3 V。

```
J23              ISP 下载接口
 5                           3.3 V
 4              BOOT0  _____
 3              PA10   RXD1
 2              PA9    TXD1
 1                     GND
```

图 3.37　基于 STM32F10x 的 ISP 下载接口

下载力源的基于 STM32 处理器的 ISP 下载软件 STMISP 并安装,安装后打开软件窗口,如图 3.38 所示。选择 PC 的串口(COMi),按实验开板上的复位按键,点击选文件,找到目标文件 LED.HEX,单击连接设备,连接成功后单击"开刷"按钮即可下载程序。下载完成后可以在 STMISP 环境下通过单击开跑来运行程序。

下载 ST 官方网站上的 ISP 下载程序 Flash Loder Demostrator,安装并运行后可进入图 3.39 所示的界面。选择串口后,按实验板上的复位按键,不断按照提示单击"Next",包括选择目标文件,下载完成后单击"Finish"结束。

程序下载到 Flash 程序存储器中后,将 JP1 短接到 2-3,使 STM32F107VCT6 处于用户模式,接复位键后即可正常运行程序。

图 3.38　力源的基于 STM32F10x 的 ISP 下载软件界面

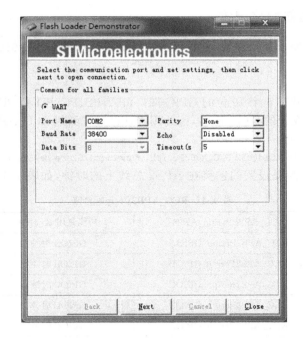

图 3.39　ST 的基于 STM32F10x 的 ISP 下载软件界面

第4章 数字 I/O 相关实验

本章介绍的所有实验都是基于 STM32F107VCT6 芯片的,利用该芯片内置 GPIO 做相关数字 I/O 实验,主要包括 GPIO 的基本实验、GPIO 的中断实验、彩色液晶显示屏显示实验、GPIO 的扩展实验以及红外遥控实验等。

4.1 GPIO 的基本操作

GPIO 的基本功能就是输入/输出。但多数 MCU 的 GPIO 是多功能复用的,除了可以作为基本输入或输出接口外,还具有其他功能,如作为定时器计数输入、PWM 输出、中断输入、USART、I2C、SPI 等引脚。本节主要讨论基本的输入/输出操作。在进行 GPIO 的输入/输出操作前必须对其进行初始化配置,使其工作在输入或输出状态,还要设置相关输入/输出的参数。

4.1.1 GPIO 的初始化配置

GPIO 初始化的主要任务是使能 GPIO 时钟、确定要使用的 GPIO 引脚、设置引脚速度、设置引脚模式。

1. 使能 GPIO 使钟

STM32F107VCT6 共有 5 个 16 位的 GPIO 端口(PA、PB、PC、PD 和 PE),它们均为高速 GPIO 端口,接的 APB 时钟为高速的 APB2 时钟,因此用时钟设置库函数 RCC_APB2PeriphClockCmd()来设置时钟。该函数的原型为

void RCC_APB2PeriphClockCmd(u32 RCC_APB2Periph, FunctionalState NewState)

RCC_APB2Periph 为要设置的连接在 APB2 总线上的时钟,如表 4.1 所示。

表 4.1 RCC_APB2Periph 的值

RCC_APB2Periph_AFIO	功能复用 IO 时钟
RCC_APB2Periph_GPIOA	GPIOA 时钟
RCC_APB2Periph_GPIOB	GPIOB 时钟
RCC_APB2Periph_GPIOC	GPIOC 时钟
RCC_APB2Periph_GPIOD	GPIOD 时钟
RCC_APB2Periph_GPIOE	GPIOE 时钟
RCC_APB2Periph_ADC1	ADC1 时钟
RCC_APB2Periph_ADC2	ADC2 时钟
RCC_APB2Periph_TIM1	TIM1 时钟
RCC_APB2Periph_SPI1	SPI1 时钟
RCC_APB2Periph_USART1	USART1 时钟
RCC_APB2Periph_ALL	全部 APB2 外设时钟

FunctionalState NewState 可以为 ENABLE（使能）和 DISABLE（禁能）。例如，使能 GPIOA（PA 口）时钟时可调用该函数：

```
RCC_APB2PeriphClockCmd(RCC_APB2Periph_GPIOA, ENABLE);
```

RCC_APB2Periph() 可以由多个 APB2 外设组成，外设之间可用"|"连接，使能 PA 口和 PD 口时，可按如下方法调用该函数：

```
RCC_APB2PeriphClockCmd(RCC_APB2Periph_GPIOA| RCC_APB2Periph_GPIOD, ENABLE);
```

2. 初始化 GPIO 端口

采用 GPIO_Init() 函数对 GPIO 端口进行初始化，初始化内容包括指定 GPIO 引脚、GPIO 速度、GPIO 模式。GPIO_Init 函数的原型为

```
void GPIO_Init(GPIO_TypeDef * GPIOx, GPIO_InitTypeDef * GPIO_InitStruct)
```

其功能是根据 GPIO_InitStruct 中指定的参数初始化外设 GPIOx 寄存器。

GPIOx：x 可以是 A、B、C、D 或者 E，选择 GPIO 端口。

在调用该函数之前，要事先将相关参数写入对应描述项，如将指定引脚写入 GPIO_Pin，将速度写入 GPIO_Speed，将模式写入 GPIO_Mode，然后再调用 GPIO_Init 函数即可。

GPIO_Pin 的值：GPIO_Pin_i（i＝0～15）和 ALL（ALL 表示所有的 16 个引脚）。

GPIO_Speed 的值：GPIO_Speed_10MHz、GPIO_Speed_25MHz 和 GPIO_Speed_50MHz。

GPIO_Mode 的值如表 4.2 所示。

表 4.2　GPIO_Mode 的值

GPIO_Mode_AIN	模拟输入
GPIO_Mode_IN_FLOATING	浮空输入
GPIO_Mode_IPD	下拉输入
GPIO_Mode_IPU	上拉输入
GPIO_Mode_Out_OD	开漏输出
GPIO_Mode_Out_PP	推挽输出
GPIO_Mode_AF_OD	复用开漏输出
GPIO_Mode_AF_PP	复用推挽输出

例如，把 PD2、PD3 设置为 50 MHz 推挽输出，PD11 和 PD12 设置为上拉输入，初始化程序如下：

```
void GPIO_Configuration(void)
{
GPIO_InitTypeDef GPIO_InitStructure;                          /* */
RCC_APB2PeriphClockCmd(RCC_APB2Periph_GPIOD, ENABLE);        /* GPIOD 时钟使能 */
GPIO_InitStructure.GPIO_Pin = GPIO_Pin_2|GPIO_Pin_3 ;        /* 指定 PD2,PD3 */
GPIO_InitStructure.GPIO_Speed = GPIO_Speed_50MHz;            /* 频率 50MHz */
GPIO_InitStructure.GPIO_Mode = GPIO_Mode_Out_PP;            /* 推挽输出 */
GPIO_Init(GPIOD, &GPIO_InitStructure);                      /* 写入 GPIO 相关寄存器 */
GPIO_InitStructure.GPIO_Pin = GPIO_Pin_11|GPIO_Pin_12 ;    /* 指定 PD11、PD12 */
GPIO_InitStructure.GPIO_Mode = GPIO_Mode_IPD;              /* 上拉输入 */
GPIO_Init(GPIOD, &GPIO_InitStructure);                    /* 写入 GPIO 相关寄存器 */
}
```

4.1.2 GPIO 的读写操作

1. GPIO 的读写操作函数

GPIO 读写操作除了直接对相关寄存器操作外,还可以直接利用 CMSIS 函数库相关 GPIO 函数来操作,主要读写函数如表 4.3. 所示。

表 4.3 GPIO 相关库函数

GPIO 函数名	原型	功能
GPIO_ReadInputDataBit	GPIO_ReadInputDataBit(GPIO_TypeDef * GPIOx, u16 GPIO_Pin)	读取端口引脚的输入
GPIO_ReadInputData	GPIO_ReadInputData(GPIO_TypeDef * GPIOx)	读取 GPIO 端口引脚的输入
GPIO_ReadOutputDataBit	GPIO_ReadOutputDataBit(GPIO_TypeDef * GPIOx, u16 GPIO_Pin)	读取端口引脚的输出
GPIO_ReadOutputData	GPIO_ReadOutputData(GPIO_TypeDef * GPIOx)	读取 GPIO 端口输出
GPIO_SetBits	GPIO_SetBits(GPIO_TypeDef * GPIOx, u16 GPIO_Pin)	设置数据端口位
GPIO_ResetBits	GPIO_ResetBits(GPIO_TypeDef * GPIOx, u16 GPIO_Pin)	清除数据端口位
GPIO_WriteBit	GPIO_WriteBit(GPIO_TypeDef * GPIOx, u16 GPIO_Pin, BitAction BitVal)	设置或者清除数据端口位
GPIO_Write	GPIO_Write(GPIO_TypeDef * GPIOx, u16 PortVal)	在指定 GPIO 数据端口写入数据

表 4.3 中的 x 表示 A、B、C、D 和 E 之一,BitVal 为一个指定引脚值,可为 Bit_RESET(即 0) 或 Bit_SET(即 1),PortVal 为整个 16 位端口的值,GPIO_Pin 为指定引脚,可为 GPIO_Pin_i,$i=0\sim15$。

2. GPIO 的读操作

(1) 采用固件库函数操作

GPIO 的读(或称为输入)操作可采用 GPIO_ReadInputDataBit() 函数读取指定一个 I/O 引脚的输入逻辑,也可采用 GPIO_ReadInputData() 函数读取一个指定 GPIO 端口 16 位引脚的数值。

如要读取 PD11 的输入逻辑,则使用"GPIO_ReadInputDataBit(GPIOD,GPIO_Pin_11);"。

如要读取 PD 端口的值,则使用"GPIO_ReadInputData(GPIOD);"。

通常读指定引脚是为了判断逻辑是 0 还是 1,以决定具体操作。对于整个端口的读,一般是将这个端口的值定义一个变量,读到这个变量中,再对变量进行数据处理或判断。

(2) 采用寄存器直接操作

可以直接使用寄存器操作 GPIO 端口,通过直接读写 GPIO 输入寄存器 IDR 和输出寄存器 ODR 来操作 GPIO 端口。

采用寄存器进行 GPIO 端口输入操作的方法如下:

DataIn = GPIOD->IDR; /* 读 D 口 16 位数据到 DataIn */

(3) 用汇编语言操作

采用 LDR 指令可以直接读取指定端口地址的数据。已知 PD 口输入寄存器 GPIOD_IDR 的地址为 0x40011408。

```
PortDInput EQU0x40011408 ;定义 PD 口输入寄存器地址
LDR R1, = ProtDInput
LDRH R0,[R1]      ;获取的 PD 口输入寄存器 GPIO_IDR 的值
```

3. GPIO 的输出操作

（1）采用固件库操作

GPIO 输出操作对应有多种函数，主要有 GPIO_SetBits()、GPIO_ResetBits()、GPIO_WriteBit()和 GPIO_Write()，具体含义如下。

GPIO_SetBits()函数的功能是指定引脚置位（写1），仅限置位。

GPIO_ResetBits()函数的功能是指定引脚复位（写0），仅限复位。

GPIO_WriteBit()函数的功能是指定引脚写任何逻辑值（可写 0 或 1），任意置复位。

GPIO_Write()函数的功能是指定端口写数据（可写入 16 位数据），写入任意 16 位数值。

这些函数的原型如下：

```
void GPIO_SetBits(GPIO_TypeDef * GPIOx, u16 GPIO_Pin)
void GPIO_ResetBits(GPIO_TypeDef * GPIOx, u16 GPIO_Pin)
void GPIO_WriteBit(GPIO_TypeDef * GPIOx, u16 GPIO_Pin, BitAction BitVal)
void GPIO_Write(GPIO_TypeDef * GPIOx, u16 PortVal)
```

例如，若要让 PD2＝0，PD3＝1，PD＝0x1234，则可采用如下方法实现：

```
GPIO_ResetBits(GPIOD,GPIO_Pin_2);                 /* PD2 = 0 */
GPIO_RetBits(GPIOD,GPIO_Pin_3);                   /* PD3 = 1 */
GPIO_Write(GPIOD,0x1234);                         /* PD = 0x1234 */
```

也可以用 GPIO_Write()函数让 PD2＝0，PD3＝1，操作函数如下：

```
GPIO_WriteBit(GPIOD,GPIO_Pin_2, Bit_RESET );      /* PD2 = 0 */
GPIO_WriteBit(GPIOD,GPIO_Pin_2, Bit_SET);         /* PD3 = 1 */
```

（2）采用寄存器操作

此外，可以直接使用寄存器操作 GPIO 端口，GPIO 端口输出操作如下：

```
GPIO->ODR = Data;                                 /* 写 16 位数据 Data 到 D 口 */
GPIO 指定引脚输出：
GPIOD->ODR| = (1<<2)|(1<<3)|(1<<4)|(1<<7);        /* PD2/3/4/7 输出高电平 */
```

（4）采用汇编语言操作

```
PortDOutput EQU0x4001140C;定义 PD 口输出寄存器 GPIOD_ODR 的地址
Data  DW  0x1234
LDR R1, = ProtDOutput
LDR R0, = Data
LDRH R2,[R0]
STRH R2,[R1]
```

4.2 GPIO 的基本实验

4.2.1 基于 GPIO 的 LED 跑马灯实验

LED 发光二极管实验是最基本、最直观的 GPIO 输出实验，利用发光二极管可以以最简单的方式指示系统的运行状态，LED 也是最简单的人机交互接口，按键是人机交互最简单的输入

设备。这种简单的人机交互接口是嵌入式应用系统使用最广也是最廉价的 I/O 接口。

1. 实验目的

(1) 熟悉 MDK-ARM 集成开发环境。

(2) 掌握工程模板的使用。

(3) 掌握 GPIO 输出的方法,包括汇编、寄存器操作和基于固件库的 GPIO 输出操作方法。

(4) 熟悉在本嵌入式实验开发平台上运行一个无操作系统环境下程序设计的方法。

2. 实验设备

(1) 硬件及其连接

硬件:PC 一台、WEEEDK 嵌入式实验开发平台一套。

LED 发光二极管在嵌入式实验开发板中的连接如图 2.10 所示。

(2) 软件

操作系统 Windows、MDK-ARM 集成开发环境。

3. 实验内容

(1) 让 LED1、LED2、LED3、LED4 轮流闪光(跑马灯)。

(2) 在步骤(1)完成后,跑马灯行列加入 LED5,让 LED1、LED2、LED3、LED4 轮流闪光。

4. 程序说明

(1) 关于启动过程

由系统启动文件可知,STM32 的启动过程并不是从 main 开始的,而是从启动文件里面开始的,然后跳转到 main,在启动文件跳转到 main 之前,已经调用了 SystemInit() 函数,实现对 STM32 的时钟配置。启动文件中的启动代码如图 4.1 所示。

```
154   Reset_Handler     PROC
155                     EXPORT   Reset_Handler        [WEAK]
156           IMPORT   SystemInit
157           IMPORT   __main
158                     LDR      R0, =SystemInit
159                     BLX      R0
160                     LDR      R0, =__main
161                     BX       R0
162                     ENDP
```

图 4.1 启动代码

(2) 关于头文件引用

只要用到片上外设,均要声明引用这些外设。由于系统初始化时要用时钟配置,同时初始完时钟后,还要对 GPIO 初始化,因此头文件的引用必须包括 rcc、gpio 这两个组件。在固件库文件结构中 API 层提供的配置头文件 stm32f10x_conf.h 中把 STM32F10x 所有组件均加以引用,在移植时不用的可以删除。这里仅保留"#include "stm32f10x_gpio.h""和"#include "stm32f10x_rcc.h""即可。

(3) GPIO 初始化

本实验仅涉及 PD2(LED1)、PD3(LED2)、PD4(LED3)和 PD7(LED4)4 个 GPIO 引脚,并且均设置为 10 MHz 推挽输出,因此在图 4.2 所示的初始化函数中,首先使能 PD 时钟,然后设置这 4 个引脚为 10 MHz 推挽输出。GPIO 初始化程序如图 4.2 所示。

```
18    void GPIO_LED_Init(void)
19  □{
20
21       GPIO_InitTypeDef GPIO_InitStructure;
22       RCC_APB2PeriphClockCmd(RCC_APB2Periph_GPIOD, ENABLE); /*使能PD口时钟*/
23       GPIO_InitStructure.GPIO_Pin = GPIO_Pin_2|GPIO_Pin_3 | GPIO_Pin_4 | GPIO_Pin_7 ;/*选择PD2/PD3/PD4/PD7引脚*/
24       GPIO_InitStructure.GPIO_Speed = GPIO_Speed_10MHz;        /*频率10MHz*/
25       GPIO_InitStructure.GPIO_Mode = GPIO_Mode_Out_PP;         /*推挽输出*/
26       GPIO_Init(GPIOD, &GPIO_InitStructure);                   /*初始化GPIOD端口*/
27       /*--------初始化状态四个LED全灭OFF------------*/
28       GPIO_SetBits(GPIOD,GPIO_Pin_2|GPIO_Pin_3|GPIO_Pin_4|GPIO_Pin_7);/*PD2/PD3/PD4/PD7输出为高电平，四LED全灭*/
29  }
```

图4.2　GPIO初始化程序

（4）主函数

主函数如图4.3所示，首先是初始化（系统初始化、GPIO初始化），然后是让LED轮流闪烁，最后改变Delayms的输入参数n即可调整闪烁时间。

```
39    #define  n 300    /*延时时间常数*/
40    int main(void)
41  □{
42       SystemInit();        //系统初始化，此处可以省，因为在启动文件中有该函数的调用
43       GPIO_LED_Init();     //GPIO初始化
44
45       while (1)
46  □    {
47       GPIO_ResetBits(GPIOD,GPIO_Pin_2);/* PD2=0 LED1亮 */
48       Delayms(n);                      /* 延时        */
49       GPIO_SetBits(GPIOD,GPIO_Pin_2);  /* PD2=1 LED1灭 */
50       Delayms(n);                      /* 延时        */
51       GPIO_ResetBits(GPIOD,GPIO_Pin_3);/* PD3=0 LED2亮 */
52       Delayms(n);                      /* 延时        */
53       GPIO_SetBits(GPIOD,GPIO_Pin_3);  /* PD3=1 LED2灭 */
54       Delayms(n);                      /* 延时        */
55       GPIO_ResetBits(GPIOD,GPIO_Pin_4);/* PD4=0 LED3亮 */
56       Delayms(n);                      /* 延时        */
57       GPIO_SetBits(GPIOD,GPIO_Pin_4);  /* PD4=1 LED3灭 */
58       Delayms(n);                      /* 延时        */
59       GPIO_ResetBits(GPIOD,GPIO_Pin_7);/* PD7=0 LED4亮 */
60       Delayms(n);                      /* 延时        */
61       GPIO_SetBits(GPIOD,GPIO_Pin_7);  /* PD7=1 LED4灭 */
62       Delayms(n);                      /* 延时        */
63       }
64  }
```

图4.3　跑马灯实验的主函数

GPIO输出操作是指用GPIO_SetBits()和GPIO_ResetBits()函数对指定引脚置位和复位操作，也可以改成用GPIO_WriteBit()函数来操作。

5. 实验步骤

（1）连接＋5V电源到开发板，并打开电源开关，将ST-LINK仿真器连接到WEEEDK嵌入式系统实验开发板的JTAG插座上，USB插头连接到PC的USB插口。如果没有驱动请安装ST-LINK驱动，直到在设备管理器上看到STMicroelectronicss STLink dongle为止。

（2）复制"GPIO-LED跑马灯"文件夹中的所有内容到D盘，双击GPIO-LED跑马灯实验的\Project\Project.uvprojx实验工程文件，打开实验工程，阅读main()函数。

（3）按F7功能键编译并链接工程。

（4）按Ctrl＋F5键或单击调试按钮，进入集成调试环境。

（5）练习使用F10功能键单步执行、Ctrl＋F10键执行到光标处以及F5功能键全速执行等运行方式。查看执行代码后LED1～LED4指示灯的变化情况。

（6）在全速运行时，除了观察跑马灯闪光外，还要观察外设窗口，查看相关寄存器的值及寄存器的变化。

　　方法：首先从 View 菜单中选择"Periodic Window Update"，并在其前面打钩选中它，如图4.4 所示，这样才能全速运行时实时查看寄存器中值的变化。然后从 Peripherals 菜单中选择"SystemViewer-GPIO-GPIOD"，打开 GPIOD 端口相关的寄存器窗口，如图 4.5 所示，界面显示有控制寄存器 CRL/CRH、数据寄存器 IDR/ODR 以及置位复位寄存器 BSRR/BRR 等，此时可单击输出寄存器 ODR 前的"＋"，以展开输出寄存器的 16 位，每位的值代表输出对应 GPIO 的每一个引脚（每个 GPIO 端口共有 16 个引脚，这些引脚分别对应寄存器的 16 位）。GPIOD 输出数据器 DDR 的状态如图 4.6 所示。

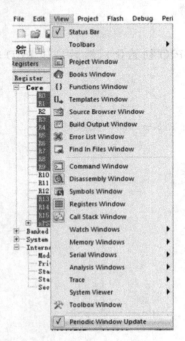
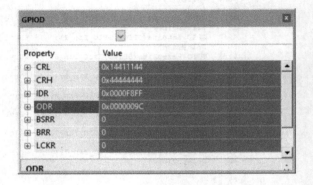

图 4.4　View-Periodic Windows Update　　　图 4.5　GPIOD 端口相关寄存器的查看窗口

图 4.6　GPIOD 输出数据寄存器 ODR 的状态

图 4.6 中的 ODRi 为第 i 位值,如果有"√",则表示输出逻辑 1,如果没有,则表示输出逻辑 0。

当全速运行时,仔细查看对应 LED 引脚相关位的变化情况。

(7) 单击停止按钮"●",程序停止运行,在没有程序运行时,通过改变 GPIOD 输出寄存器 ODR 的值 ODRi 来观察 LED 亮灭情况,体会通过改变寄存器值来控制 GPIO 引脚变化的原理。

(8) 退出调试返回编辑模式,进行实验内容(2),用杜邦线连接 JP13-LED5 和 P2-PB7,使 PB7 与 LED5 连接。

(9) 修改 GPIO 初始化程序,包括使能 GPIOB 时钟,配置 PB7 为 10 MHz 推挽输出并初始化为逻辑 1(LED5 灭)。

(10) 在 main() 循环体中添加让 LED5 闪烁的代码。

(11) 按 F7 键编译并链接,然后排除所有错误,最后编译链接。

(12) 按 Ctrl+F5 进入调试环境。

(13) 按 F5 功能键运行程序,查看跑马灯显示是否正确,不正确的话修改代码,继续调试直到正确为止。运行时观察 GPIOB 窗口输出寄存器的变化。

(14) 试着改变闪光时间,观察显示效果。

(15) 请用寄存器操作方法实现 LED1~LED5 跑马灯显示。

提示如下。

让 LED1 亮:

GPIOD->ODR& = ~(1<<2);

让 LED1 灭:

GPIOD->ODR| = (1<<2);

(16) 请用汇编语言操作让 LED1 闪烁,对其他指示灯不操作。

提示:GPIOD 的输出寄存器 ODR 的地址为 0x4001140C,要让 LED1 亮(PD2=0)的话可采用 C 嵌入式汇编代码〔参见《嵌入式系统原理及应用(第 3 版)》中 3.10.4 节相关内容〕。

```
__asm LED10()
{
    LDR R0, = 0x4001140C
    LDRH R1,[R0];读 GPIOD->ODR 的值
    AND  R1,R1,#0xFFFFFFFB;让 ODR2 = 0,其他位保持不变
    STRH R1,[R0];写入输出寄存器 ODR,使 PD2 = 0,则 LED1 亮
    BXLR;汇编子程序返回到 C
}
```

在主函数中直接用 LED10() 调用汇编即可点亮 LED1。自己编写让 LED1 灭的汇编语言子程序 LED11()。

4.2.2　基于 GPIO 的简单人机交互接口实验

本节实验采用由最简易的按键、LED 发光二极管和蜂鸣器构建的人机交互接口,通过按不同按键,让不同的 LED 闪光,并在按键时让蜂鸣器发声。

1. 实验目的

(1) 掌握 GPIO 初始化操作。

(2) 掌握 GPIO 输入输出功能和基于寄存器和固件库的 GPIO 输入输出操作方法。

（3）练习添加代码，能够灵活应用 GPIO 端口进行输入/输出操作。

2. 实验设备

（1）硬件及其连接

硬件：PC 一台、WEEEDK 嵌入式实验开发平台一套。

4 只按键的连接见图 2.15(a)，4 个 LED 发光二极管在嵌入式实验开发板中的连接见图 2.10，蜂鸣器驱动接口的连接见图 2.18。

（2）软件

操作系统 Windows、MDK-ARM 集成开发环境。

3. 实验内容

在没有按键按下时，让 LED1、LED2、LED3、LED4 轮流闪光，当 KEY1 按下时 LED1 闪光，当 KEY2 按下时 LED2 闪光，当 KEY3 按下时 LED3 闪光，当 KEY4 按下时 LED4 闪光。自行添加代码，补充功能是按下任意键，蜂鸣器均响一声。

4. 程序说明

（1）按键及 LED 发光二极管的初始化

LED 发光二极管的初始化方法同跑马灯实验中的一样，由于 4 个按键 PD11、PD12、PC13 和 PA0 涉及 3 个 GPIO 端口，因此 GPIO 时钟要对 GPIOA、GPIOC 和 GPIOD 这 3 个端口均使能，时钟的初始化为

```
RCC_APB2PeriphClockCmd(RCC_APB2Periph_GPIOA|RCC_APB2Periph_GPIOC|RCC_APB2Periph_GPIOD, ENABLE);
```

KEY1(PD11)、KEY2(PD12)的初始化片段如下：

```
GPIO_InitStructure.GPIO_Pin = GPIO_Pin_11|GPIO_Pin_12;
GPIO_InitStructure.GPIO_Speed = GPIO_Speed_50MHz;
GPIO_InitStructure.GPIO_Mode = GPIO_Mode_IPU;
GPIO_Init(GPIOD, &GPIO_InitStructure);/* PD11 = KEY1,PD12 = KEY2 为 50MHz 上拉输入 */
```

KEY3(PC13)的初始化片段如下：

```
GPIO_InitStructure.GPIO_Pin = GPIO_Pin_13;
GPIO_InitStructure.GPIO_Speed = GPIO_Speed_50MHz;
GPIO_InitStructure.GPIO_Mode = GPIO_Mode_IPU;
GPIO_Init(GPIOC, &GPIO_InitStructure);   /* PC13 = KEY3 为 50MHz 上拉输入 z */
```

KEY4(PA0)的初始化片段如下：

```
GPIO_InitStructure.GPIO_Pin = GPIO_Pin_0;
GPIO_InitStructure.GPIO_Speed = GPIO_Speed_50MHz;
GPIO_InitStructure.GPIO_Mode = GPIO_Mode_IPU;
GPIO_Init(GPIOA, &GPIO_InitStructure);   /* PA0 = KEY4 为 50MHz 上拉输入 */
```

（2）主函数

在主函数中初始化完 GPIO 后，用 GPIO_ReadInputDataBit()函数读取 4 个按键的值，用一个变量 KEY 记录是哪个按键，如果是 KEY1(PD11)为 0，则让 KEY=1，KEY2(PD12)为 0，让 KEY=2，KEY3(PC13)为 0，让 KEY=3，KEY4(PA0)为 0，让 KEY=4。由于初始化时 KEY=0，因此上电后没有任何按键按下，KEY4=0，让程序控制 4 个 LED 灯轮流闪烁（跑马灯），当有按键按下时，按照 KEY 的值确认是哪个按键按下，控制相应 LED 指示灯闪烁。主函数如图 4.7 所示。

为了简化程序，当无按键时（即变量 KEY=0 时），采用一个数组存放 GPIO 引脚，这样 4 个指示灯与前面跑马灯实验程序不同，这里采用简单的循环闪烁。在确认按键值后，指定引脚输出

高低电平时也采用引用存放在数组中的引脚。

```
66   #define n 200
67   int main(void)
68 ┌ {
69 │    u8 KEY=0;
70 │    u8 i=0;
71 │    u16 Pinx[4]={GPIO_Pin_2,GPIO_Pin_3,GPIO_Pin_4,GPIO_Pin_7};
72 │    SystemInit();            /* 系统初始化 */
73 │    GPIO_KEYLED_Init();      /* GPIO初始化 */
74 │    while (1)
75 ┌    {
76 │    if (GPIO_ReadInputDataBit(GPIOD,GPIO_Pin_11)==0)       KEY=1;
77 │    else {if (GPIO_ReadInputDataBit(GPIOD,GPIO_Pin_12)==0) KEY=2;
78 │    else {if (GPIO_ReadInputDataBit(GPIOC,GPIO_Pin_13)==0) KEY=3;
79 └    if (GPIO_ReadInputDataBit(GPIOA,GPIO_Pin_0)==0)        KEY=4;}}
80 ┌    if(KEY==0){GPIO_ResetBits(GPIOD,Pinx[i]); /* LEDi+1亮   */
81 │       Delayms(n);                            /* 延时n ms   */
82 │       GPIO_SetBits(GPIOD,Pinx[i]);           /* LEDi+1灭   */
83 │       Delayms(n);
84 │       i++;
85 └       if (i>=4) i=0;  }
86 ┌       else {GPIO_ResetBits(GPIOD,Pinx[KEY-1]);/* LED[KEY-1]亮  */
87 │       Delayms(n);                             /* 延时n ms     */
88 │       GPIO_SetBits(GPIOD,Pinx[KEY-1]);        /* LED[KEY-1]灭  */
89 └       Delayms(n);  }
90 │    }
91 │ }
92
```

图 4.7　简单人机交互接口实验的主函数

5. 实验步骤

（1）连接+5 V电源到开发板，并打开电源开关，将 ST-LINK 仿真器连接到 WEEEDK 嵌入式系统实验开发板的 JTAG 插座上，将 USB 插头连接到 PC 的 USB 插口。

（2）复制"GPIO-KEYLED"文件夹中的所有内容到 D 盘，双击 GPIO-KEYLED 实验\Project\Project.uvprojx 文件，打开实验工程并阅读 main()函数。

（3）按 F7 功能键编译并链接工程。

（4）按 Ctrl+F5 键或单击调试按钮，进入集成调试环境。

（5）按 F5 功能键全速执行。查看执行代码后 LED1～LED4 指示灯的变化情况。在没有任何操作时，与跑马灯效果一样，4 个 LED 发光二极管依次闪光。

（6）分别按 KEY1、KEY2、KEY3 和 KEY4 键，观察 LED1、LED2、LED3 和 LED4 显示情况。

为便于在全速运行程序时动态观察按键变量 KEY 的值（看是哪个键按下），因此先退出调试环境，进入编辑环境，将 KEY 由局部变量重新定义为全局变量（变量观察窗口 Watch1/Watch2 均只能观看全局变量值的变化），即用"static u8 KEY=0;"代替"u8 KEY=0"。

再进行编译链接，进入调试状态，全速运行程序。此时如图 4.8 所示，将 KEY 变量添加到Watch1，方法是右击 KEY 变量，选择 Add"KEY"to…"Watch1"，如图 4.9 所示。

在 Wtach1 观察窗口能够看到第一列 Name 下的变量 KEY，第二列为变量的值，右击Watch1 窗口中的 KEY 可选择变量中显示的数据值形式，默认为十六进制，也可以选择十进制等。

按 KEY1～KEY4 键查看 Watch1 窗口中 KEY 值的变化，同时观察对应 LED 发光二极管中哪个指示灯在闪光。

注意：如果不按键时 KEY 的值没有变化，则要检查一下是否设置了周期性窗口更新，即检查在 View 菜单中 Periodic Window Update 前面是否已经打钩。

（7）添加代码使每按一下按键时均有一声响声。

退出调试环境，返回编辑模式，添加代码，完成在按键时让蜂鸣器响一声。需要短接 JP12，将 PC0 与蜂鸣器控制电路连接。

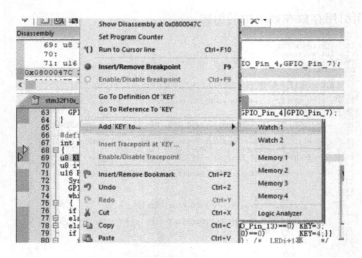

图 4.8　添加变量到观察窗口

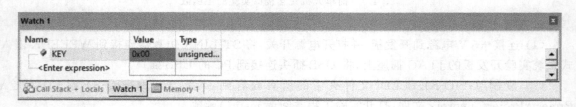

图 4.9　Watch1 观察窗口

修改 GPIO 初始化程序 GPIO_KEYLED_Init,在其中添加代码,配置 PC0 为推挽输出并将其初始化为逻辑 0(蜂鸣器不响)。

在 main()循环体中添加让蜂鸣器在有按键 KEY1、KEY2、KEY3 和 KEY4 按下时响一声的代码。

建议新建一个 Beep()函数,功能是响一声。可使用库函数,也可以使用固件库函数,还可以使用寄存器方式操作。在主函数中,判断有按键按下时调用 Beep()函数让蜂鸣器发声。用固件库函数操作的 Beep()函数如下:

```
void Beep(void)
{
    GPIO_SetBits(GPIOC,GPIO_Pin_0);        /* PC0 = 1 蜂鸣器响 */
    Delayms(n);                            /* 延时 */
    GPIO_ResetBits(GPIOC,GPIO_Pin_0);      /* PC0 = 0 蜂鸣器不响 */
}
```

(8) 按 F7 键编译并链接,然后排除所有错误,最后编译链接。

(9) 按 Ctrl+F5 键进入调试环境。

(10) 按 F5 键运行程序,查看程序运行是否正确,如果不正确,则修改代码,继续调试、直到正确为止。

(11) 除了初始化程序外,将上述采用固件库函数操作的代码修改为用寄存器操作的代码。

4.2.3　基于 GPIO 的直流电机控制实验

本节实验采用由最简易的按键、双色 LED 发光二极管、蜂鸣器构建的人机交互接口,借助板载直流电机,通过按不同按键,让电机正反转并通过 LED 双色发光指示灯指示。

1. 实验目的

(1) 掌握 GPIO 初始化操作。

(2) 掌握 GPIO 输入/输出功能和基于固件库的 GPIO 输入/输出的操作方法。

(3) 掌握直流电机控制方式。

2. 实验设备

(1) 硬件及其连接

硬件:PC 一台、WEEEDK 嵌入式实验开发平台一套。

按键的连接见图 2.15(a),双色 LED 发光二极管 LED7 的连接见图 2.11,蜂鸣器驱动接口的连接见图 2.18,板载电机的控制电路见图 2.22。

(2) 软件

操作系统 Windows、MDK-ARM 集成开发环境。

3. 实验内容

在没有按键按下时,让双色指示灯灭;当 KEY1 按下时,双色指示灯 LED7 发红光,且电机正转;当 KEY2 按下时,LED7 发绿光,且电机反转;当 KEY3 键按下时,LED7 全灭,电机停止运转。

4. 程序说明

(1) 初始化 GPIO

本实验需要初始化的 GPIO 包括按键初始化、LED 发光二极管初始化以及电机控制 GPIO 引脚初始化。按键和 LED 发光二极管的初始化程序说明参见简单人机交互实验的程序说明。电机控制初始化即将用于直流电机控制的 GPIO 引脚,这里的 PB8 控制正转 IA,PB9 控制反转 IB,被初始化为 10 MHz 推挽输出。

(2) 主函数

为了简化主函数程序代码,通常对 GPIO 输入/输出的引脚用图 4.10 所示的方法定义。

```
13  #define KEY1   GPIO_ReadInputDataBit(GPIOD,GPIO_Pin_11)
14  #define KEY2   GPIO_ReadInputDataBit(GPIOD,GPIO_Pin_12)
15  #define KEY3   GPIO_ReadInputDataBit(GPIOC,GPIO_Pin_13)
16  #define IA(x)     ((x) ? (GPIO_SetBits(GPIOB, GPIO_Pin_8)) : (GPIO_ResetBits(GPIOB, GPIO_Pin_8)))
17  #define IB(x)     ((x) ? (GPIO_SetBits(GPIOB, GPIO_Pin_9)) : (GPIO_ResetBits(GPIOB, GPIO_Pin_9)))
18  #define LEDR(x)   ((x) ? (GPIO_SetBits(GPIOB, GPIO_Pin_1)) : (GPIO_ResetBits(GPIOB, GPIO_Pin_1)))
19  #define LEDG(x)   ((x) ? (GPIO_SetBits(GPIOB, GPIO_Pin_2)) : (GPIO_ResetBits(GPIOB, GPIO_Pin_2)))
```

图 4.10 GPIO 输入/输出引脚的定义

这样定义之后,可以用 KEY1 代替 GPIO_ReadInputDataBit(GPIOD,GPIO_Pin_11)等,根据表达式的含义可知,IA(1)代替 GPIO_SetBits(GPIOB,GPIO_Pin_8),IA(0)代替 GPIO_ResetBits(GPIOB,GPIO_Pin_8),这样可简化程序代码,便于阅读。对于输出 GPIO 引脚均可以如此定义引脚。

因此使电机正转可用如下代码:

IA(1);

IB(0);

使电机反转可用如下代码:

IA(0);

IB(1);

使双色红灯闪烁可用如下方法:

LEDR(1);   /* 红光亮 */

```
Delayms(n);      /* 延时   */
LEDR(0);         /* 红光灭 */
Delayms(n);      /* 延时   */
```

5. 实验步骤

（1）连接＋5 V 电源到开发板，并打开电源开关，将 ST-LINK 仿真器连接到 WEEEDK 嵌入式系统实验开发板的 JTAG 插座上，将 USB 插头连接到 PC 的 USB 插口。

（2）短接跟电机控制有关的连接器：短接 JP41 连接板载电机；短接 JP4 到 5 V；短接 JP5 到 IA；使 PB8 连接到 IA，短接 JP6 到 IB；使 PB9 连接到 IB。短接 JP18 和 JP40，连接双色指示灯到 PB1(RED) 和 PB2(GREEN)。

（3）复制"GPIO-MOTO 实验"文件夹中的所有内容到 D 盘，双击 GPIO-MOTO 实验\Project\Project. uvprojx 文件，打开实验工程并阅读 main() 函数。

（4）按 F7 功能键编译并链接工程。

（5）按 Ctrl＋F5 键或单击调试按钮，进入集成调试环境。

（6）按 F5 功能键全速执行。查看执行代码后 LED7 和电机的情况。

（7）分别按 KEY1、KEY2 和 KEY3 键，观察 LED7 和电机运行情况。

正确的现象是：当 KEY1 按下时，双色指示灯 LED7 发绿色（或红色）光，且电机正转；当 KEY2 按下时，LED7 发红色（或绿色）光，且电机反转；当 KEY3 键按下时，LED7 全灭，电机停止运转。

（8）以上功能正确，退出调试环境并返回编辑模式，修改或添加代码，完成由 PE14 和 PE15 分别控制电机的正转和反转。

具体操作：拔下短接器 JP5 和 JP6，并用杜邦线将 P1 中的 PE14 连接到 JP5-3 脚，让 PE15 连接到 JP6-3 脚，让 PE14 连接到 IA，让 PE15 连接到 IB。

修改 GPIO 初始化程序 GPIO_MOTO_Init()，在其中将 PB8 和 PB9 修改为 PE14 和 PE15 为 50 MHZ 推挽输出功能的代码，并将其初始化为逻辑全 0。初始化时注意相关端口的时钟使能。

（9）在 main() 循环体中将原来正转和反转由 PB8 和 PB9 控制改为由 PE14 和 PE15 控制。

（10）按 F7 功能键编译并链接，然后排除所有错误，最后编译链接。

（11）按 Ctrl＋F5 键进入调试环境。

（12）按 F5 功能键运行程序，查看程序运行是否正确，不正确的话则修改代码，继续调试，直到正确为止。

4.3 GPIO 的中断实验

为了降低功耗，提高效率，GPIO 输入通常需要中断检测，不需要不断查询 GPIO 的输入状态，有中断发生时才去处理 GPIO 输入功能。STM32F107VCT6 的 GPIO 所有引脚均可以配置为中断输入。本节通过中断实现按键输入等状态检测。

4.3.1 GPIO 的中断配置

1. GPIO 引脚外部中断初始配置工作

要把 GPIO 引脚作为外部中断输入，需要以下初始化工作。

（1）使能 GPIO 端口时钟和 I/O 复用时钟。

利用 RCC_APB2PeriphClockCmd()函数使能使用的 GPIO 端口及复用端口时钟。

（2）设置要使用的 GPIO 引脚为输入。

利用 GPIO_Init()函数将要使用的 I/O 引脚设置为输入引脚。

（3）设置 I/O 与中断线的映射关系。

利用 GPIO_EXTILineConfig()函数设置 I/O 引脚与中断线的映射关系，该函数的原型为

`void GPIO_EXTILineConfig(u8 GPIO_PortSource, u8 GPIO_PinSource)`

参数 GPIO_PortSource：选择用作外部中断线源的 GPIO 端口，取值为 GPIO_PortSourceGPIOx，x＝A,B,C,D 或 E。

参数 GPIO_PinSource：待设置的外部中断线路，取值为 GPIO_PinSourcex，x 可以是 0～15。

（4）开启与该 I/O 相应的线上中断，设置触发条件。

利用 EXTI_Init()函数开启与该 I/O 相应中断线上的中断，设置触发条件。该函数原型为

`void EXTI_Init(EXTI_InitTypeDef * EXTI_InitStruct)`

参数 EXTI_InitStruct：指向结构 EXTI_InitTypeDef 的指针，包含了外设 EXTI 的配置信息。其主要配置信息有指定外部中断线 EXTI_Line、设置模式 EXTI_Mode(事件还是中断)、触发方式 EXTI_Trigger 以及命令 EXTI_LineCmd(使能和禁止)。

中断线 EXTI_Line 取值为 EXTI_Linex，x＝0～15，16 个引脚对应 16 条外部中断线。

触发方式 EXTI_Trigger 取值有上升沿触发 EXTI_Trigger_Rising、下降沿触发 EXTI_Trigger_Falling 以及上升和下降沿均触发 EXTI_Trigger_Rising_Falling。

（5）对嵌套向量中断控制器 NVIC 配置中断分组并使能中断。

利用 NVIC_Init()函数设置中断向量、中断分组及优先级，并使能中断。

NVIC_Init()函数可配置的信息有中断向量 NVIC_IRQChannel、通道中断优先级 NVIC_IRQChannelPreemptionPriority、使能和禁止命令 NVIC_IRQChannelCmd。

NVIC_IRQChannel 的取值可见中断向量，对于 GPIO 外部中断，主要参数取值有 EXTI0_IRQn、EXTI1_IRQn、EXTI2_IRQn、EXTI3_IRQn、EXTI4_IRQn、EXTI9_5_IRQ 以及 EXTI15_10IRQn。

EXTI0_IRQn 为对应所有 GPIO 的 0 号引脚，如 PA0、PB0、PC0、PD0、PE0。

EXTI1_IRQn 为对应所有 GPIO 的 1 号引脚，如 PA1、PB1、PC1、PD1、PE1。

EXTI2_IRQn 为对应所有 GPIO 的 2 号引脚，如 PA2、PB2、PC2、PD2、PE2。

EXTI3_IRQn 为对应所有 GPIO 的 3 号引脚，如 PA3、PB3、PC3、PD3、PE3。

EXTI4_IRQn 为对应所有 GPIO 的 4 号引脚，如 PA4、PB4、PC4、PD4、PE4。

EXTI9_5_IRQ 为对应所有 GPIO 的 5～9 号引脚，即 5 到 9 号引脚共用一个中断。

EXTI15_10IRQn 为对应所有 GPIO 的 10～15 号引脚，即 10 到 15 号引脚共用一个中断。

2．中断服务函数编写

初始化后，只要有符合条件的 GPIO 引脚引发中断，就自动进入由启动文件 startup_stm32f10x_cl.s 中断向量表安排的中断向量名称对应的中断服务函数。因此剩下的主要任务就是编写中断服务函数。

（1）中断服务函数名

对于 GPIO 中断，NVIC_IRQChannel 参数的取值对应有 7 个中断服务函数名。

EXTI0_IRQHandler：对于 0 号引脚中断。

EXTI1_IRQHandler：对于 1 号引脚中断。

EXTI2_IRQHandler：对于 2 号引脚中断。

EXTI3_IRQHandler：对于 3 号引脚中断。

EXTI4_IRQHandler：对于 4 号引脚中断。

EXTI9_5_IRQHandler：对于 5～9 号引脚中断，含 5 个中断引脚。

EXTI15_10_IRQHandler：对于 10～15 号引脚中断，含 6 个中断引脚。

（2）中断服务函数要做的工作

对于 GPIO 中断，首先在中断服务函数中要判断是哪个引脚发生了中断，尤其对于后两个包括 5 个和 6 个中断引脚的中断服务函数，更要判断是哪个引脚发生了中断，判断正确后再把中断标志清除。通常在中断服务函数中写中断相关标志，具体处理用主循环体完成。

中断服务函数通常写在专用中断服务程序文件 stm32f10x_it.c 中，所有中断服务函数均可以在其中编写，也可以在 main.c 或其他文件中编写。

判断中断标志采用 EXTI_GetITStatus()函数，其原型为

ITStatus EXTI_GetITStatus(u32 EXTI_Line)

EXTI_Line 的新状态为 SET（有中断）或者 RESET（无中断），EXTI_Line 取值为 EXIT_Linex，$x=0$～15。

清除中断标志采用 EXTI_ClearITPendingBit()函数，其原型为

void EXTI_ClearITPendingBit(u32 EXTI_Line)

（3）中断服务函数示例

假设已经设置了 PD11 中断，当有中断时，中断次数加 1，当中断了 10 次时，置标志 Flag 为 1，清除中断标志。中断服务函数如下：

```
u8 TimesPD11 = 0,Flag;
void EXTI15_10_IRQHandler(void)
{
if(EXTI_GetITStatus(EXTI_Line11)!= RESET)      /* 判断 Line11 线（PD11）中断 */
{   Delay10ms();                               /* 如果硬件没有消抖电路可用延时消除抖动 */
    TimesPD11 ++ ;
    if (TimesPD11 > = 10)
    {Flag = 0x01;                              /* 置累计 10 次标志 */
    EXTI_ClearITPendingBit(EXTI_Line11);       /* 清除 PD11 中断标志 */
    }
}
}
```

注意在主循环体中判断 Flag 是否为 1，若是则说明按键已经按了 10 次，这时去做相应处理，别忘记把 Flag 清零。

4.3.2　GPIO 引脚的普通中断实验

本节的实验采用由最简易的按键、LED 发光二极管构建的人机交互接口，并采用中断方式检测按键，通过按不同按键，让不同 LED 发光指示灯发光。

1. 实验目的

（1）熟悉 GPIO 引脚及中断的概念。

（2）掌握 GPIO 中断输入的配置方法。

（3）熟悉 GPIO 中断服务函数的设计方法。

（4）掌握在调试模式下的常用调试方法。

2. 实验设备

（1）硬件及其连接

硬件：PC 一台、WEEEDK 嵌入式实验开发平台一套。

按键的连接见图 2.15(a)，LED 发光二极管的连接见图 2.10。

（2）软件

操作系统 Windows、MDK-ARM 集成开发环境。

3. 实验内容

当 KEY3 键按下时，LED 指示灯灭；当 KEY1 键按下时，LED1 指示灯闪光；当 KEY2 键按下时，LED2 指示灯闪光。

4. 程序说明

（1）初始化程序

硬件初始化在 hw_config.c 文件中，用 GPIO_Configuration()函数初始化 GPIO 引脚，用 NVIC_Configuration()函数初始化 NVIC 中断，用 EXTI_Configuration()函数初始化中断线。GPIO 初始化前面的实验已经涉及几次了，这里不再重复，现在看看另外两个初始化函数。NVIC 中断初始化函数如图 4.11 所示，主要完成优先级分组、配置中断向量以及中断使能。由于本实验采用 PD11 和 PD12 两个按键中断，因此中断对应于 15_10 中断线。外部中断初始化函数如图 4.12 所示，主要完成三个按键输入中断线的配置、外部中断模式的设置以及触发方式为下降沿触发的设置。

```
20  void NVIC_Configuration(void)
21  {
22      NVIC_InitTypeDef NVIC_InitStructure;
23      NVIC_PriorityGroupConfig(NVIC_PriorityGroup_2);          /*使用优先级分组2*/
24      /*外部中断线*/
25      NVIC_InitStructure.NVIC_IRQChannel = EXTI15_10_IRQn ;     /*配置EXTI第15~10线的中断向量*/
26      NVIC_InitStructure.NVIC_IRQChannelPreemptionPriority = 0 ; /*抢占优先级0*/
27      NVIC_InitStructure.NVIC_IRQChannelSubPriority = 1;        /*子优先级1*/
28      NVIC_InitStructure.NVIC_IRQChannelCmd = ENABLE ;
29      NVIC_Init(&NVIC_InitStructure);
30  }
```

图 4.11 NVIC 中断初始化函数

```
70  void EXTI_Configuration(void)
71  {
72      EXTI_InitTypeDef EXTI_InitStructure;
73      /*PD11外部中断输入*/
74      EXTI_InitStructure.EXTI_Line = EXTI_Line11;
75      EXTI_InitStructure.EXTI_Mode = EXTI_Mode_Interrupt;
76      EXTI_InitStructure.EXTI_Trigger = EXTI_Trigger_Falling; /*下降沿触发*/
77      EXTI_InitStructure.EXTI_LineCmd = ENABLE;
78      EXTI_Init(&EXTI_InitStructure);
79      /*PD12外部中断输入*/
80      EXTI_InitStructure.EXTI_Line = EXTI_Line12;
81      EXTI_Init(&EXTI_InitStructure);
82      /*PC13外部中断输入*/
83      EXTI_InitStructure.EXTI_Line = EXTI_Line13;
84      EXTI_Init(&EXTI_InitStructure);
85  }
```

图 4.12 外部中断初始化函数

（2）中断服务函数

在 stsm32f10x_it.c 中，普通外部中断的中断服务函数 EXIT15_10_IRQHandler()如图 4.13 所示，完成判断是哪个引脚引发的中断，并置中断标识变量 Flag 的值，最后清除中断标志。

```
146  void EXTI15_10_IRQHandler(void)
147 □{
148    if(EXTI_GetITStatus(EXTI_Line11)!=RESET)      /*判断Line11线（PD11）上的中断是否发生 */
149 □  {
150      Flag = 0x01;
151      EXTI_ClearITPendingBit(EXTI_Line11);
152    }else{
153
154    if(EXTI_GetITStatus(EXTI_Line12)!=RESET)      /*判断Line12线（PD12）上的中断是否发生 */
155 □  {
156      Flag = 0x02;
157      EXTI_ClearITPendingBit(EXTI_Line12);
158    }else{
159    if(EXTI_GetITStatus(EXTI_Line13)!=RESET)      /*判断Line13线（PC13）上的中断是否发生 */
160 □  {
161      Flag = 0x03;
162      EXTI_ClearITPendingBit(EXTI_Line13);
163    }}}
164  }
```

图 4.13　普通中断服务函数

（3）主函数

主函数在调用初始化函数后进行超级循环，在循环体内，查询中断标识变量的值，有中断时标识变量的值不为 0，然后依据不同值采用 switch-case 结构进行不同的处理。

5. 实验步骤

（1）连接+5 V 电源到开发板，并打开电源开关，将 ST-LINK 仿真器连接到 WEEEDK 嵌入式系统实验开发板的 JTAG 插座上，将 USB 插头连接到 PC 的 USB 插口。

（2）复制"GPIO-按键中断实验"文件夹中的所有内容到 D 盘，双击 GPIO-按键中断实验\Project\Project.uvprojx 文件，打开实验工程并阅读 main.c、hw_config.c 以及 stm32f10x_it.c 中的 EXTI15_10_IRQHandler()中断服务函数。

（3）按 F7 功能键编译并链接工程。

（4）按 Ctrl+F5 键或单击调试按钮，进入集成调试环境。

（5）按 F5 功能键全速运行。当按 KEY1 键时，LED1 闪烁；当按 KEY2 键时，LED2 闪烁；按 KEY3 键时 LED1 和 LED2 全部停止发光。

（6）单击停止调试按钮，让程序停止运行，打开 stm32f10x_it.c 文件，找到中断服务函数 EXTI15_10_IRQHandler()，将光标移到 EXTI_ClearITPendingBit(EXTI_Line11)代码行，单击设置断点按钮或单击该代码行的最左边设置断点，按 F5 功能键执行程序，然后按 KEY1 键。观察程序运行停留的位置，查看 Flag 标志的值，此时应该值为 1。利用同样的方法，可以在其他位置设置断点。

说明：设置断点之后，全速运行程序，如果没有中断发生，就不会进入中断服务函数。由于设置了 GPIO 中断，当按下 KEY1 键时，将自动进入 EXTI15_10_IRQHandler()中断服务函数。由于设置了断点，所以当执行到断点处时，程序自动停止运行在断点处，这便于查看运行情况。调试完要清除断点。

清除所有断点后，按 F5 功能键全速执行，则 LED1 应该闪烁。

（6）将光标移到要执行的位置行，如中断服务函数中的 EXTI_ClearITPendingBit(EXTI_Line12)处，右击，在弹出的快捷方式中选择"run to cursor line"或直接按 Ctrl+F10 键。此时按

KEY2 键之后,程序自动停留在该行,此时可以查看 Flag 中的值,Flag 中的值应该是 2。再按 F5 功能键全速运行,LED2 应该闪烁。

4.3.3　GPIO 引脚的中断计数实验

本节的实验利用按键中断进行计数,当满足一定计数值时让 LED1 闪烁的次数与计数值相同。实验容易受机械按键抖动的影响,往往计数不准确,需采用软件延时,以消除抖动的效果。

1. 实验目的

(1) 掌握外部中断触发方式的选择。

(2) 熟悉 GPIO 中断服务函数的设计方法。

(3) 了解抖动产生的后果,学会用软件消除抖动的方法。

2. 实验设备

(1) 硬件及其连接

硬件:PC 一台、WEEEDK 嵌入式实验开发平台一套。

按键的连接见图 2.15(a),LED 发光二极管的连接见图 2.10。

(2) 软件

操作系统 Windows、MDK-ARM 集成开发环境。

3. 实验内容

按 KEY4 键若干次,再按 KEY1 键后,查看 LED4 闪烁的次数与按键数的一致性。

4. 程序说明

(1) 初始化程序

本实验的初始化工作与前面普通中断实验相同,不再重复。

(2) 中断服务函数

本实验的关键是中断服务函数,图 4.14 所示的是计数中断服务函数,按下一次 KEY4 键时,计数器 Times 加 1。按键 KEY1 的中断服务函数如图 4.15 所示,按下 KEY1 时置标识 Flag=1。

```
163   void EXTI0_IRQHandler(void)
164 ☐{
165
166     if(EXTI_GetITStatus(EXTI_Line0) != RESET)      //判断Line0线(PA0)上的中断是否发生
167 ☐   {
168       Times++;
169       EXTI_ClearITPendingBit(EXTI_Line0);
170     }
171   }
```

图 4.14　计数中断服务函数

```
146   void EXTI15_10_IRQHandler(void)
147 ☐{
148
149     if(EXTI_GetITStatus(EXTI_Line11) != RESET)      //判断Line11线(PD11)上的中断是否发生
150 ☐   {
151
152       Flag = 0x01;
153       EXTI_ClearITPendingBit(EXTI_Line11);
154     }
155
156 ☐}
```

图 4.15　按键 KEY1 的中断服务函数

(3) 主函数

主函数如图 4.16 所示,当 KEY1 键按下时,在中断服务函数中置 Flag=1,函数将 KEY4 中断计数的次数展示为 LED4 的闪烁次数。

```
34    int main(void)
35   ┌{
36   │ u8 i=0;
37   │   SystemInit();              /*系统初始化(此句可省,因为启动文件中有调用这段程序)*/
38   │   GPIO_Configuration();      /*GPIO初始化:LED初始化,按键端口配置*/
39   │   NVIC_Configuration();      /*NVIC设置*/
40   │   EXTI_Configuration();      /*设置中断线*/
41   │   Times=0;
42   │   while (1)
43   │ ┌ {
44   │ │   if (Flag)
45   │ │ ┌ {
46   │ │ │   for (i=0;i<Times;i++)
47   │ │ │ ┌ { LED4(0);
48   │ │ │ │   Delayms(300);
49   │ │ │ │   LED4(1);
50   │ │ │ │   Delayms(300);
51   │ │ │ └ }
52   │ │ │   Times=0;Flag=0;
53   │ │ └ }
54   │ └ }
55   └ }
```

图 4.16 计数中断实验的主函数

5. 实验步骤

(1) 连接+5 V 电源到开发板,并打开电源开关,将 ST-LINK 仿真器连接到 WEEEDK 嵌入式系统实验开发板的 JTAG 插座上,将 USB 插头连接到 PC 的 USB 插口。

(2) 复制"GPIO-计数中断实验"文件夹中的所有内容到 D 盘,双击 GPIO-计数中断实验\Project\Project. uvprojx 文件,打开实验工程并阅读 main. c、hw_config. c 以及 stm32f10x_it. 中的 EXTI0_IRQHandler()和 EXTI15_10_IRQHandler()中断服务函数。

(3) 按 F7 功能键编译并链接工程。

(4) 按 Ctrl+F5 键或单击调试按钮,进入集成调试环境。

(5) 按 F5 功能键全速运行,按 KEY4 键若干数,记住按下的次数,再按 KEY1 键时,LED4 将闪烁若干次,闪烁次数与按键次数应该一致。

(6) 可以通过进入调试状态设置断点或执行到光标处等调试手段进行调试,可以当按下若干次 KEY4 键后,单击停止调试按钮,让程序停止运行,查看此时变量 Times 中的值是否为按键的值,再按 F5 功能键运行程序,按 KEY1 键时 LED4 将闪烁同样次数。

思考:当按次数多时,会发现你按下的次数并没有被程序准确记录,变量 Times 的实际测试次数总比实际按键次数多,为什么呢?

其中的主要原因是按键的机械抖动引起的,如何解决呢? 有效方法是采用硬件或软件解决方案,在硬件上加 R-S 触发器,如果硬件没有采取措施,可在软件上采取延时的方法消除抖动。这里可以在进入边沿中断后延时 10 ms。

(7) 自行设计延时程序并将其放置于计数中断服务函数中。

(8) 同上测试加入延时消抖程序后的运行效果,改变延时时间后查看效果。

扩展:自行设置上升和下降沿触发,看计数结果。

4.4 彩色液晶显示屏显示实验

嵌入式应用系统中经常需要显示文字(包括汉字)和图片,因此需要 LCD。本节主要介绍基于 ILI9341 驱动的、分辨率为 320×240 的 3.2 寸真彩 TFT 液晶屏的 ASCII 字符、汉字、图形和图像的显示实验。

4.4.1 TFT LCD 接口及时序

STM32F107VCT6 与 3.2 寸 TFT ILI9341 液晶屏的连接如图 4.17 所示。PB14 为背光控制,1 开,0 关,VLCD 为 LCD 电源,通过 JP3 短接到 3.3 V 电源上。LCD_CS(PC6)为 LCD 片选信号,LCD_RS(PD13)为数据和命令选择;LCD_RD(PD15)为读信号;LCD_WR(PD14)为写信号;D0(PE0)到 D15(PE15)为 16 位数据线;nREST 为复位信号,连接 MCU 复位引脚;其他为SD 卡、字库以及触摸屏引脚。

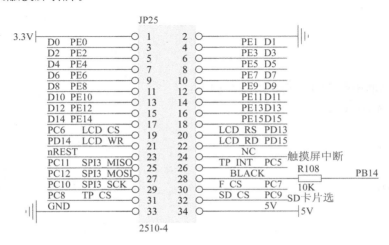

图 4.17 STM32F107VCT6 与 3.2 寸 TFT ILI9341 液晶屏的连接

本实验的重点在于彩色液晶显示屏的读写和初始化,实现 STM32 与 ILI9341 之间的通信,以及 ILI9341 初始化设置。

要根据彩色液晶显示屏设定的方式和写时序进行写操作,编写应用程序,在这里我们采用的是 16 位并行的数据传输方式。TFT 真彩屏写时序如图 4.18 所示,写命令时,LCD_RS=0,写数据时 LCD_RS=1。

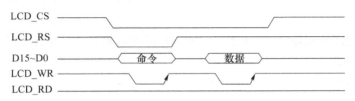

图 4.18 TFT 真彩屏写时序

```
#define LCD_CS_SET    GPIO_SetBits(GPIOC,GPIO_Pin_6)     /* 片选端口 PC6 */
#define LCD_RS_SET    GPIO_SetBits(GPIOD,GPIO_Pin_13)    /* 数据/命令 PD13 */
```

```
#define LCD_WR_SET      GPIO_SetBits(GPIOD,GPIO_Pin_14)        /* 写数据 PD14 */
#define LCD_RD_SET      GPIO_SetBits(GPIOD,GPIO_Pin_15)        /* 读数据 PD15 */
#define LCD_CS_CLR      GPIO_ResetBits(GPIOC,GPIO_Pin_6)       /* 片选端口 PC6 */
#define LCD_RS_CLR      GPIO_ResetBits(GPIOD,GPIO_Pin_13)      /* 数据/命令 PD13 */
#define LCD_WR_CLR      GPIO_ResetBits(GPIOD,GPIO_Pin_14)      /* 写数据 PD14 */
#define LCD_RD_CLR      GPIO_ResetBits(GPIOD,GPIO_Pin_15)      /* 读数据 PD15 */
#define DATAOUT(x)      GPIO_Write(GPIOE,x);                   /* 数据输出 */
```

在进行如上定义之后,按照图示时序写 16 位命令的函数 LCD_WR_REG() 如下:

```
void LCD_WR_REG(u16 data)
{
LCD_RS_CLR;
LCD_CS_CLR;
DATAOUT(data);
LCD_WR_CLR;
LCD_WR_SET;
LCD_CS_SET;
}
```

写 16 位数据的函数 LCD_WR_DATA 如下:

```
void LCD_WR_DATA(u16 data)
{
LCD_RS_SET;
LCD_CS_CLR;
DATAOUT(data);
LCD_WR_CLR;
LCD_WR_SET;
LCD_CS_SET;
}
```

背光控制定义如下:

```
#define LCD_LED PBout(14)          /* PB14 = 1 打开背光,0 关闭背光 */
```

打开背光可直接用"LCD_LED=1;"。

首先调用 LCD_Init() 函数对液晶显示屏初始化,会用到 ILI9341 驱动芯片的若干命令,让液晶显示屏处于合适的工作状态,这些命令序列都是基本固定不变的,按照示例使用即可。常用命令的含义如下。

0x36:存储器访问控制命令(可改变显示方向),横屏显示 0x6C,竖屏显示 0xC9。

0x28:关显示命令。

0x29:开显示命令。

0x2A:列地址设置命令。

0x2B:行地址设置命令。

0x2C:写存储器 GRAM 命令。

0x2D:颜色设置命令。

0x2E:读存储器 GRAM 命令。

4.4.2 常用 GUI 显示函数简介

初始化之后,可以让 LCD 显示字符、线条、图形以及图像。本节借助液晶屏供应商提供的参考例程,编制了本实验涉及的相关操作函数,大家无须从头编程,可直接使用。

1. 汉字字模生成工具

利用液晶屏显示汉字需要另外的工具进行编码,以生成字库,用到多少汉字就生成多少。生成字模的工具为 PCtoLCD2002.exe。

需要说明的是,任何 ASCII 字符均可以直接以 16×16 点阵形式显示,而除了例程中给出的汉字外,其他汉字需要自行用字库软件(如 PCtoLCD2002.exe)来生成字模,并将其保存在 font.h 中,这样汉字方可使用。

PCtoLCD2002.exe 的使用方法如下。

首先打开该软件,如图 4.19 所示。单击选项菜单,进入图 4.20 所示的选择界面。

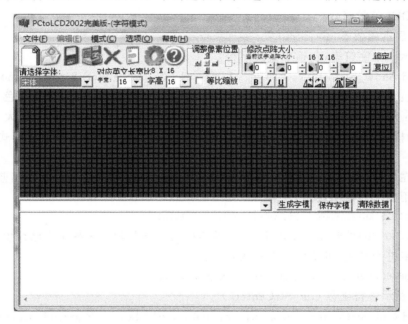

图 4.19　汉字字模生成软件界面

严格按照图 4.20 所示的选项选择,设置自定义格式为 C51,点阵格式为阴码,取模方向为顺向(高位在前),取模方式为逐行式,输出数制为十六进制,输出选项全部选中,像素大小为 8 点,索引为 8,点阵为真正输出的点阵,这里推荐使用 16 点阵。如果要选择大于 16 点阵字模,则必须是 8 的倍数,汉字显示函数也要做相应修改。选择好参数后确认。

如图 4.20 所示,字宽和字高默认为 16×16 点阵汉字,如果选择其他大小,字宽和字高需均为 8 的倍数。所有选项确定后,在生成字模左边的列表框中直接输入要取模块的一个或多个汉字(如"南航大"),在单击"生成字模"后即可在正文显示字模。

最后复制显示的字模到指定存放汉字字模的文件 font.h 中。16 点阵字模集为 tfont16。按照 font.h 的格式调整保存即可显示这些字模对应的汉字。

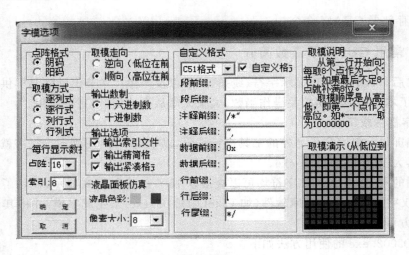

图 4.20　取模设置选项

2. 主要 GUI 函数简介

(1) 字符显示函数 Show_Str()

功能：显示一个字符串（包括中英文字符）。

原型：void Show_Str(u16 x, u16 y, u16 fc, u16 bc, u8 * str,u8 size,u8 mode)。

输入参数：x,y 为待显示字符的起始坐标；fc 为前置画笔颜色；bc 为背景颜色；str 为要显示的字符串；size 为字体大小，可为 16×16、24×24 和 32×32、64×64 四种大小，大字体要先生成字库；mode 为模式，mode＝0 时为填充模式，mode＝1 时为叠加模式，在叠加模式下，背景不起作用。

例如，要在坐标(10,20)处显示一串字符"This is my LCD test !"，背景采用蓝色，前景字符采用白色，可用如下函数实现。

Show_Str(10,20,WHITE,BLUE,"This is my LCD test!",16,0);

要在坐标(50,60)处开始显示汉字"南京航空航天大学"（假设这些汉字已经生成字模），要求背景为黑色，字符为红色，可调用如下函数实现：

Show_Str(50,60,RED,YELLOW," 南京航空航天大学",16,0);

(2) 居中显示字符函数 Gui_StrCenter()

原型：void Gui_StrCenter(u16 x, u16 y, u16 fc, u16 bc, u8 * str,u8 size,u8 mode)。

功能：居中显示一个字符串，包含中英文显示。

输入参数：同 Show_Str()函数。

(3) 显示单个数字变量值的函数 LCD_ShowNum

原型：void LCD_ShowNum(u16 x,u16 y,u32 num,u8 len,u8 size)。

功能：显示单个数字变量值。

输入参数：x、y 为起点坐标；len 为指定显示数字的位数；size 为字体大小(12,16)；color 为颜色；num 为 32 位数值($0\sim2^{32}-1$)。

(4) 画直线函数 LCD_DrawLine()

原型：void LCD_DrawLine(u16 x1, u16 y1, u16 x2, u16 y2)。

功能：GUI 画线。

输入参数：x1、y1 为起点坐标；x2、y2 为终点坐标。

注意,线条的颜色在 POINT_COLOR 中,在画线之前要先给它赋值。例如,要从坐标(0,0)到(50,50)画一根红色线条,可调用如下函数:

```
POINT_COLOR = RED;
LCD_DrawLine(0,0,50,50);
```

(5) 画矩形框函数 LCD_DrawRectangle()

原型:void LCD_DrawRectangle(u16 x1, u16 y1, u16 x2, u16 y2)。

功能:GUI 画矩形(非填充)。

输入参数:(x1,y1)、(x2,y2)为矩形的对角坐标,框线颜色由 POINT_COLOR()决定。

(6) 矩形区域填充函数 LCD_Fill()

原型:void LCD_Fill(u16 sx,u16 sy,u16 ex,u16 ey,u16 color)。

功能:在指定区域内填充颜色。

输入参数:sx 为指定区域开始点 x 坐标;sy 为指定区域开始点 y 坐标;ex 为指定区域结束点 x 坐标;ey 为指定区域结束点 y 坐标;color 为要填充的颜色。

如果要让屏幕把(50,100)到(190,200)区域填充红色,可调用如下函数:

```
LCD_Fill(50,100,190,200,RED);
```

(7) 画圆函数 gui_circle()

原型:void gui_circle(int xc, int yc,u16 c,int r, int fill)。

功能:在指定位置画一个指定大小的圆(可选择填充)。

输入参数:(xc,yc)为圆中心坐标;c 为填充的颜色;r 为圆半径;fill 为填充判断标志,1 为填充,0 为不填充。

例如,要在(120,200)为圆心画一个直径为 50 的圆,填充色为蓝色,可调用如下函数:

```
gui_circle(120,200,BLUE,50,1);
```

(8) 图像显示函数 Gui_Drawbmp16()

原型:void Gui_Drawbmp16(u16 x,u16 y,const unsigned char * p)。

功能:显示一幅 16 位 BMP 图像(大小为 xS×yS)。

输入参数:x,y 为起点坐标;xS×yS 为图像大小;* p 为图像数组起始地址。

说明:

- 本函数显示的图像必须由 BMP 格式通过图像转换软件生成十六进制数组才能显示,如 Image2Lcd_29.exe 将彩色图像转换成 C 语言格式的十六进制数组形式。如果图像是其他格式,则要先用画图软件等将其转换为 BMP 格式(转换之前设置大小),然后用 Image2Lcd_29.exe 将其转换成十六进制数组。
- 转换时必须选取水平扫描方式,分辨率为 16 位彩色,竖屏应用时,宽度不超过 240,高度不超过 320,横屏应用时,宽度不超过 320,高度不超过 240。选取图像宽度和高度必须是 8 的倍数。
- 转换出来数组的大小应该是 xS×yS×2 个十六进制数,这样方能正常显示原图。
- 图像数组定义最好用 const 作为前缀,以使用 Flash 空间,还尽可能少地占用 SRAM 空间。
- 本示例使用的图像为 xS=40,y=40(即 40×40 的 QQ 图标),根据自己的喜好,可以在网上下载其他精美图片,将其通过转换软件变换成十六进制数组并保存于 pic.h 中;名称为 gImage_qq(根据需要可以修改名称)。

- 竖屏应用(即 USE_HORIZONTAL＝0)时,x 的范围为 0～240,y 为 0～320;横屏应用
  (即 USE_HORIZONTAL＝1)时,x 的范围为 0～320,y 为 0～240。

要在(50,50)处显示上述 QQ 图标时,调用图像显示函数 Gui_Drawbmp16 的代码如下:

Gui_Drawbmp16(50,50,gImage_QQ);

(9) 文字前景和背景色的设定

若在没有前景和背景色设置的函数中要显示文字等信息,则前景色可用变量 POINT_COLOR 赋值,背景色由变量 BACK_COLOR 赋值。在头文件 lcd.h 中定义的颜色如下:

```
#define WHITE      0xFFFF
#define BLACK      0x0000
#define BLUE       0x001F
#define BRED       0XF81F
#define GRED       0XFFE0
#define GBLUE      0X07FF
#define RED        0xF800
#define MAGENTA    0xF81F
#define GREEN      0x07E0
#define CYAN       0x7FFF
#define YELLOW     0xFFE0
#define BROWN      0XBC40
#define BRRED      0XFC07
#define GRAY       0X8430
```

若前景色为红色,背景色为黄色,可设置如下:

```
POINT_COLOR = RED;
BACK_COLOR = YELLOW;
```

其他颜色可以用 16 位数值表示。

4.4.3 真彩 TFT LCD 显示实验

真彩 TFT LCD 比单色显示屏显示的信息更丰富,可以显示 16 位色,除了显示文字、图形外,还可以显示图片。本实验采用由 TFTILI9341 驱动的 240×320 液晶显示屏。

1. 实验目的

(1) 巩固 STM32F107VCT6 工程模板的使用方法。

(2) 巩固基于固件库的 GPIO 操作方法。

(3) 了解 TFT ILI9341 真彩屏接口应用。

(4) 使用 STM32F107VCT6 的 I/O 方式模拟 16 位总线控制液晶屏,会应用已有函数,显示字符、图形和图像。

2. 实验设备

(1) 硬件及其连接

PC 一台、WEEEDK 嵌入式实验开发平台一套、ILI9341 屏一块及板载发光二极管、按键。

(2) 软件

操作系统 Windows、MDK-ARM 集成开发环境。

3. 实验内容

(1) 在指定位置显示不同颜色的 ASCII 码字符(能设置前景和背景)。

（2）在指定位置显示不同颜色的汉字（能设置前景和背景）。

（3）在指定位置显示不同颜色的图形（直线、矩形、圆）。

（4）在指定位置显示不同大小的图像。

4．程序说明

（1）关于头文件的引用

由于用到 LCD、按键和 LED 发光二极管，因此需要包括以下几个头文件。

① ♯include "hw_config. h"

② ♯include "stm32f10x. h"

③ ♯include "lcd. h"

（2）初始化工作说明

初始化包括对 GPIO 初始化 GPIO_Configuration()（对按键和 LED 发光二极管初始化）、LCD 初始化 LCD_Init()（对 LCD 用到的 GPIO 引脚定义以及对 LCD 按照命令序列初始化）。

（3）主函数说明

主函数直接调用测试主界面函数 main_test()、简单刷屏填充测试函数 Test_Color()、GUI 矩形绘图测试函数 Test_FillRec()、GUI 画圆测试函数 Test_Circle()、英文字体示例测试函数 English_Font_test()、中文字体示例测试函数 Chinese_Font_test()。在主循环体中，判断按键，并根据按键执行显示任务。

5．实验步骤

（1）连接＋5 V 电源到开发板，并打开电源开关，将 ST-LINK 仿真器连接到 WEEEDK 嵌入式系统实验开发板的 JTAG 插座上，将 USB 插头连接到 PC 的 USB 插口。

（2）连接 LCD 到 JLCD1 连接器上（如果已经连接就用不进行此步骤），通过短接 JP3 将 LCD 电源连接到 3.3 V 上。

（3）复制"3.2 寸真彩 LCD(ILI9341)显示屏实验"文件夹中的所有内容到 D 盘，双击 3.2 寸真彩 LCD ILI9341 液晶显示屏实验\Project\Project. uvprojx 文件，打开实验工程并阅读 main() 函数。

（4）按 F7 功能键编译并链接工程。

（5）按 Ctrl＋F5 键或单击调试按钮，进入集成调试环境。

（6）按 F5 功能键全速执行，查看 LCD 显示的内容。

（7）分别按 KEY1、KEY2、KEY3 和 KEY4 键，再分别观察显示情况。

（8）扩展实验。以上功能正确，退出调试环境返回编辑模式，修改或添加代码，改变显示信息，当按 KEY1 键时，显示由自己发挥的显示信息界面，包括把自己的学号显示在屏幕上方坐标（30,100）开始的位置，姓名的拼音显示在坐标（30,120）开始的位置，颜色和背景自由选择，在姓名下方有矩形填充和圆，布局自由选择，颜色不限。

（9）修改好并保存，然后按 F7 功能键编译并链接，排除所有错误，最后编译链接。

（10）按 Ctrl＋F5 键进入调试环境。

（11）按 F5 功能键运行程序，查看程序运行是否正确，若不正确，则修改代码，继续调试，直到正确为止。

（12）仔细分析和体会按键判断以及 LED 亮灭控制与以前实验的不同之处。把本实验模板中的按键判断和 LED 亮灭控制，按照你熟悉的方式重新修改（如固件库函数方式或寄存器方式），编译后重新运行试试。

我们已经学过,对 GPIO 引脚的操作可以是汇编语言的操作,也可以 C/C++的固件库函数操作以及寄存器直接操作。本示例中的操作方式与上述三种方法均不一样,采用的是专用对引脚的操作:

```
#define PDout(n)    BIT_ADDR(GPIOD_ODR_Addr,n)    //PD 输出
#define PDin(n)     BIT_ADDR(GPIOD_IDR_Addr,n)    //PD 输入
```

PDout(2)=1 使 PD2=1,可用固件库函数 GPIO_SetBits(GPIOD,GPIO_Pin_2)或 GPIOD->ODR|=(1<<2)替代;PDout(6)=0 使 PD6=0,可用固件库函数 GPIO_ResetBits(GPIOD,GPIO_Pin_6)或 GPIOD->ODR&=~(1<<6)替代。

PDin(11)可以用函数 GPIO_ReadInputDataBit(GPIOD,GPIO_Pin_11)或 GPIOD->IDR&(1<<11)替代。

至此,操作 GPIO 有四种基本手段:汇编语言、固件库函数、寄存器以及专用引脚操作。

4.5 GPIO 的扩展实验

本节主要介绍 GPIO 的扩展实验,主要包括继电器驱动输出实验、四相步进电机实验等。

4.5.1 继电器驱动输出实验

通过 GPIO 控制继电器隔离驱动电路,从而驱动继电器,让继电器触点闭合和断开,实现对外部电器的控制。

1. 实验目的

(1)进一步熟悉和巩固 TFT LCD 的应用。

(2)掌握采用 GPIO_WriteBit()函数进行 I/O 输出的方法。

(3)了解和熟悉继电器驱动原理。

(4)掌握用 GPIO 引脚控制继电器动作的方法。

2. 实验设备

(1)硬件及其连接

需要 PC 一台、WEEEDK 嵌入式实验开发平台一套,采用板载继电器,由 PC4 控制继电器 UJDQ1,由 PC15 控制继电器 UDJ2,可外接被控对象于左上角红色插座 J27,标识符 CK1 和 CM1 为一组常开触点,CK2 和 CM2 为另一组常开触点,这两组触点可以作为控制外部对象的开关。继电器驱动接口的连接见图 2.25。

(2)软件

操作系统 Windows、MDK-ARM 集成开发环境。

3. 实验内容

(1)连接 JP7 和 JP10 短接器,使 PC4 连接到 OPEN,控制继电器 UJDQ1,使 PC15 连接到 CLOSE,控制继电器 UJDQ2GPIO 引脚控制两个继电器动作,让触点闭合或断开。通过 KEY1、KEY2、KEY3 和 KEY4 四个按键,分别控制继电器 UJDQ1 和继电器 UJDQ2 的闭合和断开。观察继电器动作(看 TFT LCD、听继电器动作声响或用万用表测量通断情况)。

(2)在内容(1)完成后,选择另外两个引脚,如用 PB7 代替 PC4、PB15 代替 PC15,通过杜邦线连接到继电器控制引脚,修改或补充代码,控制继电器动作。

4. 程序说明

为了简化程序的书写代码,通常采用宏定义指定标识代替 GPIO 输入输出操作函数,如下为

定义 4 个读按键引脚状态的宏和 4 个操作继电器的宏。

```
#define KEY1          GPIO_ReadInputDataBit(GPIOD, GPIO_Pin_11)
#define KEY2          GPIO_ReadInputDataBit(GPIOD, GPIO_Pin_12)
#define KEY3          GPIO_ReadInputDataBit(GPIOC, GPIO_Pin_13)
#define KEY4          GPIO_ReadInputDataBit(GPIOA, GPIO_Pin_0)
#define JDQ1OPEN      GPIO_WriteBit(GPIOC, GPIO_Pin_4,Bit_RESET)
#define JDQ2OPEN      GPIO_WriteBit(GPIOC, GPIO_Pin_15,Bit_RESET)
#define JDQ1CLOSE     GPIO_WriteBit(GPIOC, GPIO_Pin_4,Bit_SET)
#define JDQ2CLOSE     GPIO_WriteBit(GPIOC, GPIO_Pin_15,Bit_SET)
```

这样读按键直接用简写的标识符取代读 GPIO 引脚的函数和写 GPIO 引脚的函数。例如，

if(KEY1 == 0) JDQ1OPEN;/ * KEY1 = 0 时让继电器 UJDQ1 闭合(PC4 = 0) * /

5. 实验步骤

（1）短接 JP19 和 JP20,连接继电器输出电源,短接 JP7 和 JP10 短接器,使 PC4 连接到 OPEN,控制继电器 UJDQ1,使 PC15 连接到 CLOSE,控制继电器 UJDQ2。

（2）复制"GPIO 应用—继电器控制(TFT9341)实验"文件夹中的所有内容到 D 盘,双击 GPIO 应用—继电器控制(TFT9341)实验\Project\Project. uvprojx 文件,打开实验工程并阅读 main()函数。

（3）按 F7 功能键编译并链接工程。

（4）按 Ctrl+F5 键或单击调试按钮,进入集成调试环境。

（5）按 F5 功能键全速执行。查看执行 TFT LCD 显示的信息。

（6）按 KEY1 键时,LCD 显示"继电器 1 触点闭合",同时能听到继电器器闭合的声响且 LED1 指示灯亮,如果用万用表电阻挡或蜂鸣器挡,表笔连接 CK1 和 CM1,则电阻为 0 或蜂鸣器有响声;按 KEY2 键时,LCD 显示"继电器 2 触点闭合",同时能听到继电器器闭合的声响且 LED2 指示灯亮,如果用万用表电阻挡或蜂鸣器挡,表笔连接 CK2 和 CM2,则电阻为 0 或蜂鸣器有响声;按 KEY3 键时,LCD 显示"继电器 1 触点断开",同时能听到继电器器断开的声响且 LED1 指示灯灭,如果用万用表电阻挡或蜂鸣器挡,表笔连接 CK1 和 CM1,则电阻为无穷大或蜂鸣器不响;按 KEY4 键时,LCD 显示"继电器 2 触点断开",同时能听到继电器器断开的声响且 LED2 指示灯灭,如果用万用表电阻挡或蜂鸣器挡,表笔连接 CK2 和 CM2,则电阻为无穷大或蜂鸣器不响。

（7）修改 GPIO 初始化程序,用 PB7 和 PB15 分别代替 PC4 和 PC15 来控制继电器,然后返回第 3 步,并到第 6 步结束,检查操作的正确性。

4.5.2　四相步进电机实验

本实验采用四相微型步进电机 28BYJ-48,利用 4 个 GPIO 引脚控制步进电机的四相,按照步进电机的时序控制 GPIO 高低电平的变化即可控制步进电机的运行。

1. 实验目的

（1）掌握采用 GPIO_Write()函数进行 I/O 端口输出操作的方法。

（2）了解和熟悉步进电机的驱动原理。

（3）掌握用 GPIO 引脚控制步进电机的方法。

（4）熟练掌握 GPIO 端口的读写控制,学会控制步进电机的正反转、改变步进电机运行速度的方法。

2．实验设备

（1）硬件及其连接

需要 PC 一台、WEEEDK 嵌入式实验开发平台一套、外接步进电机 28BYJ-48，由 PD2、PD3、PD4 和 PD7 四个 GPIO 引脚分别控制步进电机的四个相。具体电路驱动接口及连接参见图 2.22。

（2）软件

操作系统 Windows、MDK-ARM 集成开发环境。

3．实验内容

（1）将步进电机插头插到实验开发板的右下角 J32 步进进电机的插座上，通过短接 JP42 接通步进电机的电源。通过 PD2、PD3、PD4 和 PD7 控制步进电机运转。

（2）改变步进电机的运行方向。

（3）改变步进电机的运行速度。

4．程序说明

（1）步进机电的控制时序

28BJY-48 是微型四相步进电机，可以工作在四相四拍，也可以工作在四相八拍。

拍数：指完成一个磁场周期性变化所需的脉冲数或导电状态（用 n 表示）或指电机转过一个齿距角所需的脉冲数。以四相电机为例，有四相四拍运行方式即 A-B-C-D-A，四相八拍运行方式即 A-AB-B-BC-C-CD-D-DA-A。

步距角：对应一个脉冲信号，电机转子转过的角位移，用 θ 表示。$\theta=360°/($转子齿数 $J\times$ 运行拍数)，以常规二、四相，转子齿为 50 齿电机为例。四拍运行时步距角为 $\theta=360°/(50\times4)=1.8°$（俗称整步），八拍运行时步距角为 $\theta=360°/(50\times8)=0.9°$（俗称半步）。

这两个概念清楚后，我们再来计算转速，以基本步距角 $1.8°$ 的步进电机为例（现在市场上常规的二、四相混合式步进电机的步距角基本都是 $1.8°$），在四相八拍运行方式下，每接收一个脉冲信号就转过 $0.9°$，如果每秒钟接收 400 个脉冲，那么转速为 $400\times0.9°=360°$每秒，相当于每秒转一圈，每分钟 60 转。

四相四拍时序如图 4.21 所示，这是四相四拍单绕组通电方式，即在第一时刻，只有一相通电，其余各相断开，PD2 控制 A 相，PD3 控制 B 相，PD4 控制 C 相，而 PD7 控制 D 相，正转时通电顺序为 A-B-C-D-A-…，波形如图 4.21（a）所示，反转时通电顺序为 D-C-B-A-D-…，波形如图 4.21(b)所示。通过改变送出波形的时钟来改变步进电机的转速。如果是双绕组通电时序分别为 AB-BC-CD-DA-…。

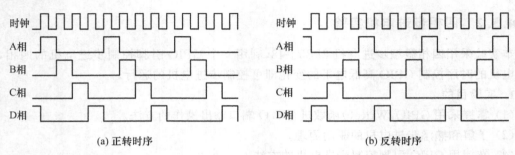

(a) 正转时序　　　　　　　　　　　　(b) 反转时序

图 4.21　四相四拍时序

四相八拍依次通过的顺序是 A-AB-B-BC-C-CD-D-DA-A-…，若通过顺序相反，则旋转方向就相反。

（2）步进电机的控制程序

```
uint8_t phasecw[4] = {0x08,0x04,0x02,0x01};     /* 正转 电机导通相序 D-C-B-A */
uint8_t phaseccw[4] = {0x01,0x02,0x04,0x08};    /* 反转 电机导通相序 A-B-C-D */
uint8_t MotorData = 0;
void MotorCW(void)                               /* 顺时针（正转）*/
{
 uint8_t i;
 uint16_t ReadOD = 0,temp = 0;
 for(i = 0;i<4;i++)
  {
  MotorData = phasecw[i];
  ReadOD = GPIO_ReadOutputData(GPIOD);
  temp = MotorData<<2;                           /* 0,1,2,3->PD2PD3PD4PD7 */
  if (MotorData&(1<<3)) temp| = (1<<7);          /* PD7 处理 */
  else temp& = ~(1<<7);
  ReadOD& = ~(0x9C);                             /* 将 2,3,4,7 位清零 */
  temp = ReadOD + temp;
  GPIO_Write(GPIOD, temp);
  Delay_ms(5);                                   /* 转速调节 */
  }
}
void MotorCCW(void)                              /* 逆时针（反转）*/
{
 uint8_t i;
 uint16_t ReadOD = 0,temp = 0;
 for(i = 0;i<4;i++)
  {
  MotorData = phaseccw[i];
  ReadOD = GPIO_ReadOutputData(GPIOD);
  temp = MotorData<<2;                           /* 0,1,2,3->PD2PD3PD4PD7 */
  if (MotorData&(1<<3)) temp| = (1<<7);
  else temp& = ~(1<<7);
  ReadOD& = ~(0x9C);                             /* 将 2,3,4,7 位清零 */
  temp = ReadOD + temp;
  GPIO_Write(GPIOD, temp);
  Delay_ms(5);                                   /* 转速调节 */
  }
}
```

若要停止步进电机运行,只需要给 PD2、PD3、PD4 和 PD7 全部输出 0 即可。

（3）改变步进电机的运行速度

改变各相每一步的时序延时即可获取不同的运行速度。

5. 实验步骤

（1）连接步进电机并短接 JP42,接通步进电机的电源。

（2）复制"GPIO 应用-步进电机控制（TFT9341）实验"文件夹中的所有内容到 D 盘，双击 GPIO 应用-步进电机控制（TFT9341）实验\Project\Project. uvprojx 文件，打开实验工程并阅读 main（）函数。

（3）按 F7 功能键编译并链接工程。

（4）按 Ctrl＋F5 键或单击调试按钮，进入集成调试环境。

（5）按 F5 功能键全速执行。查看执行 TFT LCD 显示的信息。

（6）按 KEY1 键时，LCD 显示"步进电机正在正转"，能看到步进电机旋转；按 KEY2 键时，LCD 显示"步进电机正在反转"，同时能看到步进电机往相反方向转换；按 KEY3 键时，LCD 显示"步进电机已经停止"，步进电机停止运转。

（7）修改查关程序，采用四相四拍双绕组来控制步进电机。

（8）修改查关程序，采用四相八拍来控制步进电机。

（9）修改延时程序，控制步进电机的转速。

4.6 红外遥控实验

红外遥控器是非接触式人机交互的主要手段之一，本实验采用简单三键式红外遥控器作为红外发送器，向实验开发板发送红外命令后，实验开发系统接收到红外命令后，通过解释处理，得到命令序列，判断是什么命令，然后去执行相关操作。

1. 实验目的

（1）了解红外遥控器的一般原理。

（2）掌握采用 GPIO 中断加定时采集红外引脚信号的方法。

（3）熟悉 LCD 的使用。

（4）掌握通过红外命令控制电机动作的方法。

2. 实验设备

（1）硬件及其连接

需要 PC 一台、WEEEDK 嵌入式实验开发平台一套，采用板载直流电机，由 PB8 和 PB9 控制电机。红外接收头无须连线，已连接于实验板 PB0 引脚上，如图 4.22 所示。

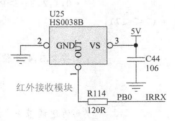

图 4.22 红外接收模块的接口

（2）软件

操作系统 Windows、MDK-ARM 集成开发环境。

3. 实验内容

连接 JP41，接通直流电机，将短接器 JP4、JP5 和 JP6 连接短接 2-3，使电机电源接通 3.3 V，GPIO 引脚 PB8 和 PB9 分别连接电机驱动控制芯片的 IA 和 IB。用三键式红外遥控器对准红外接收头 U25 进行操作，观察电机运行及 LCD 显示情况。

4. 程序说明

红外遥控器初始化程序配置 PB0 作为红外接收引脚。

```
void REMOTE_Init()
{
GPIO_InitTypeDef GPIO_InitStructure;
RCC_APB2PeriphClockCmd(RCC_APB2Periph_GPIOB | RCC_APB2Periph_AFIO, ENABLE);
GPIO_InitStructure.GPIO_Pin = GPIO_Pin_0;                   //PB0 引脚为红外接收输入引脚
GPIO_InitStructure.GPIO_Mode = GPIO_Mode_IPU;               //上拉输入
GPIO_InitStructure.GPIO_Speed = GPIO_Speed_50MHz;           //管脚频率为 50MHz
GPIO_Init(GPIOB, &GPIO_InitStructure);
GPIO_EXTILineConfig(GPIO_PortSourceGPIOB, GPIO_PinSource0) ;//GPIOB0 外部中断触发
}
```

NVIC 中断初始化：

```
void NVIC_Configuration(void)
{
NVIC_InitTypeDef NVIC_InitStructure;
NVIC_PriorityGroupConfig(NVIC_PriorityGroup_2);
NVIC_InitStructure.NVIC_IRQChannel = EXTI0_IRQn ;
NVIC_InitStructure.NVIC_IRQChannelPreemptionPriority = 0 ;
NVIC_InitStructure.NVIC_IRQChannelSubPriority = 1;
NVIC_InitStructure.NVIC_IRQChannelCmd = ENABLE ;
NVIC_Init(&NVIC_InitStructure);
}
```

外部中断初始化：

```
void EXTI_Configuration(void)
{
EXTI_InitTypeDef EXTI_InitStructure;
/* PB0 外部中断输入 */
EXTI_InitStructure.EXTI_Line = EXTI_Line0;
EXTI_InitStructure.EXTI_Mode = EXTI_Mode_Interrupt;
EXTI_InitStructure.EXTI_Trigger = EXTI_Trigger_Falling;//PB0 下沿触发
EXTI_InitStructure.EXTI_LineCmd = ENABLE;
EXTI_Init(&EXTI_InitStructure);
}
```

PB0 引脚中断函数：

```
void EXTI0_IRQHandler(void)
{
u8 res = 0,u8 OK = 0,u8 RODATA = 0;
if(EXTI_GetITStatus(EXTI_Line0))
{   while(1)
  { if(RDATA)                                   //有高脉冲出现
      { res = Pulse_Width_Check();              //获得此次高脉冲宽度
```

```
            if(res> = 250)break;                        //非有用信号
              if((res> = 200)&&(res<250)) OK = 1;        //获得前导位(4.5ms)
              else if(res> = 85&&res<200)                //按键次数加一(2ms)
              { Remote_Rdy = 1;                          //接收到数据
                Remote_Cnt ++ ;                          //按键次数增加
                break; }
              else if((res> = 50)&&(res<85)) RODATA = 1;  // 1.5ms
              else if((res> = 10)&&(res<50)) RODATA = 0;  // 500us
              if(OK) {
                Remote_Odr<< = 1;
                Remote_Odr + = RODATA;
                Remote_Cnt = 0;                          /* 按键次数清零*/ } }
          }
        EXTI_ClearITPendingBit(EXTI_Line0);              //清除标志位
    }
}
```

5. 实验步骤

（1）短接 JP41,将短接器 JP4、JP5 和 JP6 的 2-3 短接。

（2）复制"红外遥控＋TFT9341 屏实验"文件夹中的所有内容到 D 盘,双击红外遥控＋TFT9341 屏实验\Project\Project. uvprojx 文件,打开实验工程并阅读 main()函数及 remote. c,重点研讨初始化程序。

（3）按 F7 功能键编译并链接工程。

（4）按 Ctrl＋F5 键或单击调试按钮,进入集成调试环境。

（5）按 F5 功能键全速执行。查看执行 TFT LCD 显示的信息。

（6）手机三键式红外遥控器,把遥控器的绝缘塑料片取下,让电池接通电路,分别按遥控器的不同按键,在 LCD 上查看接收到的红外代码,并观察直流电机的运行情况。

使用其他遥控器时,不能直接控制直流电机,但可以在 LCD 上查看遥控器按键对应的红外代码。可根据不同代码控制不同操作。

（7）用杜邦线将 P1 的 PB0 连接到 P2 的 PA0,即用 PA0 代替 PB0,修改 GPIO 初始化程序,完成以上红外遥控实验。修改相关程序,当按下红外遥控器的上翻和下翻键时,可改变双色 LED 发光二极管的发光情况或控制蜂鸣器等其他外部设备。

第 5 章　定时计数器组件实验

本章介绍的所有实验均基于 STM32F107VCT6,也适用于 STM32F10x 系列其他 MCU 芯片。本章实验主要包括 SysTick 定时器、通用定时器 TIMx、RTC 定时器、看门狗定时器 IWDG 等。

5.1　系统节拍定时器 SysTick 实验

系统节拍定时器为 SysTick,也叫系统滴答定时器,滴答定时器就是一个非常基本的 24 位倒计时定时器,它是 ARM Cortex-M3 内核提供的定时器,并非芯片厂家提供的片上定时器。它为系统提供一个时基,给操作系统提供一个硬件上的中断。使用 SysTick 能够精准延时,它还可为操作系统或其他系统管理软件提供可软件编程定时时间的定时中断。

5.1.1　SysTick 查询方式定时实验

采用查询方式定时,在对定时器初始化、设置完初始值后启动定时器开始计数,等减 1 计数到 0 时将产生一个定时结束标志,通过从定时开始到查询到这个标志即可确定定时时间。使能 SysTick 定时器和查询结束标志均要使用 SysTick 控制与状态寄存器,其格式如图 5.1 所示,各位含义如下。

31 ················· 17	16	15-3	2	1	0
	COUNTFLAG	保留	CLKSOURCE	TICKINT	ENABLE

图 5.1　STM32F10x 的 Systick 控制与状态寄存器格式

ENABLE 为使能位,1 使能 SysTick 定时器连续工作,0 禁止 SysTick 定时器。

TICKINT 为中断位,1 表示计数到 0 时中断挂起,0 表示计数到 0 时中断不挂起。

CLKSOURCE 为时钟源选择,1 选择 AHB 时钟,0 选择 AHB/8 时钟。

COUNTFLAG 为计数标识,从上次读取计数器开始,如果定时器计数到 0,则返回 1。本节的实验采用查询方式定时,定时时间到了之后,让 LED1～LED4 四个指示灯闪烁,闪烁时间可调。

1. 实验目的

(1) 掌握采用 SysTick 定时器查询方式进行准确定时的方法。

(2) 熟悉 SysTick 的定时范围。

(3) 掌握定时时间的设置。

(3) 掌握用多种改变 GPIO 引脚输出值的方法。

2. 实验设备

(1) 硬件及其连接

硬件:PC 一台、WEEEDK 嵌入式实验开发平台一套。

按键的连接见图 2.15(a),LED 发光二极管的连接见图 2.10。

（2）软件

操作系统 Windows、MDK-ARM 集成开发环境。

3．实验内容

按 KEY1 键时，让 LED1～LED4 四个发光二极管指示灯每隔 200 ms 闪烁一次（亮和灭各100 ms）。

按 KEY2 键时，让 LED1～LED4 四个发光二极管指示灯每隔 500 ms 闪烁一次（亮和灭各250 ms）。

按 KEY3 键时，让 LED1～LED4 四个发光二极管指示灯每隔 1 s 闪烁一次（亮和灭各 500 ms）。

按 KEY4 键时，让 LED1～LED4 四个发光二极管指示灯每隔 2 s 闪烁一次（亮和灭各 1 s）。

4．程序说明

（1）初始化程序

首先初始化 GPIO，配置 KEY1 到 KEY4 引脚，并设置为上拉输入，配置 LED1 到 LED4 引脚，并设置为推挽输出。GPIO 初始化函数为 GPIO_Configuration()。然后对 SysTick 定时器初始化，其初始化程序为

```
static  uint8_t  fac_us = 0;                 /* us 延时倍乘数 */
static  uint16_t fac_ms = 0;                 /* ms 延时倍乘数 */
void DelayOnSysTick_Init(void)
{
SysTick_CLKSourceConfig(SysTick_CLKSource_HCLK_Div8);
fac_us = SystemCoreClock/8000000;            /* us 个数变量 */
fac_ms = (u16)fac_us * 1000;                 /* ms 个数变量 */
}
```

在程序中首先调用固件库函数 SysTick_CLKSourceConfig() 来配置时钟，它是 Cortex-M3内核的一个函数，函数原型为

```
void SysTick_CLKSourceConfig(u32 SysTick_CLKSource)
```

其参数有两个：一个参数是 SysTick_CLKSource_HCLK_Div8，为系统时钟/8，若系统时钟（AHB）为 72 MHz，则除以 8 之后为 9 MHz；另一个参数是 SysTick_CLKSource_HCLK，配置为系统时钟，如 72 MHz。本实验使用的是除以 8 的时钟源。

由于 SystemCoreClock 已经定义为 72 000 000 Hz，即 72 MHz 主频，fac_us 为其 800 000 分之一，即 fac_us＝9，计 9 次时钟为一个微秒，fac_ms＝9 000，计 9 000 个时钟为 1 ms，因此 fac_us的倍数就是微秒数，fac_ms 的倍数就是毫秒数。后面定时以此为准来定时。

（2）主函数中的定时程序

在定时函数 Delay_ms(u16 nms) 中，有以下代码：

```
SysTick->LOAD = (u32)nms * fac_ms;           /* 时间加载（SysTick->LOAD 为 24bit）*/
SysTick->VAL = 0x00;                         /* 清空计数器 */
SysTick->CTRL = 0x01 ;                       /* 开始倒数   */
while(1)
{
if((SysTick->CTRL)&(1<<16))  break;          /* 等待时间到，图 5.1 控制状态寄存器 */
}
SysTick->CTRL = 0x00;                        /* 关闭计数器 */
```

```
SysTick - >VAL = 0X00;                         / * 清空计数器 * /
```

要说明的是,在固件库 3.5 中仅提供了一个时钟配置函数,其他均需要用寄存器来操作。

5. 实验步骤

(1) 连接＋5 V 电源到开发板,并打开电源开关,将 ST-LINK 仿真器连接到 WEEEDK 嵌入式系统实验开发板的 JTAG 插座上,将 USB 插头连接到 PC 的 USB 插口,通过短接 JP39 将 KEY4 的 WKUP 接连到 PA0 引脚,连接 LCD 电源,即 JP3 短接到 3.3 V。

(2) 复制“SysTick 查询方式＋TFT9341 屏实验”文件夹中的所有内容到 D 盘,双击 SysTick 查询方式＋TFT9341 屏实验\Project\Project. uvprojx 工程文件,打开实验工程并阅读 main. c、hw_config. c、Delay. c。

(3) 按 F7 功能键编译并链接工程。

(4) 按 Ctrl＋F5 键或单击调试按钮,进入集成调试环境。

(5) 按 F5 功能键全速运行,依次按 KEY1 到 KEY4 键,查询 4 个发光二极管的闪烁情况,并观察 LCD 上的显示信息。

查看定时时间变量 DTimes 的变化:方法是在调试环境下右击 Dtimes 变量,选择 Add "DTimes" to Watch1,并在 Watch1 窗口中设置显示方式为十进制。

从 View 菜单中选择“Periodic Window Update”(前面要打钩!),此时,按 KEY1 键后,Wath1 窗口中的变量 DTims 值应变为 100,定时 100 ms,发光二极管每 200 ms 闪光一次;按 KEY2 键后,DTimes 值变成 250,定时 250 ms,发光二极管每 500 ms 闪光一次;按 KEY3 键后,DTimes 值变成 500,定时 500 ms,发光二极管每 1 s 闪光一次;按 KEY4 键后,DTimes 值变成 1 000,定时 1 s,发光二极管每 2 s 闪光变一次。

(6) 进入调试状态,利用断点或执行到光标处等调试手段进行调试,修改 LED 发光二极管闪烁的方法。除了采用示例程序中比较死板的亮-延时-灭-延时让 LED 闪烁的方法外,还可以采用位取反以及异或来让指定引脚变化。

一种是利用已经定义的引脚地址对位进行取反操作,让 LED1 闪烁的代码为

```
♯define PDout(n)    BIT_ADDR(GPIOD_ODR_Addr,n)   / * 定义 PD 口输出引脚 * /
PDout(2) = ~PDout(2);                            / * LED1(PD2)闪显示 * /
Delay_ms(Dtimes);
```

另一种就是直接使用寄存器进行异或操作,让 LED2 闪烁可用如下代码:

```
GPIOD - >ODR ^= (1<<3);/ * LED2(PD3)闪显示 * /
Delay_ms(Dtimes);
```

请试着用上述方法修改程序,让 LED1 到 LED4 闪烁显示。

(7) 将设置的定时时间 DTimes 的值显示在屏幕(100,160)位置,并将自己的学号和姓名显示在合适位置。

要求显示的数据颜色为白色,背景为红色,提示:POINT_COLOR 为前景色变量;BACK_COLOR 为背景色变量。

借助于 LCD_ShowNum()函数,将 Dtimes 的值显示在指定位置(100,160)。

```
LCD_ShowNum(100,160,Dtimes,16)
```

将该函数放置于主循环体内,按不同键显示不同的定时时间。

(8) 修改程序让双色发光二极管闪烁,在没有按下任何键时闪烁时间为 600 ms(亮和灭各 300 ms)。在按下 KEY1 到 KEY4 键时,观察双色发光二极管的闪烁状态。

5.1.2 SysTick 中断方式定时实验

在许多场合,定时时间是否已到,定时时间到了做什么,要看具体应用来选择是采用查询方式还是中断方式。查询方式显示结构简单,无须设置中断向量及初始化中断,也不要编写中断服务函数,但 CPU 利用率低下,要不断查询定时时间是否已到。对于处理多个任务的 CPU 来说,在没有操作系统的支持下采用中断定时方式是最佳选择。本实验的工作过程不变,仅把上述的查询方式改为中断方式进行。

1. 实验目的

(1) 掌握采用 SysTick 定时器中断方式进行准确定时的方法。

(2) 掌握定时时间的设置。

(3) 熟悉 SysTick 定时器中断初始化的方法。

(4) 熟悉基于中断和查询结构的程序设计方法。

(5) 掌握基于 SysTick 定时中断服务函数的编写方法。

2. 实验设备

(1) 硬件及其连接

硬件:PC 一台、WEEEDK 嵌入式实验开发平台一套。

按键的连接见图 2.15(a),LED 发光二极管的连接见图 2.10。

(2) 软件

操作系统 Windows、MDK-ARM 集成开发环境。

3. 实验内容

按 KEY1 键,让 LED1~LED4 四个发光二极管指示灯每隔 200 ms 闪烁一次(亮和灭各 100 ms)。

按 KEY2 键,让 LED1~LED4 四个发光二极管指示灯每隔 500 ms 闪烁一次(亮和灭各 250 ms)。

按 KEY3 键,让 LED1~LED4 四个发光二极管指示灯每隔 1 s 闪烁一次(亮和灭各 500 ms)。

按 KEY4 键,让 LED1~LED4 四个发光二极管指示灯每隔 2 s 闪烁一次(亮和灭各 1 s)。

4. 程序说明

(1) 初始化程序

首先初始化 GPIO,SysTick 定时器初始化需要允许中断,初始化工作主要有设置时钟源、加载定时常数、清除计数器值、选择外部时钟、使能定时器并使能中断,初始化程序如下:

```
void DelayOnSysTick_Init(u16 nms)
{
SysTick - >CTRL  & = ~(1<<2);                          /* 选择 AHB/8 时钟 */
SysTick - >LOAD = (u32)nms * (SystemCoreClock/8000);   /* 时间加载 */
SysTick - >VAL = 0x00;                                 /* 清空计数器 */
SysTick - >CTRL  | = (1<<0)|(1<<1);                    /* 使能定时中断,使能定时器 */
}
```

(2) 中断服务函数

SysTick 中断服务函数按照在启动文件中已经写好的函数名 SysTick_Handler 命名,在中断处理文件 stm32f10x_it.c 中写中断服务程序。由于初始化时已经装入计数常数(决定定时时间),因此当定时时间到时,将自动进入这个中断处理函数。本实验是要求隔一段时间让发光二极管闪烁(亮一段时间再灭),因此中断服务函数要做的仅仅是对 GPIO 引脚取反操作,中断服务函数如下:

```
void SysTick_Handler(void)    / * 每隔 Dtimes  ms 进入中断一次 * /

{

GPIOD - >ODR ^ = (1<<2)^(1<<3)^(1<<4)^(1<<7);    / * PD2、PD3、PD4、PD7 取反 * /

}
```

采用端口与指定引脚异或运算符操作,即可完成对该引脚取反操作,也可以用取反运行运算符〔如 PDout(2)=~PDout(2)方法〕对 PD2 取反。

本中断不需要清除中断标志,定时时间到了之后自动进入中断服务程序,处理完后自动清除中断标志。

(3) 主函数

主函数完成初始化操作后进入主循环,在超级循环中查询是哪个按键有效,根据不同按键确定不同定时时间(即 DTimes 的值),然后把该值写入 SysTick 定时器的重装寄存器 STK_LOAD 中。

循环体内的主要程序为

```
if (KEY1 = = 0) KEY = 1;else {

if (KEY2 = = 0) KEY = 2;else {

if (KEY3 = = 0) KEY = 3;else {

if (KEY4 = = 0) KEY = 4;}}}

if (KEY!= 0)

{   switch (KEY)

{   case 1:DTimes = 100;break;

    case 2:DTimes = 250;break;

    case 3:DTimes = 500;break;

    case 4:DTimes = 1000;break;

}

SysTick - >LOAD = (u32)(DTimes * (SystemCoreClock/8000));    / * 时间加载 Dtimes ms * /

LCD_ShowNum(100,250,DTimes,4,16);                           / * 显示设置的时间 ms 数  * /}
```

5. 实验步骤

(1) 连接+5 V 电源到开发板,并打开电源开关,将 ST-LINK 仿真器连接到 WEEEDK 嵌入式系统实验开发板的 JTAG 插座上,将 USB 插头连接到 PC 的 USB 插口。

(2) 复制"SysTick 中断方式+TFT9341 屏实验"文件夹中的所有内容到 D 盘,双击 SysTick 中断方式+TFT9341 屏实验\Project\Project. uvprojx 工程文件,打开实验工程并阅读 main. c、hw_config. c 以及 Delay. c 以及 stm32f10x_it. c。

(3) 按 F7 功能键编译并链接工程。

(4) 按 Ctrl+F5 键或单击调试按钮,进入集成调试环境。

(5) 按 F5 功能键全速运行,依次按 KEY1 到 KEY4 键,查询 4 个发光二极管的闪烁情况,并观察 LCD 上的显示信息。

(6) 进入调试状态,利用断点或执行到光标处等调试手段进行调试,在中断服务函数中修改发光二极管闪烁的方法。

（7）试着修改程序，参照 GPIO 计数中断实验，采用中断获取按键状态。当按 KEY1 键时，固定定时时间 100 ms，当按 KEY2 键时，时间递增 100 ms，当按 KEY3 键时，时间递减 100 ms，查询程序运行时发光二极管的闪烁状态。

5.2　定时器 TIMx 实验

STM32F10x 系列内部有 8 个 16 位通用定时计数器，TIM1 和 TIM8 被称为高级控制定时器（连接在 APB2 快速外设总线上），TIM2～TIM7 为普通定时器（连接在 APB1 相对慢速外设总线上），在普通定时器中把其中的 TIM2～TIM5 称为通用定时器，TIM6 和 TIM7 称为基本定时器。

定时器在嵌入式应用系统中应用非常广泛，没有定时器，有些功能几乎无法实现。TIMx 定时器除可以进行更新、比较等定时外，还可以用于计数，定时器的内部结构及可编程相关寄存器详见 1.4 节。

5.2.1　TIMx 的更新方式定时实验

采用更新中断方式来定时，本实验在定时中断程序中让 LED 闪烁。更新是由初始值计数到 0 将产生更新中断，并重装更新初始值的一种定时计数方式。

1. 实验目的

（1）掌握采用 TIMx 定时器更新中断方式进行准确定时的方法。

（2）掌握 TIMx 在更新方式下定时时间的设置，会计算定时时间并设置初值。

（3）熟悉 TIMx 定时器在更新方式下的中断初始化。

（4）掌握更新中断服务函数的设计方法。

（5）熟悉让 LCD 显示闪烁字符的方法。

2. 实验设备

（1）硬件及其连接

硬件：PC 一台、WEEEDK 嵌入式实验开发平台一套。

LED 发光二极管的连接见图 2.10。

（2）软件

操作系统 Windows、MDK-ARM 集成开发环境。

3. 实验内容

（1）TIM1 用更新中断方式定时 1 000 ms，在其对应的中断服务程序中让 LED1 闪烁。

（2）TIM2 用更新中断方式定时 500 ms，在其对应的中断服务程序中让 LED2 闪烁。

（3）TIM3 用更新中断方式定时 200 ms，在其对应的中断服务程序中让 LED3 闪烁。

4. 程序说明

（1）初始化

初始化 GPIO 后对 TIMx 进行初始化。

TIMx 定时器初始化要做的主要工作有使能定时器时钟、设定定时时间、选择计数模式、设置允许定时中断、使能定时器等。

因为 TIM1 和 TIM8 连接在 APB2，因此使能 TIM1 时钟采用 APB2 时钟的函数：

```
RCC_APB2PeriphClockCmd(RCC_APB2Periph_TIM1, ENABLE);
```

而 TIM2～TIM7 连接在 APB1 上,因此使能 TIM2/TIM3 时钟采用 APB1 的函数:

`RCC_APB1PeriphClockCmd(RCC_APB1Periph_TIM2|RCC_APB1Periph_TIM3, ENABLE);`

使用库函数 TIM_TimeBaseInit()初始化定时器时,需要如下参数。

TIM1 和 TIM8 高级定时器具有重复次数参数设置,TIM_RepetitionCounter = 0 在这里不能省,因为它是高级定时器更新定时时间到的重复次数,为 0 时不重复,为 1 时代表重复 1 次(2倍),N 表示 $N+1$ 倍更新定时时间。因此可以利用这个参数来定时更长时间。

参数 TIM_Period 为定时周期,TIM_Prescaler 为预分频寄存器的值,TIM_ClockDivision 为除法器的值。

`TIM_Prescaler = SystemCoreClock/10000 - 1`

让系统时钟除以 10 000 之后再减 1,将其作为计数时钟(TIM_ClockDivision＝0 时),这样重装寄存器的值为 TIM_Period＝$T \times F_{TIMxCLK}/(1+$TIM_Prescaler$)-1=T \times$ SystemCoreClock$/$SystemCoreClock$\times 10\,000-1=T \times 10\,000-1=10 \times 1\,000T-1$。

这里 T 以秒为单位,定时 $m=0.001$ s,则 TIM_Period$=10 \times m-1$,其中,$F_{TIMxCLK}$ 为 TIMx 时钟 SystemCoreClock,T 为定时时间秒,m 为毫秒,因此对于定时 1 000 ms 定时,重装寄存器的值为 TIM_Period $= 10 \times 1\,000-1$。

对于 500 ms 定时,重装寄存器的值为 TIM_Period $= 10 \times 500-1$。

对于 200 ms 定时,重装寄存器的值为 TIM_Period $= 10 \times 200-1$。

定时器计数模式选择向上计数模式,即 TIM_CounterMode $=$ TIM_CounterMode_Up。

(2) 定时中断服务函数

按照启动文件及 CMSIS 规范,3 个定时器 TIM1、TIM2 和 TIM3 的更新中断服务函数名分别为 TIM1_UP_IRQHandler、TIM2_IRQHandler 和 TIM3_IRQHandler,注意 TIM1 与其他定时器有所不同。

中断服务函数要进行的处理包括先判断是否有更新中断,然后清除更新中断标志,并进行中断处理(让 LED 指示灯闪烁)。

在中断服务函数中,采用 TIM_GetITStatus()函数判断指定定时器是否有更新中断,用 TIM_ClearITPendingBit()函数清除更新中断,采用对端口异或操作对 LED 指示灯相应引脚取反。

(3) 主函数

主函数完成初始化操作后进入主循环,本实验在超级循环中没有任何语句,即本实验只是定时中断,采用中断驱动程序结构,即在中断服务函数中处理事务。

5. 实验步骤

(1) 连接＋5 V 电源到开发板,并打开电源开关,将 ST-LINK 仿真器连接到 WEEEDK 嵌入式系统实验开发板的 JTAG 插座上,将 USB 插头连接到 PC 的 USB 插口。

(2) 复制"TIMx 更新中断定时＋TFT9341 屏实验"文件夹中的所有内容到 D 盘,双击 TIMx 更新中断定时＋TFT9341 屏实验\Project\Project.uvprojx 工程文件,打开实验工程并阅读 main.c、hw_config.c 以及 Delay.c 以及 stm32f10x_it.c。

(3) 按 F7 功能键编译并链接工程。

(4) 按 Ctrl＋F5 键或单击调试按钮,进入集成调试环境。

(5) 按 F5 功能键全速运行,查询 3 个发光二极管闪烁情况,并观察 LCD 上的显示信息,观察定时器窗口,查看相关定时器寄存器值的变化。

从 View 菜单中选择"Periodic Window Update",从 Peripherals 菜单中选择 System Viewer-TIM-TIM1,观察 TIM1 定时器。

当全速运行时,在 TIM1 窗口调整重复计数器 RCR 的值,输入 1 表示重新两次,查看 LED1 闪烁时间,再输入 9,重复 10 次(每次 1 s,共 10 s),此时 LED 亮和灭各为 10 s。同时注意观察计数寄存器 CNT 值的变化。只有 TIM1 和 TIM8 高级定时器才具有重复计数器 RCR。

(6)进入调试状态,利用断点或执行到光标处等调试手段进行调试,在中断服务函数中添加让 LCD 显示闪烁的定时时间,如在原来固定显示 1 000 ms、500 ms 和 200 ms 的位置,按照实际时间,闪烁显示这些时间参数(不包括"ms"字符)。

提示:在中断服务函数中,添加代码,采用 Gui_StrCenter()函数,判别奇数次定时到时,让 LCD 在指定位置显示时间,偶数定时到时,让 LCD 在指定位置显示空格。当全键运行时,就会闪烁显示定时时间。

(7)在 LCD 上合适的位置显示自己的学号和姓名。

5.2.2 TIMx 的比较方式定时实验

采用比较中断方式来定时,本实验在定时中断程序中让 LED 闪烁。所谓比较就是计数到与比较器值相等时将产生比较中断的一种定时计数方式,每个定时器有 4 个比较器。

1. 实验目的

(1)掌握采用 TIMx 定时器比较中断方式进行准确定时的方法。

(2)熟悉 TIMx 在比较方式下定时器中断初始化的方法。

(3)掌握 TIMx 在比较方式下根据定时时间的要求确定比较器初值的方法,熟悉用一个定时器通过 4 个比较器进行多种定时的方法。

(4)掌握比较定时中断函数的设计方法。

2. 实验设备

(1)硬件及其连接

硬件:PC 一台、WEEEDK 嵌入式实验开发平台一套。

LED 发光二极管的连接见图 2.10。

(2)软件

操作系统 Windows、MDK-ARM 集成开发环境。

3. 实验内容

TIM3 用比较中断方式定时 1 000 ms,在其对应的中断服务程序中让 LED1 闪烁。

TIM3 用比较中断方式定时 500 ms,在其对应的中断服务程序中让 LED2 闪烁。

TIM3 用比较中断方式定时 200 ms,在其对应的中断服务程序中让 LED3 闪烁。

TIM3 用比较中断方式定时 100 ms,在其对应的中断服务程序中让 LED4 闪烁。

4. 程序说明

(1)初始化

首先初始化 GPIO,然后对 TIMx 进行初始化。

TIMx 定时器初始化要做的主要工作有使能定时器时钟、设定定时时间、选择计数模式、设置允许定时中断、使能定时器等。

使用库函数 TIM_TimeBaseInit()初始化定时器时,需要如下参数:

TIM3 参数 TIM_Period 为定时周期,设置为最大值 65 535(这是比较定时方式必需的唯一值,不能为其他值),TIM_Prescaler 为预分频寄存器的值设置为 SystemCoreClock/10 000－1,TIM_ClockDivision 为除法器的值,设置为 0。

定时器计数模式选择向上计数模式,即 TIM_CounterMode = TIM_CounterMode_Up。

用 TIM_OC1Init()来初始化指定比较通道,主要参数有输出模式、输出状态、脉冲值、极性等。

由 $T = CCR\_Value \times ((1 + TIM\_Prescaler)/F_{TIMxCLK})$ 可知,比较器的值 $CCR\_Value = 10\ 000T = 10 \times 1\ 000T$,$T$ 的单位是秒,这样要定时 m 毫秒时,CCR_Value 的值为 $10\ m$。

对于比较器 1 定时 1 s＝1 000 ms,其比较器 1 的值 CCR1_Val 为 10 000。

对于比较器 2 定时 500 ms,其比较器 2 的值 CCR2_Val 为 5 000。

对于比较器 3 定时 200 ms,其比较器 3 的值 CCR3_Val 为 2 000。

对于比较器 4 定时 100 ms,其比较器 4 的值 CCR4_Val 为 1 000。

例如,TIM3 的输出通道 1 配置初始化如下:

```
TIM_OCInitStructure.TIM_OCMode = TIM_OCMode_Timing;    /* 输出定时模式 */
TIM_OCInitStructure.TIM_Pulse = CCR1_Val;              /* 比较脉冲个数 */
TIM_OC1Init(TIM3, &TIM_OCInitStructure);
```

其他三个通道配置类似。

（2）定时中断服务函数

按照启动文件及 CMSIS 规范,TIM3 中断服务函数名为 TIM3_IRQHandler,其 4 个比较中断共用一个服务程序入口,因此要判断是哪个比较器产生了比较中断。

在中断函数中,要做的主要工作是:通过 TIM_GetITStatus()函数判断是哪个比较器中断;用 TIM_ClearITPendingBit()函数清除比较中断,让 LED 引脚变化;用 TIM_GetCapturex()函数得到当时计数值,并将该值与比较值相加,此次作为新的比较器值;用 TIM_SetComparex()函数写入比较器,保持每次中断都是原来设置的定时时间。通道 1 的判别如下:

```
if (TIM_GetITStatus(TIM3, TIM_IT_CC1) != RESET)
{TIM_ClearITPendingBit(TIM3, TIM_IT_CC1);        /* 是比较中断,清除中断标志 */
GPIOD->ODR ^= 1<<2;                              /* LED1(PD2)引脚改变 */
capture = TIM_GetCapture1(TIM3);                 /* 取当前计数值 */
TIM_SetCompare1(TIM3, capture + CCR1_Val);       /* 写新比较值到比较寄存器 */
}
```

（3）主函数

主函数完成初始化操作后进入主循环,本实验在超级循环中没有任何语句,即本实验只是定时中断,在中断服务函数中处理事务。

5. 实验步骤

（1）连接＋5 V 电源到开发板,并打开电源开关,将 ST-LINK 仿真器连接到 WEEEDK 嵌入式系统实验开发板的 JTAG 插座上,将 USB 插头连接到 PC 的 USB 插口。

（2）复制"TIMx 比较中断定时＋TFT9341 屏实验"文件夹中的所有内容到 D 盘,双击 TIMx 比较中断定时＋TFT9341 屏实验\Project\Project. uvprojx 工程文件,打开实验工程并阅读 main. c、hw_config. c 以及 Delay. c 以及 stm32f10x_it. c。

（3）按 F7 功能键编译并链接工程。

（4）按 Ctrl＋F5 键或单击调试按钮,进入集成调试环境。

（5）按 F5 功能键全速运行，查询 4 个发光二极管闪烁情况，并观察 LCD 上的显示信息以及 TIM3 定时器窗口相关寄存器的变化。

TIM3 定时器的比较中断服务函数如图 5.2 所示，该比较中断服务函数在 stm32f10x_it. c 中。

```
146  void TIM3_IRQHandler(void)
147  {
148    uint16_t capture = 0;
149    if (TIM_GetITStatus(TIM3, TIM_IT_CC1) != RESET)
150    {
151      TIM_ClearITPendingBit(TIM3, TIM_IT_CC1);        /*是比较中断，清除中断标志*/
152
153      GPIOD->ODR ^= 1<<2;                             /*LED1(PD2)*/
154      capture = TIM_GetCapture1(TIM3);               /*取当前计数值*/
155      TIM_SetCompare1(TIM3, capture + CCR1_Val);     /*写新比较值到比较寄存器*/
156    }
157    else if (TIM_GetITStatus(TIM3, TIM_IT_CC2) != RESET)
158    {
159      TIM_ClearITPendingBit(TIM3, TIM_IT_CC2);
160
161      GPIOD->ODR ^= 1<<3; /*LED2(PD3)*/
162      capture = TIM_GetCapture2(TIM3);
163      TIM_SetCompare2(TIM3, capture + CCR2_Val);
164    }
165    else if (TIM_GetITStatus(TIM3, TIM_IT_CC3) != RESET)
166    {
167      TIM_ClearITPendingBit(TIM3, TIM_IT_CC3);
168
169      GPIOD->ODR ^= 1<<4; /*LED3(PD4)*/
170      capture = TIM_GetCapture3(TIM3);
171      TIM_SetCompare3(TIM3, capture + CCR3_Val);
172    }
173    else if (TIM_GetITStatus(TIM3, TIM_IT_CC4) != RESET)
174    {
175      TIM_ClearITPendingBit(TIM3, TIM_IT_CC4);
176
177      GPIOD->ODR ^= 1<<7; /*LED4(PD7)*/
178      capture = TIM_GetCapture4(TIM3);
179      TIM_SetCompare4(TIM3, capture + CCR4_Val);
180    }
181  }
182  }
```

图 5.2 TIM3 定时器的比较中断服务函数

在满足比较条件时自动进入该函数，其中，

```
capture = TIM_GetCapture1(TIM3);                    /* 取当前计数值 */
TIM_SetCompare1(TIM3, capture + CCR1_Val);          /* 写新比较值到比较寄存器 */
```

以上两行代码的作用是把计数器在比较成功时的值与原来设置的比较值 CCR1_VAL 相加，从而得到新的比较器的值，然后继续向下计数，直到下次比较成功。请仔细体会比较器值新的变化。

（6）在编辑环境下修改程序，改变比较定时时间（试改比较器的值），编译下载运行后查看 LED 闪烁情况。

（7）在 LCD 上合适的位置显示自己的学号和姓名。

5.2.3 TIMx 的 PWM 输出实验

TIMx 定时器除了常用更新和比较方式外，还常用输入捕获方式和 PWM 输出功能。

1. 实验目的

（1）掌握 TIM4 定时器的 PWM 输出功能以及输出占空比可调的脉冲序列的方法。

（2）掌握 TIM4 的 PWM 输出初始化程序设计。

（3）掌握 PWM 输出频率和占空比的计算方法。

2. 实验设备

（1）硬件及其连接

硬件：PC 一台、WEEEDK 嵌入式实验开发平台一套。

KEY1、KEY2 的连接见图 2.15(a)，LED 发光二极管的见图 2.10。

（2）软件

操作系统 Windows、MDK-ARM 集成开发环境。

3. 实验内容

TIM4 的通道 3(PB8)设置为 PWM 输出，产生频率为 10 kHz，占空比可调的 PWM 信号输出以控制板载直流电机调速。通过 KEY1 和 KEY2 两个按键，改变占空比，从而改变直流电机的运行速度。相关信息(包括计数脉冲个数、占空比)显示在 LCD 上。

4. 程序说明

（1）初始化

首先初始化 GPIO，然后对 PWM 进行初始化。

PWM 输出模式的编程应用需要做的主要工作如下。

- 开启 TIMx 时钟，配置相关引脚为复用 PWM 输出。
- 设置 TIMx_CHi 重映射到输出引脚上(见表 5.1)。
- 设置 TIMx 的 ARR 和 PSC，以确定 PWM 输出频率。
- 通过 TIMx_CCMR1/2 配置 TIMx_CHi 的 PWM 模式。
- 使能 TIMx_CHi 输出，使能 TIMx。
- 写 PWM1MRi，确定占空比。
- 根据占空比要求设置 TIMx_CCRi。

由表 5.1 可知，PB8 即占用的是 TIM4_CH3 通道 OC3。

表 5.1　PWM 输出与引脚关系

引脚	STM32F10x 引脚	捕获/输入		PWM/输出		描述
TIM1_CH1	PA8/PE9	IC1	输入	OC1	输出	TIM1 的 PWM 通道 1 输出
TIM1_CH2	PA9/PE11	IC2	输入	OC2	输出	TIM1 的 PWM 通道 2 输出
TIM1_CH3	PA10/PE13	IC3	输入	OC3	输出	TIM1 的 PWM 通道 3 输出
TIM1_CH4	PA11/PE14	IC4	输入	OC4	输出	TIM1 的 PWM 通道 4 输出
TIM2_CH1	PA0/PA15	IC1	输入	OC1	输出	TIM2 的 PWM 通道 1 输出
TIM2_CH2	PA1/PB3	IC2	输入	OC2	输出	TIM2 的 PWM 通道 2 输出
TIM2_CH3	PA2/PB10	IC3	输入	OC3	输出	TIM2 的 PWM 通道 3 输出
TIM2_CH4	PA3/PB11	IC4	输入	OC4	输出	TIM2 的 PWM 通道 4 输出
TIM3_CH1	PA6/PB4/PC6	IC1	输入	OC1	输出	TIM3 的 PWM 通道 1 输出
TIM3_CH2	PA7/PB5/PC7	IC2	输入	OC2	输出	TIM3 的 PWM 通道 2 输出
TIM3_CH3	PB0/PC8	IC3	输入	OC3	输出	TIM3 的 PWM 通道 3 输出
TIM3_CH4	PB1/PC9	IC4	输入	OC4	输出	TIM3 的 PWM 通道 4 输出
TIM4_CH1	PB6/PD12	IC1	输入	OC1	输出	TIM4 的 PWM 通道 1 输出
TIM4_CH2	PB7/PD13	IC2	输入	OC2	输出	TIM4 的 PWM 通道 2 输出
TIM4_CH3	PB8/PD14	IC3	输入	OC3	输出	TIM4 的 PWM 通道 3 输出
TIM4_CH4	PB9/PD15	IC4	输入	OC4	输出	TIM4 的 PWM 通道 4 输出
TIM5_CH4	PA3	IC4	输入	OC4	输出	TIM5 的 PWM 通道 1 输出

首先将 PB8 设置为 GPIO 复用推挽输出,然后在定时器初始化时,让更新定时为 0.1 ms(频率为 10 kHz),将其作为 PWM 输出信号的周期,配置参数为:预分频器 PSC 的值为 TIM_Prescaler=0,重装寄存器 ARR 的值为 TIM_Period=7 200−1,这样 72 000 000/7 200=10 000 Hz=10 kHz。

通过 TIM_OC3Init()函数初始化 TIM4 通道 3,主要配置的参数如下。

TIM_OCMode = TIM_OCMode_PWM1 为 PWM 模式 1 输出(起始电平为高),边沿对齐下的 PWM 输出波形如图 5.3 所示(默认极性为高电平有效)。

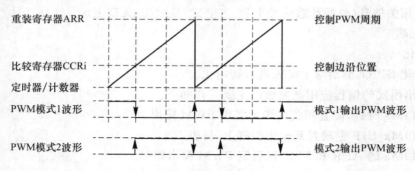

图 5.3 PWM 输出波形

TIM_OCPolarity = TIM_OCPolarity_High 为 TIM 输出占空比极性为高电平。

TIM_OutputState = TIM_OutputState_Enable 为使能输出状态。

用函数 TIM_OC3PreloadConfig(TIM4,TIM_OCPreload_Enable)使能 TIMx 在 CCR3 上的预装载寄存器,用 TIM_CtrlPWMOutputs(TIM4,ENABLE)函数设置 TIM4 的 PWM 输出为使能。

PWM 输出不用中断。

(2) 主函数

主函数完成初始化操作后进入主循环,本实验在超级循环中就是判断 KEY1 和 KEY2 键的状态,从而决定增加或减小 PWM 占空比。将计数脉冲的个数和 PWM 占空比显示在 LCD 屏上。

5. 实验步骤

(1) 连接+5 V 电源到开发板,并打开电源开关,将 ST-LINK 仿真器连接到 WEEEDK 嵌入式系统实验开发板的 JTAG 插座上,将 USB 插头连接到 PC 的 USB 插口。短接 JP4、JP5 和 JP6 到下方连接板载直流电机,短接 JP41 连接板载电机输出。

(2) 复制"TIMx 的 PWM 输出+TFT9341 屏实验"文件夹中的所有内容到 D 盘,双击 TIMx 的 PWM 输出+TFT9341 屏实验\Project\Project. uvprojx 工程文件,打开实验工程并阅读 main. c、hw_config. c 以及 Timer. c。

(3) 按 F7 功能键编译并链接工程。

(4) 按 Ctrl+F5 键或单击调试按钮,进入集成调试环境。

(5) 按 F5 功能键全速运行,观察 LCD 上的显示信息。

(6) 试着按下 KEY1 键,增加占空比,直到电机运转,然后不断按 KEY1 键,增加占空比,提升电机速度,观察 LCD 上的占空比及脉冲个数的变化,最后按 KEY2 键,减小占空比,降低电机速度。

(7) 试着修改程序,改变 PWM 频率。

在 Timer.c 文件中,修改预分频器的值及定时常数即可改变 PWM 周期。

(8) 在 LCD 上合适的位置显示自己的学号和姓名。

5.2.4　TIMx 的输入捕获实验

TIMx 定时器除了常用的更新和比较方式定时外,还常用输入捕获方式进行脉冲宽度或周期的测量。在输入捕获模式下,当检测到 ICx 信号上相应的边沿后,计数器的当前值被锁存到捕获/比较寄存器(TIMx_CCRx)中。当发生捕获事件时,相应的 CCxIF 标志(TIMx_SR 寄存器)被置 1,每个定时器有 4 个捕获输入端(CCRx:x=1~4)。

1. 实验目的

(1) 掌握 TIMx 输入捕获方式的初始化程序设计。

(2) 掌握 TIMx 定时器的输入捕获和更新功能,以及测量电平持续时间、脉冲信号高低电平宽度、测量频率或周期的方法。

(3) 掌握 TIMx 捕获和更新中断函数的设计方法。

2. 实验设备

(1) 硬件及其连接

硬件:PC 一台、WEEEDK 嵌入式实验开发平台一套。

KEY4 的连接见图 2.15(a),LED 发光二极管的连接见图 2.10。

(2) 软件

操作系统 Windows、MDK-ARM 集成开发环境。

3. 实验内容

将 TIM2 设置为通道 1(PA0)输入捕获方式,允许捕获和更新双重中断。在有捕获边沿时在其对应的中断服务程序中,通过更新中断计算捕获高或低电平的时间(计数个数)。计算电平宽度并显示在 LCD 上。

4. 程序说明

(1) 初始化

首先初始化 GPIO,然后对 TIMx 进行初始化。

本实验要测量 KEY4 键(PA0)按下(低电平)的时间,为此,对 GPIO 初始化就是将 PA0 设置为上拉输入。在 TIM2 定时器初始化时,通过 TIM_TimeBaseInit() 函数,设置好分频器值(此实验设置为 72-1,使计数脉冲频率为 72/72=1 MHz,便于计算频率或周期或脉冲宽度)、计数方式(配置为向上计数)、定时周期〔选择 0xFFFF(65535),便于脉冲计数从 0 开始〕,然后通过 TIM_ICInit() 函数初始化输入捕获参数,包括选择捕获通道(配置为通道 1)、捕获边沿(设置为下降沿)、配置输入分频(配置为不分频)等。

此外,为了中断允许,还要通过 NVIC_Init() 函数设置 TIM2_IRQn 为中断通道,再通过 TIM_ITConfig() 函数使能更新中断、使能捕获中断,最后通过 TIM_Cmd() 使能 TIM2 定时器。

(2) 定时中断服务函数

按照启动文件及 CMSIS 规范,TIM2 中断服务函数名为 TIM2_IRQHandler,捕获和更新中断共用一个服务程序入口,因此要判断是哪个中断发生。

在中断函数中,通过 TIM_GetITStatus() 函数判断是哪个中断,若是更新中断,则用 TIM_ClearITPendingBit() 清除更新中断。对于测量脉冲或电平的宽度,在出现有效边沿(如本实验的下降沿),进入捕获中断后,清除计数值,设置为上升沿捕获,当出现上升沿并再进入中断时,用

TIM_GetCapture1()(TIM2)函数得到当时捕获的计数值,如果没有进入更新中断,则此值即为低电平的计数个数(微秒数)。但当低电平超过 65 536 个计数脉冲的时间时,用更新中断把更新中断的次数记下来。

（3）主函数

主函数完成初始化操作后进入主循环,本实验在超级循环中判断捕获一个完整的低电平是否完成,完成之后利用中断程序中得到的捕获值及有可能超过 65 536 次计数的时间次数计算出总的低电平时间。最后将时间(微秒)显示在 LCD 上。

5. 实验步骤

（1）连接+5 V 电源到开发板,并打开电源开关,将 ST-LINK 仿真器连接到 WEEEDK 嵌入式系统实验开发板的 JTAG 插座上,将 USB 插头连接到 PC 的 USB 插口。将 JP39 短接,把按键 KEY4 接入 PA0 引脚(该引脚就是 TIM2 的通道 1 的捕获引脚)。

（2）复制"TIMx 输入捕获+TFT9341 屏实验"文件夹中的所有内容到 D 盘,双击 TIMx 输入捕获+TFT9341 屏实验\Project\Project. uvprojx 工程文件,打开实验工程并阅读 main. c、hw_config. c 以及 Delay. c 以及 stm32f10x_it. c。

（3）按 F7 功能键编译并链接工程。

（4）按 Ctrl+F5 键或单击调试按钮,进入集成调试环境。

（5）按 F5 功能键全速运行,观察 LCD 上的显示信息。

（6）试着按下 KEY4 键不同时间,查看 LCD 上显示的具体时间,超过 4. 193 04 s 时就会显示 4. 193 04 s,按下时间小于该时间时均可以得到与按下时间对应的时间并正确显示在 LCD 上。在实验报告中说明 4. 193 04 s 的由来。

（7）把 TIMx 的 PWM 输出实验中的 PWM 输出引脚 PB8 通过杜邦线连接本实验的捕获引脚 PA0,添加初始化 PWM 的代码,在主函数添加代码,完成测量 PWM 脉冲宽度,即测量由 PWM 产生的脉冲宽度,而不是通过按键得到的宽度。

由表 5.1 可知,PB8 作为 TIM4_CH3 的 OC3 输出,原来连接的是电机控制引脚 IA,而现在要连接到 PA0 上,即 PB8 的 PWM 输出接入捕获输入引脚。

（8）在 LCD 上合适的位置显示自己的学号和姓名。

5.2.5 TIMx 的 PWM 输出+输入捕获实验

1. 实验目的

（1）掌握 TIM4 定时器的 PWM 输出功能,以及输出占空比可调的脉冲序列的方法。

（2）巩固将 TIM2 通道 1 作为捕获输入(PA0)的程序设计方法。

2. 实验设备

（1）硬件及其连接

硬件:PC 一台、WEEEDK 嵌入式实验开发平台一套。

KEY1、KEY2 和 KEY4 的连接见图 2.15(a),LED 发光二极管的连接见图 2.10。

（2）软件

操作系统 Windows、MDK-ARM 集成开发环境。

3. 实验内容

将 TIM4 的通道 3(PB8)设置为 PWM 输出,产生频率为 10 kHz,占空比可调的 PWM 信号输出以控制板载直流电机调速。通过 KEY1 和 KEY2 两个按键,改变占空比,从而改变直流电机的运行速度。相关信息(包括计算脉冲个数、占空比)显示在 LCD 上。另外,TIM2 的捕获通道 1(PA0)接上述 PWM 输出,以测量 PWM 脉冲的负脉冲宽度。通过 KEY1 和 KEY2 键调整占空比,查询捕获得到的 PWM 负脉冲宽度并在 LCD 上显示。

4. 程序说明

(1)初始化

首先初始化 GPIO,然后对 PWM 进行初始化。

同上完成对 PB8(作为 TIM4 的通道 3)的 PWM 输出初始化。设置 PWM 输出频率为 10 kHz,使能 PWM 输出。再对 TIM2 的通道 1 捕获输入 PA0 进行初始化。

(2)定时中断服务函数

按照启动文件及 CMSIS 规范,TIM2 中断服务函数名为 TIM2_IRQHandler,捕获和更新中断共用一个服务程序入口,因此要判断是哪个中断发生。

在中断函数中,通过 TIM_GetITStatus()函数判断是哪个中断,用 TIM_ClearITPendingBit()清除比较中断。对于测量脉冲或电平的宽度,当出现有效边沿(如本实验的下降沿)时进入捕获中断,在中断中清除计数值,并设置为上升沿捕获,当出现上升沿并再进入中断时,用 TIM_GetCapture1()(TIM2)函数得到当时捕获的计数值,如果没有进入更新中断,则此值为低电平的计数个数(微秒数)。但当低电平超过 65 536 个计数脉冲的时间时,要用更新中断把更新中断的次数记下来。

(3)主函数

主函数完成初始化操作后进入主循环,本实验在超级循环中就是判断 KEY1 和 KEY2 键的状态,从而决定增加或减小 PWM 占空比。将计数脉冲的个数和 PWM 占空比显示在 LCD 上。

判断捕获一个完整的低电平是否完成,完成之后利用中断程序中得到的捕获值及有可能超过 65 536 次计数时间的次数计算出总的低电平时间,最后将时间(微秒)显示在 LCD 上。

5. 实验步骤

(1)连接+5 V 电源到开发板,并打开电源开关,将 ST-LINK 仿真器连接到 WEEEDK 嵌入式系统实验开发板的 JTAG 插座上,USB 插头连接到 PC 的 USB 插口。短接 JP4、JP5 和 JP6 到下方连接板载直流电机,短接 JP41 连接板载电机输出。用杜邦线将 LCD 右边 P2 双排针中的 PB8 连接到 LCD 左边 P1 双排针上的 PA0(使 PWM 输出引脚连接捕获输入引脚)。

(2)复制"TIMx 的 PWM 输出+捕获 TFT9341 屏实验"文件夹中的所有内容到 D 盘,双击 TIMx 的 PWM 输出+捕获 TFT9341 屏实验\Project\Project.uvprojx 工程文件,打开实验工程并阅读 main.c、hw_config.c、stm32f10x_it.c 以及 Timer.c。

(3)按 F7 功能键编译并链接工程。

(4)按 Ctrl+F5 键或单击调试按钮,进入集成调试环境。

(5)按 F5 功能键全速运行,观察 LCD 上的显示信息。

(6)试着按下 KEY1 键,增加占空比,直到电机运转,然后不断按 KEY1 键,增加占空比,提升电机速度,观察 LCD 上的脉冲个数、占空比以及 PWM 脉冲低电位的时间变化,最后按 KEY2 键,减小占空比,降低电机速度,注意观察 LCD 相关信息的变化。

(7)试着修改程序,测量 PWM 周期,并将其显示在 LCD 上。

(8)在 LCD 上合适的位置显示自己的学号和姓名。

5.3 RTC 日历实验

RTC(Real Time Clock,实时时钟)组件是一种能直接或间接提供日历/时钟、数据存储等功能的专用定时组件,在现代嵌入式微控制器片内大都集成了 RTC 单元。STM32F10x 系列 ARM 芯片中的 RTC 提供秒中断信号,并不直接提供年、月、日、时、分、秒这些时间数据,要通过 32 位的秒计数值来计算时间。

1. 实验目的

(1) 掌握 STM32F10x 片上 RTC 的使用方法。

(2) 熟悉通过按键校准时间的一般方法。

(3) 掌握 LCD 信息的显示方法,并理解让 LCD 闪烁指定字符的方法。

2. 实验设备

(1) 硬件及其连接

硬件:PC 一台、WEEEDK 嵌入式实验开发平台一套。

KEY1、KEY2 和 KEY4 键的连接见图 2.15(a),LED 发光二极管的连接见图 2.10。将 JP22 拨下,以让出 PC15,将其作为 RTC 时钟输出引脚。

(2) 软件

操作系统 Windows、MDK-ARM 集成开发环境。

3. 实验内容

对 RTC 时钟配置和初始化后,通过秒中断计算年、月、日、时、分、秒,并将得到的结果显示在 LCD 上。

将 KEY4 键作为设置键,可切换设置年、月、月、时、分和秒,进行时间校准,校准时可指定校准时间闪烁显示,当到秒闪烁时再接一次 KEY4 键,则指定设置时间不闪烁,自动存储设置的时间,KEY1 键加操作,KEY2 键减操作,再按 KEY4 键确定保存。

4. 程序说明

(1) 初始化

首先初始化 GPIO,然后对 RTC 进行初始化。

对 GPIO 配置主要是 LED 引脚、按键的初始化,将 PD11、PD12 和 PA0 配置为 3 个按键输入引脚且允许中断。

RTC 初始化的主要工作有配置 PWR 和 BKP 时钟、使能 BKP 备份区域、选择时钟源、使能 RTC 时钟、使能 RTC 中断、设置时钟分频值、初始化时间、允许操作后备区域、使能秒中断。

使能 PWR 和 BKP 时钟:

```
RCC_APB1PeriphClockCmd(RCC_APB1Periph_PWR|RCC_APB1Periph_BKP, ENABLE);
PWR_BackupAccessCmd(ENABLE);                    /* 允许访问 BKP 备份域 */
BKP_DeInit();                                   /* 复位备份域 */
RCC_LSEConfig(RCC_LSE_ON);                      /* 使用外部时钟 */
while (RCC_GetFlagStatus(RCC_FLAG_LSERDY) == RESET)  /* 等待 LSE 起振 */
{}
RCC_RTCCLKConfig(RCC_RTCCLKSource_LSE);         /* 选择 LSE 为 RTC 时钟源 */
RCC_RTCCLKCmd(ENABLE);                          /* RTC 时钟使能 */
RTC_WaitForSynchro();                           /* 等待 RTC 寄存器同步 */
```

```
RTC_WaitForLastTask();                           /*等待最后对 RTC 寄存器的写操作完成*/
RTC_ITConfig(RTC_IT_SEC, ENABLE);                /*RTC 中断使能*/
RTC_WaitForLastTask();                           /*等待最后对 RTC 寄存器的写操作完成*/
RTC_SetPrescaler(32768 - 1);                     /*设置 RTC 时钟分频值,频率 = 1Hz(1s)*/
RTC_WaitForLastTask();                           /*等待最后对 RTC 寄存器的写操作完成*/
```

以上各函数均为 RTC 固件库函数。

```
RTC_SetDateTime(RTC_DateTimeStructure);          /*初始化日历,非固件库函数*/
RTC_ITConfig(RTC_IT_SEC, ENABLE);                /*使能秒中断*/
RTC_WaitForLastTask();                           /*等待 TRC 最后一次操作完成*/
```

其中,RTC_SetDateTim()函数的任务就是把年、月、日、时、分、秒转换成总的秒数,并通过 RTC 固件库函数 RTC_SetCounter()写入 RTC 计数寄存器中。

（2）RTC 的中断服务函数

按照启动文件及 CMSIS 规范,RTC 中断服务函数名为 RTC_IRQHandler,在中断服务函数中要判断是否为秒中断,如果是,则清除秒中断,置秒显示时间到成功标志,同时让 LED 闪烁。具体中断服务程序如下:

```
if(RTC_GetITStatus(RTC_IT_SEC) != RESET)
{
    RTC_ClearITPendingBit(RTC_IT_SEC);           /*清除中断标志位*/
    RTC_WaitForLastTask();                       /*等待操作完成*/
    GPIOD - >ODR ^= (1<<2);                       /*让 LED1 闪烁*/
    TimeDisplay = 1;                             /*置显示时间到标志*/
}
```

（2）主函数

主函数完成初始化操作后进入主循环,本实验在超级循环中就是判断显示时间标志 TimeDisplay 是否为 1,为 1 则显示日历,还要判断按键 KEY4、KEY1 和 KEY2 的状态,从而决定是否要设置或修改时间,KEY4 键为设置时间,KEY1 键和 KEY2 键可增加和减小时间。最后将结果显示在 LCD 上。

进入设置时间状态（KEY4 的值为 1、2、3、4、5、6,分别对应于设置年、月、日、时、分、秒）,此时对应 LCD 显示位置闪烁显示时表明该位置为设置位,然后按 KEY1 键增加对应时间或按 KEY2 键减少对应时间。按 KEY4 键,直到秒闪烁,再按一次 KEY4 键,则将设置的时间写入 RTC 计数器中,完成时间设置任务。

其他说明详见实验例程中的注释。

5. 实验步骤

（1）连接+5 V 电源到开发板,并打开电源开关,将 ST-LINK 仿真器连接到 WEEEDK 嵌入式系统实验开发板的 JTAG 插座上,将 USB 插头连接到 PC 的 USB 插口。拔下 JP22,短接 JP39,将 PA0 连接到 KEY4。

（2）复制"RTC 应用-日历＋TFT9341 屏实验"文件夹中的所有内容到 D 盘,双击 RTC 应用-日历＋TFT9341 屏实验\Project\Project. uvprojx 工程文件,打开实验工程并阅读 main. c、hw_config. c、stm32f10x_it. c 以及 RTC_Init()函数。

（3）按 F7 功能键编译并链接工程。

（4）按 Ctrl＋F5 键或单击调试按钮,进入集成调试环境。

（5）按 F5 功能键全速运行,观察 LCD 上的显示时间,系统正常运行时 LED1 指示灯每秒改变一次显示(闪烁)。

(6) 试着修改初始时间,在编辑状态下,在 main. c 中找到 Time_Regulate()函数,将其中的时间修改为当前时间并保存,再编译链接。如果此时下载程序并直接运行的话,系统并不执行你修改的新时间,因为系统没有掉过电,RAM 中备份寄存器的标志符没有被修改,系统运行时发现没有修改过备份寄存器的值,因此它并不重新初始化。有两种方法让系统执行你修改的时间:一是给实验开发板掉电(前提是没有接电池,本书中的实验开发板没有提供电池);二是让系统执行到 RTC_Init()函数中的修改时间位置,尽管备份寄存器的值没有改变,不满足执行条件,但可以让 PC 指针强行执行到修改时间的位置,执行完写入后,系统的其他运行可能不正常,在调试环境下让系统复位再重新执行即可。

(7) 修改完时间后,由于编辑、编译链接以及运行时修改的时间已经不是标准的北京时间了,因此可以通过设置时间重新校准。方法是:按 KEY4 键进入年设置,此时 LED1 常亮,表示已经进入设置状态,再按一次 KE14 键进行月设置,直到进入你希望要设置的时间段(闪烁的位置),然后按 KEY1 键加时间、按 KEY2 键减时间,再按 KEY4 键,直到时间不闪烁而 LED1 开始重新闪烁为止,校准结束。

5.4 看门狗实验

STM32F10x 内部有两个看门狗:一个是独立看门狗(IWDG);一个是窗口看门狗(WWDG)。独立看门狗(IWDG)由专用的低速时钟(LSI)驱动,即使主时钟发生故障,它也仍然有效。窗口看门狗(WWDG)由从 APB1 时钟分频后得到的时钟驱动,通过可配置的时间窗口来检测应用程序非正常的过迟或过早的操作。

1. 实验目的

(1) 掌握 STM32F10x 片上 IWDG 在应用中的作用。

(2) 掌握使用 IWDG 计算溢出时间的方法。

(3) 掌握 IWDG 的实际应用。

2. 实验设备

(1) 硬件及其连接

PC 一台、WEEEDK 嵌入式实验开发平台一套。

KEY1 键的连接见图 2.15(a),LED 发光二极管的连接见图 2.10。

(2) 软件

操作系统 Windows、MDK-ARM 集成开发环境。

3. 实验内容

按照默认 IWDG 溢出时间为 1 s,实际查看系统运行情况,在 1 s 以上不喂狗,系统将重新复位,能看到 LCD 和 LED1 不断闪烁,如果在 1 s 之内按 KEY1 键,则系统能正常运行,不复位,LED2 闪烁,LED1 常亮。

修改程序,分别将 IWDG 溢出时间改为 0.5 s 和 5 s 并进行实际测试,方法同上。查看系统运行情况。

4. 程序说明

(1) 初始化

首先初始化 GPIO,然后对 IWDG 进行初始化。

对 IWDG 的初始化用到若干固件库函数,主要函数如下:

```
IWDG_WriteAccessCmd(IWDG_WriteAccess_Enable);    /* 使能对 IWDG 写操作 */
IWDG_SetPrescaler(4);                            /* 设置 IWDG 预分频值:设置 IWDG 预分频值为 64 */
IWDG_SetReload(625);                             /* 设置 IWDG 重装载值 625 */
IWDG_ReloadCounter();                            /* 按照 IWDG 重装载寄存器的值重装载 IWDG 计数器 */
IWDG_Enable();                                   /* 使能 IWDG */
```

IWDG 的溢出时间：

$$T_{IWDG}=4\times2^{IWDG\_PR}\times(1+IWDG\_RLR)/40=4\times2^4\times626/40\ kHz=1\ s$$

因此改变预分频值和重装初值即可改变 IWDG 的溢出时间。

溢出时间的选择原则是,要大于系统一个循环运行的总时间,但也不能太大,太大即时间太长,在需要让系统重装复位时就不够及时。

（2）主函数

主函数完成初始化操作后进入主循环,本实验在超级循环中就是做相关事务并有喂狗的函数。本实验例程是有条件的喂狗,即按 KEY1 键时喂狗,超过 1 s 不按 KEY1 键,系统就复位,LCD 屏就闪烁,闪烁时间就是溢出时间。

主循环体程序为

```
while(1)
{
    if((GPIO_ReadInputDataBit(GPIOD,GPIO_Pin_11)) == 0)
        IWDG_ReloadCounter();/* 有 KEY1 按下就喂狗 */
    Delay_ms(100);
}
```

在实际应用程序中,主循环体应该是无条件喂狗,这个循环总时间不超过 1 s,如果超过,则要重新设置 IWDG 溢出时间。

5. 实验步骤

（1）连接+5 V 电源到开发板,并打开电源开关,将 ST-LINK 仿真器连接到 WEEEDK 嵌入式系统实验开发板的 JTAG 插座上,将 USB 插头连接到 PC 的 USB 插口。

（2）复制"WDT-IWDG+TFT9341 屏实验"文件夹中的所有内容到 D 盘,双击 WDT-IWDG+TFT9341 屏实验\Project\Project. uvprojx 工程文件,打开实验工程并阅读 main. c、hw_config. c、stm32f10x_it. c 以及 IWDG_Init（）函数。

（3）按 F7 功能键编译并链接工程。

（4）按 Ctrl+F5 键或单击调试按钮,进入集成调试环境。

（5）按 F5 功能键全速运行,观察 LCD 上的显示时间,不按 KEY1 键时,系统每隔1 s 复位一次,LED1 指示灯每秒改变一次显示(闪烁),LCD 也 1 s 刷新一次屏。当在 1 s 内按 KEY1 键时,系统正常运行,LCD 稳定显示,LED1 常亮。

（6）试着修改 IWDG 溢出时间,先将溢出时间改为 0.5 s,然后在编译链接运行后查看运行效果,最后修改溢出时间为 5 s,查看运行情况。

第 6 章 模拟输入／输出接口实验

本章介绍的所有实验均基于 STM32F107VCT6，也适用于 STM32F10x 系列其他 MCU 芯片。本章主要实验包括模拟输入接口和模拟输出接口。

6.1 模拟输入接口实验

STM32F10x 内部的 12 位 ADC 是一种逐次逼近型模拟数字转换器，共有 18 个模拟通道，可测量 16 个外部和 2 个内部信号源。各通道的 A/D 转换可以以单次、连续、扫描或间断模式执行。ADC 的结果可以左对齐或右对齐方式存储在 16 位数据寄存器中。

6.1.1 内部通道 ADC 实验

STM32F10x 片上集成了 18 个通道的 12 位 ADC，其中，16 个通道为外接通道（ADC_IN0～ADC_IN15），2 个通道为内部通道〔包括片上温度传感器通道 ADC_IN16 和基准电压通道 ADC_IN17（稳定的 1.2 V）〕。

STM32F10x 内部有温度传感器，其占用内部通道 16（没有外接引脚），因此按照上一实验的方法，选择用 ADC_IN16 读温度传感器的温度值。主要步骤如下。

（1）选择 ADC1_IN16 输入通道。

（2）选择采样时间为 $17.1 \mu s$。

（3）设置 ADC 控制寄存器 2（ADC_CR2）的 TSVREFE 位，以唤醒关电模式下的温度传感器。

（4）通过设置 ADON 位启动 ADC 转换（或用外部触发）。

（5）读 ADC 数据寄存器上的 VSENSE 数据结果（温度对应数字量）。

（6）计算温度值。

$$温度（℃）＝ \{(V25－VSENSE) / Avg\_Slope\} ＋ 25$$

其中，V25＝VSENSE 在 25℃时的数字量，由数据手册可知，典型值为 1.43 V（最小值为 1.34 V，最大值为 1.52 V）；Avg_Slope ＝ 温度与 VSENSE 曲线的平均斜率（单位为 mV/ ℃ 或 $\mu V/$ ℃），典型值为 4.3 mV/℃＝0.004 3V/℃（最小值为 4.4 mV/℃，最大值为 4.6 mV/℃）。

因此，如果 ADC 采集得到的数字量为 temp，假设参考电压为 3.3 V，则实际温度计算式为

$$T＝(1.43－(3.3/4\ 096) \times temp)/0.0043＋25 \tag{6-1}$$

内部参考电压值为 $V＝3.3 \times temp/4096$（V），即

$$V＝3.3 \times temp \times 1\ 000/4\ 096（mV） \tag{6-2}$$

值得注意的是，此处的 3.3 V 是模拟参考电压值，可根据实际参考电压来修改该电压参数。

1. 实验目的

（1）巩固 ADC 应用编程。

（2）掌握通过内部温度传感器获取温度的方法。

（3）掌握内部基准电压的测量方法。

2. 实验设备

（1）硬件及其连接

硬件：PC 一台、WEEEDK 嵌入式实验开发平台一套。

LED 发光二极管的连接见图 2.10。

（2）软件

操作系统 Windows、MDK-ARM 集成开发环境。

3. 实验内容

获取内部温度传感器采样值，计算温度值，并在 LCD 上显示出来；通过采集内部基准电压获取数字量并计算电压值，一并显示在 LCD 上。

4. 程序说明

（1）初始化内部通道

由于内部通道没有引出引脚，因此除了让指示灯闪烁外，GPIO 无须配置 ADC 输入引脚，内部通道（ADC_IN16 和 ADC_IN17）初始化工作包括用 RCC_APB2PeriphClockCmd() 函数打开 ADC 时钟、用 ADC_Init() 函数设置 ADC 工作模式为独立模式、设置扫描方式为禁止多通道扫描、采用软件触发转换、设置数据对齐采用右对齐方式，规则通道数为 1（尽管有 2 个通道需要转换，但这里仍然用 1，单独进行不同通道转换），用 ADC_Cmd() 函数使能 ADC1 通道，用 ADC_TempSensorVrefintCmd() 函数使能内部温度传感器和基准电压通道，用 ADC_ResetCalibration() 函数进行复位校准，用 ADC_StartCalibration() 函数开始校准。

（2）主函数

主函数完成 ADC 的 3 个重要步骤，选择通道并启动 A/D 变换、查看 ADC 是否为转换状态、读取 ADC 转换结果。采用自行编制的 Read_ADC1_MultiChannel() 函数读取指定通道的转换结果，采用的 3 个步骤如下：

```
int Read_ADC1_MultiChannel(u8 channNo,u8 Rank)
{ u16   ADC_data;                           /* 定义转换结果变量 */
/* 选择指定 channNo 通道及采样率 */
ADC_RegularChannelConfig(ADC1, channNo, Rank, ADC_SampleTime_239Cycles5); ADC_SoftwareStartConvCmd(ADC1, ENABLE); /* 使能 ADC1,软件启动 AD 变换 */
    while(! ADC_GetFlagStatus(ADC1,ADC_FLAG_EOC));     /* 等待 AD 转换结束 */
    ADC_data = ADC_GetConversionValue(ADC1);           /* 取 AD 转换结果 */
    return(ADC_data);                                  /* 返回转换结果 */
}
```

如果是检测内部温度，则 channNo＝ ADC_Channel_TempSensor 或 ADC_Channel_16，如果采集基准电压，则用 channNo＝ ADC_Channel_Vrefint 或 ADC_Channel_17。

其他工作就是在 LCD 上显示转换计算的结果。

由于多通道共用同一个 ADC，为了消除通道切换后的影响，当切换下一通道时，把第一次转换结果丢掉，取第二次结果。此外，为了使检测结果稳定，还需要使用数字滤波技术加以处理。

5. 实验步骤

（1）连接＋5 V 电源到开发板，并打开电源开关，将 ST-LINK 仿真器连接到 WEEEDK 嵌入式系统实验开发板的 JTAG 插座上，将 USB 插头连接到 PC 的 USB 插口。

（2）复制"ADC 应用-内部测量＋TFT9341 屏"文件夹中的所有内容到 D 盘，双击 ADC 应用-内部测量＋TFT9341 屏\Project\Project. uvprojx 工程文件，打开实验工程并阅读 main. c 和 hw_config. c。

（3）按 F7 功能键编译并链接工程。

（4）按 Ctrl＋F5 键或单击调试按钮，进行集成调试环境。

（5）按 F5 功能键全速运行，观察 LCD 上显示的温度传感器获取的数字量、温度以及基准电压信息。

如果测量所得到的并显示在 LCD 上的内部温度值与实际值差别很大，则在很大程度上是由于每个实验板电源借给 MCU 的参考电压不完全为 3.3 V，通常比 3.3 V 低，因此可以试着调整 3.3 这个位置的值（3.0～3.29 V），重新编译调试运行，直到温度合适为止。通常需要实际测量芯片温度后再较准。内部基准参考也同样调整。

（6）试着修改程序，对同一通道采集 20 次，进行一定的数据处理（数字滤波），如取中位值、平均值或去极值取平均等，看最后的结果如何。

（7）在 LCD 上的合适位置显示你的学号和姓名。

6.1.2 板载电位器电压测量实验

本实验利用板载电位器来检测电压高低，电位器两端接 3.3 V 电源，中心抽头为要检测的电压，接入 ADC 输入端（PA3：ACDIN3），通过 A/D 变换得到数字量，再通过标度变换得到电压值（mV）。

1. 实验目的

（1）掌握采用 ADC 的编程应用。

（2）掌握线性标度变换在嵌入式系统中的应用。

（3）熟悉常用滤波算法的实现方法，通过使用不同滤波算法，了解这些算法在实际中的应用效果。

2. 实验设备

（1）硬件及其连接

硬件：PC 一台、WEEEDK 嵌入式实验开发平台一套。

板载电位器在系统中的连接见图 2.27，LED 发光二极管的连接见图 2.10。

（2）软件

操作系统 Windows、MDK-ARM 集成开发环境。

3. 实验内容

在无滤波的情况下，通过 A/D 变换直接得到数字量及电压值并显示在 LCD 上，改变不同的滤波方法，查看获取的数字量及电压值，观察滤波效果。

4. 程序说明

（1）初始化

首先初始化 GPIO，然后对 ADC 进行初始化。

首先要配置 ADC 引脚，本实验将 PA3 配置为模拟输入引脚 ADC_IN3，初始化 ADC 时设置独立模式、是否多通道扫描、是否连续转换、是否软件触发、ADC 数据右对齐等，还要设置要转换的通道，通过设置时间寄存器设置采样周期，通过 ADC 控制寄存器 ADC_CR2 使能 ADC1，使能 ADC1 复位校准寄存器，启动 ADC1 校准，最后启动软件转换。

（2）主函数相关程序

在主函数中,不断通过选择通道、启动 A/D 变换、查询转换结果是否结束、读取转换结果等查询方法获取 A/D 变换的数字量。再通过线性标度变换得到物理量的值。最后将结果显示在 LCD 上。

5. 实验步骤

（1）连接＋5 V 电源到开发板,并打开电源开关,将 ST-LINK 仿真器连接到 WEEEDK 嵌入式系统实验开发板的 JTAG 插座上,将 USB 插头连接到 PC 的 USB 插口。通过短接 JP14 将电位器中心点连接到 PA3 引脚上。

（2）复制"ADC 应用-电位器电压测量＋TFT9341 屏实验"文件夹中的所有内容到 D 盘,双击 ADC 应用-电位器电压测量＋TFT9341 屏实验\Project\Project. uvprojx 工程文件,打开实验工程并阅读 main. c、hw_config. c。

（3）按 F7 功能键编译并链接工程。

（4）按 Ctrl＋F5 键或单击调试按钮,进行集成调试环境。

（5）按 F5 功能键全速运行,左右旋转电位器,查看 LCD 上显示的数字量和电压值。

（6）假设数字量为 100 时表示物理量 10 kpa 的压力,数字量为 4 095 时表示物理量 1 000 kpa 的压力,试通过线性标度变化,求电位器转动时对应的压力值并显示在液晶屏上,将"对应的模拟电压值"改为"当前压力值"。

提示:参见《嵌入式系统原理及应用（第 3 版）》第 7 章中的线性标度变换。

$$Yx＝Y0＋(Ym－Y0)×(Nx－N0)/(Nm－N0)$$

已知 N0＝100 时,Y0＝10 kpa,Nm＝4 095 时,Y0＝1 000 kpa,因此当数字量为 Nx 时,压力为 Yx＝10＋(1 000－10)×(Nx－10)/(4 095－10)＝10＋990×(Nx－10)/3 995

（7）以上不加任何数字滤波技术,明显感觉 LCD 显示的数字跳动大,现增加滤波算法,可以采用不同的滤波算法,在 user\main 下有 filter. 文件,其中有多种波算法,不同算法应用在不同场合。可以依次使用不同的算法,查看运行情况,选择一种合适的滤波算法。

（8）在 LCD 上的合适位置显示你的学号和姓名。

6.1.3 采用多通道基于 DMA 的模拟通道转换实验

以上实验仅靠 ADC 本身单独进行一个通道一个通道的变换,在实际嵌入式应用系统中,往往需要多个通道的变换,这时可以利用 DMA 传输方式与 ADC 配合来获取多通道转换结果。

1. 实验目的

（1）巩固 ADC 初始化编程应用。

（2）了解 DMA 方式在 ADC 中的应用。

（3）掌握多通道 ADC 变换应用。

2. 实验设备

（1）硬件及其连接

硬件:PC 一台、WEEEDK 嵌入式实验开发平台一套。

板载电位器在系统中的连接见图 2.27,LED 发光二极管的连接见图 2.10,可外接模拟电流或电压信号、PT100 电阻型传感器信号等。

（2）软件

操作系统 Windows、MDK-ARM 集成开发环境。

3. 实验内容

在 DMA 传输方式下进行多通道 A/D 变换并获取转换结果,将结果显示在 LCD 上。

4. 程序说明

（1）初始化

首先初始化 GPIO,然后对 DMA 和 ADC 进行初始化。

首先要配置 ADC 引脚。本实验将 PA3 配置为模拟输入引脚 ADC_IN3,作为板载电位器中心抽头电压检测;将 PA6 配置为模拟输入引脚 ADC_IN6,作为 PT100 电阻型温度传感器信号;将 PA7 配置为模拟输入引脚 ADC_IN7。此外本实验还对内部温度传感器通道 ADC_IN16 和内部基准电压通道 ADC_IN17 进行检测。初始化时先初始化 DMA,然后初始化 ADC。

在 DMA 配置程序中,首先使用 RCC_AHBPeriphClockCmd() 函数使能 DMA 时钟,DMA 配置是通过 DMA_Init() 函数配置 DMA 外设地址（这里为 ADC1 的数据寄存器 DR 的地址）、DMA 内存地址（ADC 转换结果直接放入该地址）、数据传输方向〔将外设（ADC1）作为数据传输源〕、DMA 缓冲区大小、DMA 不允许地址递增、内存地址允许递增、外设数据为半字（16 位,因为 ADC 为 12 位）、内存数据也设置为半字（16 位）、存储器到存储器传输禁止。然后用 DMA_Cmd() 函数使能 DMA 控制器。

在 ADC 配置程序中,首先使用 RCC_AHBPeriphClockCmd() 函数使能 ADC 时钟,使用 ADC_Init() 函数设置 ADC 独立模式、扫描模式允许、连续转换允许、数控右对齐、触发模式选择不用外设触发（软件触发）、转换的通道个数。通过 ADC_RegularChannelConfig() 函数配置各通道转换次序和采样时钟周期数。然后使用 ADC_DMACmd() 函数使能 ADC 的 DMA,使用 ADC_Cmd() 函数使能 ADC,使用 ADC_TempSensorVrefintCmd() 函数使能内部温度传感器和基准电压通道,使用 ADC_ResetCalibration() 函数复位校准寄存器,使用 ADC_StartCalibration() 函数启动校准,最后用 ADC_SoftwareStartConvCmd() 函数启动 A/D 变换。

（2）主函数相关程序

在主函数中不断从内存中取转换结果,并进行数字滤波处理,然后通过标度变换得到相应物理量并显示在 LCD 上。

在主函数中,不需要不断通过选择通道、启动 A/D 变换、查询转换结果是否结束、最后读取转换结果等查询方法获取 A/D 变换的数字量,因为这里采用的是 DMA 传输方式,当 ADC 按照预设的通道个数和次序以及 DMA 设置的地址时,系统会进行自动转换,并将转换结果存放在设置的指定缓冲区中,因此在主函数中直接读取转换结果即可,再通过线性标度变换得到实际物理量,最后将结果显示在 LCD 上。

5. 实验步骤

（1）连接＋5 V 电源到开发板,并打开电源开关,将 ST-LINK 仿真器连接到 WEEEDK 嵌入式系统实验开发板的 JTAG 插座上,将 USB 插头连接到 PC 的 USB 插口。通过短接 JP4 将电位器中心点连接到 PA3 引脚上。如果要测试 PT100、水位等,将 PT100 或电阻（100 Ω 到 138.51 Ω）接入 PT100 连接器,将水位等电流型传感器接入模拟信号输入端（12V 和 IN＋之间）,如果是纯电流信号源,接入 IN＋和 IN－之间。

（2）复制"ADC 应用-DMA 方式多通道变换＋TFT9341 屏实验"文件夹中的所有内容到 D 盘,双击 ADC 应用-DMA 方式多通道变换＋TFT9341 屏实验\Project\Project.uvprojx 工程文件,打开实验工程文件并阅读 main.c、hw_config.c,重点研读 ADC1_Mode_Config() 函数。

（3）按 F7 功能键编译并链接工程。

（4）按 Ctrl＋F5 键或单击调试按钮,进行集成调试环境。

（5）按 F5 功能键全速运行,左右旋转电位器,查看 LCD 上显示的数字量和电压值,如果有外接电流信号,可调节电流大小,如果有 PT100,则可通过手握 PT100 探头或接入可变电阻来改变电阻大小,查看 LCD 上相应数据的变化。

（6）在示例中每个通道采集 40 个点,采用简单的算术平均滤波算法,通过线性标度变换得到电压、水位、温度等物理量。采集次数越多,效果越好,请修改采集次数为 10 或 50,再编译链接和下载运行并查看结果。

（7）在 LCD 上的合适的位置显示你的学号和姓名。

6.2　模拟输出接口实验

STM32F10x 片上有两个 12 位 DAC 通道,是电压输出的数字/模拟转换器。每个通道都有单独的转换器。DAC 通道 1 固定使用 PA4 引脚,通道 2 固定使用 PA5 引脚。DAC 变换可以通过软件触发方式、无触发方式以及定时器触发方式进行,还可借助于 DMA 传输方式将需要变换的数字量预先存放在指定内存区域,通过 DMA 传输进行 D/A 自动变换。

DAC 的触发方式有软件触发、无触发、定时器触发以及外部引脚线 9 触发等,其中定时器触发方式可以选择的定时器有定时器 2、3、4、5、6、7 和 8,对于互联产品,定时器 2、3、4、5、6、7 六个定时器均可触发 DAC 变换。对于大容量产品,可使用定时器 2、4、5、6、7 和 8 触发 DAC。

本节主要采用软件触发方式、无触发方式以及定时器触发方式进行实验。

6.2.1　软件触发的 DAC 实验

1. 实验目的

掌握 DAC 软件触发方式进行 D/A 变换的应用。

2. 实验设备

（1）硬件及其连接

硬件:PC 一台、WEEEDK 嵌入式实验开发平台一套。

板载电位器在系统中的连接见图 2.27,LED 发光二极管的连接见图 2.10。

（2）软件

操作系统 Windows、MDK-ARM 集成开发环境。

3. 实验内容

利用 DAC 通道 1(DAC1)在软件触发方式下进行 D/A 变换,利用电位器等 ADC 采样结果控制 D/A 输出大小。

4. 程序说明

（1）进行 DAC 初始化

ADC 等初始化参见 ADC 实验,这里简单说明 DAC 的初始化。

首先要配置 DAC 引脚,本实验使用 DAC1,因此必须将 PA4 配置为模拟输出引脚 DACOUT1,即使能 GPIOA 端口及复用功能时钟,将 PA4 设置为复用推挽输出。

然后利用 DAC_Init() 函数,将触发方式 DAC_Trigger 选择为软件触发 DAC_Trigger_Software,将波形发生器 DAC_WaveGeneration 选择不使用 DAC_WaveGeneration_None,将输出缓冲 DAC_OutputBuffer 关闭,利用 DAC_Cmd() 函数使能 DAC1 通道。

（2）主函数相关程序

在主函数中利用前面 ADC 实验的程序，检测不同通道 ADC 的值，然后选择电位器控制 DAC 输出。

在获取电位器数字量后，用 DAC_SetChannel1Data（）函数把它存放在 DAC 右对齐寄存器 DAC_Align_12b_R 中，然后要用 DAC_SoftwareTriggerCmd（）函数使能通道 1 软件触发，启动 D/A 变换。

```
DAC_SetChannel1Data(DAC_Align_12b_R, value);        /* 将数据放右对齐寄存器中 */
DAC_SoftwareTriggerCmd(DAC_Channel_1,ENBLE);        /* 软件启动变换 */
```

5. 实验步骤

（1）连接＋5 V 电源到开发板，并打开电源开关，将 ST-LINK 仿真器连接到 WEEEDK 嵌入式系统实验开发板的 JTAG 插座上，将 USB 插头连接到 PC 的 USB 插口。通过短接 JP4 将电位器中心点连接到 PA3 引脚上。

（2）复制"DAC 应用-软件触发变换＋TFT9341 屏实验"文件夹中的所有内容到 D 盘，双击 DAC 应用-软件触发变换＋TFT9341 屏实验\Project\Project. uvprojx 工程文件，打开实验工程并阅读 main. c、hw_config. c，重点研读 DAC_Configuration（）函数。

（3）按 F7 功能键编译并链接工程。

（4）按 Ctrl＋F5 键或单击调试按钮，进行集成调试环境。

（5）按 F5 功能键全速运行，左右旋转电位器，查看 LCD 上显示的数字量和电压值，此时 DAC1 输出 PA4 引脚应该有对应的电压输出，有条件的可以用万用表测量 P1 插针中 PA4 引脚的电压，电压会随着电位器转动而变化。或直接把 JP29 连接到 DAC1，JP34 短接，DAC1 输出直接连接到图 2.31 所示的电压转换电流电路，通过电流表可以测量输出电流的变化（电流表＋接电流输出 IO＋，电流表－接电流输出 IO－）。

（6）在没有万用表或外接电流表时，可借助板载电机测试 DAC1 的输出情况。用实验箱提供的杜邦线将 P1 中的 PA4 引脚连接到 JP5 的 IA 端（电机正转控制引脚，之前已将 JP5 短接器拔下，空出 IA 引脚）。再旋转电位器，在 LCD 上查看电位器检测的电压值，看何时电机正转。仔细观察转速的微小变化（由于电机的电压范围不宽，电压在一定的范围内时电机才能正常运转）。

（7）在 LCD 上的合适的位置显示你的学号和姓名。

6.2.2 无触发的 DAC 实验

1. 实验目的

掌握 DAC 在无触发方式下进行 D/A 变换的应用。

2. 实验设备

（1）硬件及其连接

硬件：PC 一台、WEEEDK 嵌入式实验开发平台一套。

板载电位器在系统中的连接见图 2.27，LED 发光二极管的连接见图 2.10。

（2）软件

操作系统 Windows、MDK-ARM 集成开发环境。

3. 实验内容

利用 DAC 通道 1（DAC1）在无触发方式进行 D/A 变换，由电位器等 ADC 采样结果控制 D/A 输出大小。

4. 程序说明

（1）进行 DAC 初始化

ADC 等初始化参见 ADC 实验，这里简单说明 DAC 的初始化。

首先要配置 DAC 引脚，本实验使用 DAC1，因此必须将 PA4 配置为模拟输出引脚 DACOUT1，使能 GPIOA 端口及复用功能时钟，将 PA4 设置为复用推挽输出。

无触发方式与软件触发方式的不同点在于将触发方式 DAC_Trigger 选择为无触发 DAC_Trigger_None，其他初始化同上。

（2）主函数相关程序

与软件触发方式不同点在于，软件触发方式在将转换数字量放入右对齐寄存器后必须使用 DAC_SoftwareTriggerCmd()函数使能通道 1 软件触发，启动 D/A 变换。而本实验已经设置为无触发方式，因此无须用软件触发命令来启动 D/A 变换，直接将数据放入右对齐寄存器即可自动完成启动变换。

```
DAC_SetChannel1Data(DAC_Align_12b_R, value);/*将数据放右对齐寄存器中*/
```

5. 实验步骤

（1）连接＋5 V 电源到开发板，并打开电源开关，将 ST－LINK 仿真器连接到 WEEEDK 嵌入式系统实验开发板的 JTAG 插座上，将 USB 插头连接到 PC 的 USB 插口。通过短接 JP4 将电位器中心点连接到 PA3 引脚上。

（2）复制"DAC 应用-无触发变换＋TFT9341 屏实验"文件夹中的所有内容到 D 盘，双击 DAC 应用-无触发变换＋TFT9341 屏实验\Project\Project. uvprojx 工程文件，打开实验工程文件并阅读 main. c、hw_config. c，重点研读 DAC_Configuration()函数。

（3）按 F7 功能键编译并链接工程。

（4）按 Ctrl＋F5 键或单击调试按钮，进行集成调试环境。

（5）按 F5 功能键全速运行，左右旋转电位器，查看 LCD 上显示的数字量和电压值，此时 DAC1 输出 PA4 引脚应该有对应的电压输出，有条件的可以用万用表测量 P1 插针中 PA4 引脚的的电压，电压会随着电位器转动再变化。或直接把 JP29 连接到 DAC1，JP34 短接，DAC1 输出直接连接到图 2.31 所示的电压转换电流电路，通过电流表可以测量输出电流的变化（电流表＋接电流输出 IO＋，电流表－接电流输出 IO－）。

（6）在没有万用表或外接电流表时，可借助板载电机测试 DAC1 的输出情况。用实验箱提供的杜邦线将 P1 中的 PA4 引脚连接到 JP5 的 IA 端（电机正转控制引脚，之前将 JP5 短接器拔下空出 IA 引脚）。再旋转电位器，在 LCD 上查看电位器检测的电压值，看何时电机正转。仔细观察转速的微小变化（由于电机的电压范围不宽，电压在一定的范围内时电机才能正常运转）。

（7）在 LCD 上的合适位置显示你的学号和姓名。

6.2.3 定时器触发 DMA 传输的 DAC 实验

STM32F10x 的 DAC 支持由定时器触发变换，并支持 DMA 传输方式，借助于定时器可定时让 DAC 输出数据，因此可以产生指定周期的正弦波，本例正是利用这一点，再借助音频输出电路，让喇叭发声。根据音调与频率的关系，可以通过编程让喇叭发出音乐声。

1. 实验目的

掌握 DAC 定时触发、DMA 在传输方式下进行 D/A 变换的应用。

2. 实验设备

（1）硬件及其连接

硬件：PC 一台、WEEEDK 嵌入式实验开发平台一套。

音频驱动电路参见图 2.18，KEY1 和 KEY2 键的连接参见图 2.15，LED 发光二极管的连接见图 2.10。

（2）软件

操作系统 Windows、MDK-ARM 集成开发环境。

3. 实验内容

利用 DAC 通道 2（DAC2）在定时器触发方式下进行 D/A 变换，并采用 DMA 传输方式，让喇叭经过音频驱动电路，输出音乐声响。

4. 程序说明

（1）进行 DAC 初始化

首先要配置 DAC2 引脚，本实验要使用 DAC2，因此必须将 PA5 配置为模拟输出引脚 DACOUT2，使能 GPIOA 端口及复用功能时钟，将 PA5 设置为复用推挽输出。

定时器触发与软件触发不同点在于将触发方式 DAC_Trigger 选择为定时器 3 触发 DAC_Trigger_T3_TRGO。

由于采用了定时器 3 触发 DAC，因此需要对 TIM3 进行初始化。初始化时要确定定时时间，从而确定定时频率，方法详见定时器相关实验。另外，由于采用 DMA 传输给 DAC，因此还要对 DMA 进行初始化。

音调与频率的关系如下：

1 对应 523；2 对应 587；3 对应 659；4 对应 698；5 对应 784；6 对应 880；7 对应 988。

以上是中音，对于高频，每高一个 8 度，频率加倍，每低一个 8 度，频率除以 2。

对 DMA 初始化时要通过 DMA_Init() 函数选择 DMA_PeripheralBaseAddr 外设地址为 DAC2 的右对齐寄存器地址 DAC_DHR12R2_Address（地址为 0x40007414）；将存储器基地址 DMA_MemoryBaseAddr 设置为（uint32_t）&DAC2Sine12bit，这里 DAC2Sine12bit 定义为一个 32 个元素的数组，以适应一个正弦波周期输出 32 点的要求，该数组中存放一个周期的正弦波离散后的 32 个幅值点；传输方向 DMA_DIR 设置为由外设（DAC）到 DMA，因此目标 DMA_DIR_PeripheralDST 是 DMA（这里与 ADC 使用的 DMA 传输方向相反）；外设地址增加 DMA_PeripheralInc 设置为禁止，即 DMA_PeripheralInc_Disable；存储器地址增加 DMA_MemoryInc 设置为允许，即 DMA_MemoryInc_Enable；外设数据宽度 DMA_PeripheralDataSize 设置为 16 位（DAC 为 12 位）DMA_PeripheralDataSize_Word；工作模式 DMA_Mode 选择循环缓存模式 DMA_Mode_Circular；优先级 DMA_Priority 选择高优先级 DMA_Priority_High，存储器到存储器传输 DMA_M2M 选择禁止 DMA_M2M_Disable。

（2）主函数相关程序

主函数在初始化完成后，先按照音调与频率的关系，让 DAC 输出频率与音调对应的音符，然后在 LCD 上显示主界面并将东方红乐谱展示出来，当按 KEY1 键时让喇叭演奏东方红乐曲，按 KEY2 键时停止。

要让喇叭发声，发不同的声响，就是让定时器定时触发的时间对应音调的频率不同，发声的长短靠 Delay_ms 函数中的参数决定延长的时间，这样根据自己的喜好，可以让喇叭演奏不同的乐曲。利用 TIM_Configuration(Redfrebit[i]) 函数，根据音调频率确定定时时间来配置 TIM3。

让喇叭停止发声就是禁止定时器,用 TIM_Cmd(TIM3,DISABLE)函数把定时器 3 禁止即可。

5. 实验步骤

(1) 连接＋5 V 电源到开发板,并打开电源开关,将 ST-LINK 仿真器连接到 WEEEDK 嵌入式系统实验开发板的 JTAG 插座上,将 USB 插头连接到 PC 的 USB 插口。短接 JP30 到 DAC2,接通 PA5 到音频驱动电路。

(2) 复制"DAC 应用-定时器触发 DMA 传输发声＋TFT9341 屏实验"文件夹中的所有内容到 D 盘,双击 DAC 应用-定时器触发 DMA 传输发声＋TFT9341 屏实验\Project\Project. uvprojx 工程文件,打开实验工程并阅读 main. c、hw_config. c,重点研读 DAC_Configuration()、DMA_Configuration()和 TIM_Configuration()函数。

(3) 按 F7 功能键编译并链接工程。

(4) 按 Ctrl＋F5 键或单击调试按钮,进行集成调试环境。

由于本实验涉及显示多个图片,占用空间较大,因此下载程序过程比较慢,这属于正常情况,请耐心等待。

(5) 按 F5 功能键全速运行,查看 LCD 上显示的信息,耳听喇叭发出的声调。

(6) 按 KEY1 键时演奏东方红乐曲,按 KEY2 键时停止。

(7) 修改主函数中调用的函数 Delay_ms()的参数,改变音长,听听演奏效果。

(8) 修改相关数组中的数据,以改变输出频率,按照让喇叭演奏自己喜欢的乐谱。

(9) 在 LCD 上的合适位置显示你的学号和姓名。

第7章 通信互连接口实验

本章介绍的所有实验均基于 STM32F107VCT6，也适用于 STM32F10x 系列其他 MCU 芯片。本章主要实验基于 USART 的 RS-232 实验、RS-485 实验、蓝牙与手机通信实验、基于 I²C 的 EERPOM 存储器实验、基于 SPI 的 Flash 存储器实验以及 CAN 通信实验。

7.1 USART 通信接口实验

STM32F10x 内部有多个异常同步收发的串行口，不同串口接不同通信电路，在本实验中，系统 USART1 默认连接 RS-232C 接口，以便于与 PC 的 RS-232C 接口通信。笔记本计算机没有 RS-232C 接口，借助于基于 USART2 的板载 USB-UART 转换接口，可以与笔记本计算机 USB 接口进行虚拟串口通信，USART3 可以与蓝牙模块等基于 USART 的通信模块通信。

7.1.1 RS-232 的通信实验

本实验采用 USART1 作为 RS-232C 接口，通过 RS-232C 连接线连接到 PC。

1. 实验目的

(1) 学习并掌握 USART1 的初始化编程。

(2) 掌握 USART1 的中断接收方法。

(3) 学习通过串行口通信命令操作外设的方法。

2. 实验设备

(1) 硬件及其连接

硬件：PC 一台、WEEEDK 嵌入式实验开发平台一套。

蜂鸣器的连接见图 1.22，按键的连接见图 1.15，LED 发光二极管的连接见图 1.10。RS-232C 连接线连接到 PC 的串口。

(2) 软件

操作系统 Windows、PC 端的串口助手软件、MDK-ARM 集成开发环境。

3. 实验内容

通过串口助手向实验板发送命令（一个 ASC 码字符：1 到 6 为正确的命令，其他为非法命令），实验系统通过 RS-232(USART1)接收命令，根据不同命令控制外设，如让 LED 发光二极管发光、让蜂鸣器响一声等。通过按 KEY1 到 KEY4 键，让实验板向 PC 发送按键信息。操作信息时均有提示信息显示在 LCD 上。

4. 程序说明

(1) 初始化程序

除了对 LCD 进行初始化外，还需对 USART1 进行初始化。

对于 USART1 初始化，首先要使能 USART 的时钟，然后配置 USART1 相关 GPIO 引脚为串行接收和发送引脚,设置字符格式及波特率,最后使能 USART1,如果允许接收中断,则再使能串口接收中断。

由于 USART1 和 GPIO 接的是 APB2 总线,因此使用 RCC_APB2PeriphClockCmd()函数来使能 USART1 和 GPIO 相关用于收发的端口。用 GPIO_Init()函数配置 PA9 为复用推挽输出,作为 U1TX,配置 PA10 为浮空输入模式,作为 U2RX 使用。

用 USART_Init()函数对 USART1 字符格式和波特率进行配置,波特率 USART_BaudRate 可以设置为希望的波特率,如定义为 UART1_Baud,字符长度 USART_WordLength 可配置为 8 位数据 USART_WordLength_8b,停止位 USART_StopBits 可配置为 1 位停止位 USART_StopBits_1,校验位 USART_Parity 可配置为无校验 USART_Parity_No,工作模式 USART_Mode 设置为收发均允许 USART_Mode_Rx|USART_Mode_Tx。

用 USART_Cmd()函数使能 USART1,用 USART_ITConfig()函数使能 USART1 接收中断 USART_IT_RXNE。

用 NVIC_Init()函数将 NVIC 中断通道设置为 USART1_IRQn,以允许 USART1 受 NVIC 中断控制器控制,当然与其他中断一样,需设置优先级等。

(2) 中断服务函数

只要有 USART 的接收数据,就会自动进入中断服务函数,按照 CMSIS 规定,USART1 的中断服务函数名为 USART1_IRQHandler,中断服务函数通常在 stm32f10x_it.c 中,也可以存放在其他 C 文件中。在中断服务函数中,首先要用 USART_GetITStatus()函数判断是否有接收中断,如果没有则返回,如果有则用 USART_ClearFlag()函数清除接收中断标志,然后是中断处理。具体处理任务是,将接收到的命令直接返回给对方并判断是何种命令,然后进行具体处理。接收到命令返回的标志为 ReceiveFlag=1,详见中断服务函数。

(3) 主函数

主函数首先判断是否有接收命令(标志 ReceiveFlag 是否为 1),若有则让蜂鸣器响一声,其他处理在中断服务函数中进行。

此外,主函数在主循环体中判断是哪个按键按下,决定发送什么信息,发送的具体信息详见实验例程。要注意的是,USART 发送需要两个步骤:先用 USART_SendData 将待发送的数据写入相应串口;然后用 USART_GetFlagStatus 函数获取状态,判断发送是否结束,直到发送结束才能发送下一个数据。

为了表示程序正常运行,还要让 LED4 每隔一段时间闪烁一次。

5. 实验步骤

(1) 连接+5 V 电源到开发板,并打开电源开关,将 ST-LINK 仿真器连接到 WEEEDK 嵌入式系统实验开发板的 JTAG 插座上,将 USB 插头连接到 PC 的 USB 插口。用 RS-232 连接线连接 PC,短接 JP12,连接蜂鸣器。将 JP23、JP24 短接到右端,分别连接 USART1(使 PA9、PA10 分别连接 U1TX、U1RX)。

(2) 复制"UART 应用-RS232+TFT9341 屏实验"文件夹中的所有内容到 D 盘,双击 UART 应用-RS232+TFT9341 屏实验\Project\Project.uvprojx 工程文件,打开实验工程并阅读 main.c 和 hw_config.c 以及 stm32f10x_it.c 中的 USART1_IRQHandler()函数。

(3) 按 F7 功能键编译并链接工程。

(4) 按 Ctrl+F5 键或单击调试按钮,进入集成调试环境。

(5) 按 F5 功能键全速运行,观察 LCD 上显示的信息。

（6）在 PC 端打开串口助手,设置波特率为 115 200 baud(与实验开发板一致),选择好串口,在发送窗口键入字符 1(不是 HEX,是 ASCII 字符)并发送,查看 LCD 和串口助手接收区接收到的信息,并听蜂鸣器声响,同时观察 LED 发光二极管亮的位置。依次键入 2,3,4,5,6,按上述照搬实验。当发送其他字符时再观察 LCD 的情况及返回字符。

（7）按 KEY1、KEY2、KEY3、KEY4 键,查看 LCD 以及串口助手接收区显示的信息。

（8）试着修改程序,在相关函数中添加代码,当接收到字符"M"或"m"时让板载电机正转,当接收到"S"或"s"时,让电机停止运转。也可以自行修改程序,利用接收的不同字符控制其他外设。

（9）由于 printf()是大家最习惯使用的输出函数,可以借助 USART1 利用 prinft()来发送数据。

如果希望用标准的 printf()函数来通过 USART 输出数据,可以做如下处理:将 USARTx 改为 USART1,这样就可以用 printf()通过 USART1 发送数据,波特率和字符格式由前面的初始化示例决定。

```
# include <stdio.h>
int fputc(int ch, FILE * f)
{
USART_SendData(USARTx, (uint8_t) ch);   //调用固件库函数中的数据发送函数
while (USART_GetFlagStatus(USARTx, USART_FLAG_TC) == RESET)
{}
return ch;
}
```

定义之后,可以使用:

```
printf("The is a example for USART!" );
```

也可以带格式传输数据,如:

```
printf("\r\n 请输入 1~6 的任意字符控制 LED 的亮灭 \r\n");
```

具体用法详见 C 语言中的 printf()函数。

可以在上述实验的基础上,在所有发送数据的部分改用 printf()函数。

6. 多字节的接收处理方法

以上实验为单字节接收,但在大部分情况下不可能只接收一字节的数据,通常需要接收多字节。对于多字节的接收,可利用一个缓冲区存放接收到的多字节数据。

（1）固定字节长度的多字节接收

对于通信双方约定好协议、传输的数据长度固定不变时,可以采用该接收方法。对于固定字节的接收,如每次仅接收固定 8 字节的一组数据,则可以用字节长度作为控制依据。若达到这个长度,则缓冲区指针复位,若没有达到,则缓冲区指针加 1。

假如已经定义了缓冲器和数据长度:

```
# defin eUSART_REC_LEN   8
u8 USART_RX_BUF[USART_REC_LEN];
u16 INDEX = 0;
```

则中断服务函数可修改为

```
void USART1_IRQHandler(void)
{
```

```
if(USART_GetITStatus(USART1, USART_IT_RXNE) != RESET)
{
    USART_ClearFlag(USART1, USART_IT_RXNE);
USART_RX_BUF[INDEX] = USART_ReceiveData(USART1);
if(INDEX> = USART_REC_LEN - 1) {INDEX = 0;ReceiveFlag = 1;}
else INDEX ++ ;
}
}
```

接收完 USART_REC_LEN 长度的数据,指针复位,并置成功标志 ReceiveFlag=1。所有处理放在主函数中完成。

(2) 有开始和结束字符的多字节数据接收

假如双方约定协议规定以某个特殊起始字符开始,以特殊结束字符结束,如起始字符为 0xBE,结束字符为 0xDF,这种方式要求中间传输的数据不会出现起始和结束特征字符,例如,仅传输 ASCII 码时,就不可能有 0xBE 和 0xDF 这样的字符。这种有开始结束特征标识的多字节传输,不以长度为控制标识,而以开始和结束识符为控制标志。在中断服务函数中要判断起始和结束标识符。

则中断服务函数可修改为

```
void USART1_IRQHandler(void)
{u8 temp;
if(USART_GetITStatus(USART1, USART_IT_RXNE) != RESET)
{    USART_ClearFlag(USART1, USART_IT_RXNE);
temp = USART_ReceiveData(USART1);
if(temp == 0xBE)    INDEX = 0;
else {if (temp == 0xDF) {ReceiveFlag = 1;}
else   USART_RX_BUF[INDEX] = temp;INDEX ++ ;}
}
}
```

在主函数中查询 ReceiveFlag 是否为 1,若是则处理,如发送接收到的所有有效数据(去掉起始和结束标识字符),程序片段如下:

```
if (ReceiveFlag)          //串口接收到有效命令,让蜂鸣器响一声
{
    ReceiveFlag = 0;
    for (i = 0;i<(INDEX - 1);i ++ )
    {
    USART_SendData(USART2, USART_RX_BUF[i]);
    while (USART_GetFlagStatus(USART2, USART_FLAG_TC) == RESET);
    }
        Delay_ms(300);
    BEEP(1);
    Delay_ms(300);
    BEEP(0);
```

(3) 动态接收长度控制的多字节接收

对于许多实际情况,接收的数据个数有时是不定的,因此无法用上面两种方法确定接收数

据,但通信协议必须给出数据长度域方可知晓最后的数据包长度。例如,在某协议中使用的数据包格式如图 7.1 所示。该数据包以特征字符开始,后面跟着数据长度和 n 字节数据,最后为校验码。

特征码	数据长度	数据 1	数据 2	⋯	数据 n	校验码

图 7.1 数据包格式

根据此长度可以知道后续接收的字符数。因此中断服务函数可以修改为如下代码:

```
u16   INDEX = 0;
u8 USART_RX_BUF[50];             //根据需求设置缓冲区大小
#define Startchar   0x68         //特征字符为 68H
u8 UreceiveSize = 0;            //接收数据长度(字节数)
void USART1_IRQHandler(void)
{ if(USART_GetITStatus(USART1, USART_IT_RXNE) != RESET)
{   USART_ClearFlag(USART1, USART_IT_RXNE);
USART_RX_BUF[INDEX] = USART_ReceiveData(USART1);
if(INDEX == 1) UreceiveSize = USART_RX_BUF[INDEX];
INDEX ++ ;
if ((INDEX>UreceiveSize + 2)&&(INDEX>1)&&(USART_RX_BUF[0] == Startchar))
{ReceiveFlag = 1;INDEX = 0;}
}
}
```

主函数首先判断标志是否满足传输完毕的条件,如果满足条件,则发送接收到的数据。关键代码如下:

```
if (ReceiveFlag)
{   ReceiveFlag = 0;
    for (i = 2;i<(UreceiveSize + 2);i ++ )
    {
    USART_SendData(USART1, USART_RX_BUF[i]);
    while (USART_GetFlagStatus(USART1, USART_FLAG_TC) == RESET);
    }
    Delay_ms(300);   /* 串口收到命令,让蜂鸣器响一声 */
    BEEP(1);
    Delay_ms(300);
    BEEP(0);
}
```

7.1.2 RS-485 的通信实验

RS-232C 是 PC 必备串行通信接口,但由于通信距离有限,且抗干扰能力差,工业现场经常使用基于 UART 的 RS-485 通信接口,本节用 STM32F10x 的 UART2 作为 RS-485 的 UART,可在两个实验板之间采用 RS-485 接口进行通信。一个主机、一个从机进行双机通信或一个主机、多个从机进行多机通信。

1. 实验目的

(1) 学习并掌握 USART2 的初始化编程。

(2) 掌握 USART2 中断接收的方法。

(3) 掌握基于 USART2 的 RS-485 主从式多机通信的方法。

2. 实验设备

(1) 硬件及其连接

硬件:PC 一台、WEEEDK 嵌入式实验开发平台一套。

RS485 的连接见图 1.32,按键的连接见图 1.15,LED 发光二极管的连接见图 1.10。将 JP25、JP26 连接到 485TXD 和 485RXD 端,将 JP38 短接。将实验系统的 RS-485 接口连接另外一个实验系统的 485 接口或将 RS-485 转 USB 接口连接到 PC 上,或将 USB 连接线小头连接到板载 USB-UART 连接器,另一端连接到 PC 的 USB 接口。连接 RS-485 时要求同名端相连接。

(2) 软件

操作系统 Windows、MDK-ARM 集成开发环境。

3. 实验内容

本实验通过双绞连接线一端连接实验板 RS-485 接口,另一端通过外接 RS-485 转 USB 模块连接到 PC,基于 RS-485 接口的总线可以接多个 485 设备(从机),只能是主多从式的半双工通信方式。主机发带寻址信息的数据包之后,等待符合地址的从机应答,从而建立双方通信。因此在实际应用中,一定同时只有一个是主机,而其他均为从机。嵌入式系统可以作为主机使用,也可以作为从机使用,但不能同时作为主机和从机。

(1) 从机模式实验

当嵌入式实验系统作为从机使用时,PC 作为主机,借助于串口调试助手,PC 按照通信协议要求发送带地址信息的数据包,实验系统中断接收主机发来的信息,判断是否为本机地址,若不是则返回,若是则进行相关处理,并按照协议要求返回信息给主机。

(2) 主机模式实验

当嵌入式实验系统作为主机使用时,PC 机就变为从机了,这时实验系统发送包括寻址信息在内的数据包,PC 串口助手接收。只是串口助手不具备分析是否为本地址的能力,假设地址符合,此时,PC 通过串口助手向实验板返回信息,完成应答。

4. 通信协议

简单的通信协议规定,主机发送的数据包共 4 字节,格式如图 7.2 所示。

地址字节	命令字节	数据字节	校验和字节

图 7.2　主机发送的数据包格式 1

从机回送数据包格式如图 7.2 所示。

地址字节	命令字节	数据域	校验和字节

图 7.3　从机回送数据包格式 1

这里的校验和为从地址字节到数据字节累加之和取低字节。

从机回送数据包中的数据长度依据不同命令有所不同,对于 01 和 03 命令,返回的与主机发送的一样,02 命令域长度为 2 字节,高字节表示整数,低字节表示小数。

（1）01 命令＝开关控制命令

主机发送命令：地址字节 0x01 数据校验和。

数据＝0x00 直流电机停止，0x01 直流电机正转，0x02 直流电机反转。

数据＝0x10 蜂鸣器停，0x11 蜂鸣器响。

数据＝0x20 继电器 1 停止，0x21＝继电器 1 动作。

数据＝0x40 继电器 2 停止，0x41＝继电器 2 动作。

数据＝0x50 LED1 灭，0x51 LED1 亮。

数据＝0x60 LED2 灭，0x61 LED2 亮。

数据＝0x70 LED3 灭，0x71 LED3 亮。

数据＝0x80 LED4 灭，0x81 LED4 亮。

数据＝0x90 双色 LEDR 灭，0x91 LEDR 亮，0x92 LEDG 灭，0x93 亮。

数据＝0xA0 步进电机停止，0x91 步进电机正转，0x92 步进电机反转。

从机返回信息：地址字节 0x01 数据校验和。

（2）02 命令＝获取模拟量转换的数字量

主机发送命令：地址字节 0x02 数据 校验和。

数据＝0x00 内部温度，0x01 是由 DS18B20 测量的温度，0x02 由 PT100 测量的温度。

数据＝0x03 板载电位器电位，0x04 模拟电流检测。

从机返回信息：地址字节 0x02 数据整数字节 数据小数字节 校验和。

（3）03 命令＝控制喇叭发声

主机发送命令：地址字节 0x03 数据字节 校验和字节。

数据＝0x00 停止发声，0x01~08 发 1,2,3,4,5,6,7,1(高)。

从机返回信息：地址字节 0x03 数据字节 校验和字节。

5．程序说明

（1）初始化程序

除了对 LCD 初始化外，主要针对连接 RS-485 接口的 USART2 进行初始化。

首先使能 USART2 的时钟，然后配置 USART2 相关 GPIO 引脚为串行接收和发送引脚以及控制 RS-485 接收和发送使能的引脚，设置字符格式及波特率，最后使能 USART2 同时使串口接收中断。同时设置用于 RS-485 收发器收发控制的引脚为推挽输出，在从机模式下首先清零，发送之前再置为 1。

由于 USART2 和 GPIO 接的是 APB1 总线，因此使用 RCC_APB1PeriphClockCmd()函数来使能 USART2 和 GPIO 相关用于收发的端口。对于 USRAT2，由于使用 PD5 作为 TX2，因此将 PDF5 设置为复用推挽输出，使用 PD6 作为 RX2，从而将 PD6 设置为浮空输入模式，由 SM32F10x 技术手册可知，PD5 和 PD6 作为 USART2 时用的不是第一功能，也不是默认的 USART2 功能，因此需要用 GPIO_PinRemapConfig()函数重新映射。

用 USART_Init()函数对 USART2 字符格式和波特率进行配置，波特率 USART_BaudRate 可以设置为希望的波特率，如定义为 UART2_Baud(本实验用 9 600 baud)，字符长度 USART_WordLength 可配置为 8 位数据 USART_WordLength_8b，停止位 USART_StopBits 可配置为 1 位停止位 USART_StopBits_1，校验位 USART_Parity 可配置为无校验 USART_Parity_No，工作模式 USART_Mode 可设置为收发均允许 USART_Mode_Rx|USART_Mode_Tx。

用 USART_Cmd()函数使能 USART2，用 USART_ITConfig()函数使能 USART2 接收中

断 USART_IT_RXNE。

用 NVIC_Init()函数将 NVIC 中断通道设置为 USART2_IRQn,以允许 USART2 受 NVIC 中断控制器控制。

(2) 中断服务函数

只要有 USART2 数据接收,就会自动进入名为 USART2_IRQHandler 的中断服务函数。在中断服务函数中,首先要用 USART_GetITStatus()函数判断是否有接收中断,如果没有则返回,如果有则用 USART_ClearFlag()函数清除接收中断标志,然后进行中断处理。

对于从机模式,具体处理任务是,判断接收到的数据包解析发来的地址信息是否是本机地址,若是则按照协议要求回头送主机信息,若不是则直接返回。

对于主机模式,处理任务是接收先前要求从机发来的信息,并对该信息进行相应处理。

(3) 主函数

在从机模式下,主函数首先判断是否有接收命令(标志 ReceiveFlag 是否为 1),按照通信协议返回给主机信息,同时清除 ReceiveFlag 标志。

在主机模式下,主动轮询从机,并向从机要数据包,如果 ReceiveFlag=1,说明从机已经发送数据过来了,需进行相应处理。详细代码见实验例程。

6. 实验步骤

(1) 连接+5 V 电源到开发板,并打开电源开关,将 ST-LINK 仿真器连接到 WEEEDK 嵌入式系统实验开发板的 JTAG 插座上,JP25 和 JP26 短接到右端分别连接 USART2(PD5、PD6 连接到 U2TX 和 U2RX),短接 JP38,连接 485 收发控制到 PD7 引脚。

(2) 复制"UART 应用-RS485+TFT9341 屏实验"文件夹中的所有内容到 D 盘,双击 UART 应用-RS485+TFT9341 屏实验\Project\Project. uvprojx 工程文件,打开实验工程并阅读 main. c 和 hw_config. c 以及 stm32f10x_it. c 中的 USART2_IRQHandler()函数。

(3) 将 MasterSlave 改为 0(如果已经为 0,则不用改),让 STM32F107VCT6 处于从机模式。

(4) 按 F7 功能键编译并链接工程。

(5) 按 Ctrl+F5 键或单击调试按钮,进入集成调试环境。

(6) 按 F5 功能键全速运行,观察 LCD 上显示的信息。

(7) 在 PC 端打开串口助手,设置波特率为 9 600 baud(保持与实验板一致),选择好串口。

现在按照以下上面的通信协议进行通信,主机发送格式如图 7.4 所示。

| 地址 | 命令 | 数据 | 校验和 |

图 7.4 主机发送格式

在 PC 上运行串口助手,在发送窗口发送"0x01 0x01 0x51 0x53"。

按照上述通信协议规定,主机向 01 号地址的从机发送让 LED1 亮的命令。

接收窗口显示从机返回的信息,"0x01 0x01 0x51 0x53"表示已收到主机命令,让 LED1 发光。

(7) 按照规定的通信协议,完善 01 命令,补充相关 GPIO 驱动,按照上述步骤再发送其他的 01 命令,以控制电机、蜂鸣器、继电器以及 LED 指示灯等。查看执行结果的回送信息。

7.1.3 蓝牙与手机通信实验

借助 UART 转蓝牙模块,可以利用无线蓝牙方式与手机通信,在手机端运行手机蓝牙通信助手,开发实验板通过对基于 USART3 的蓝牙模块编程与手机蓝牙通信。

1. 实验目的

(1)学习并掌握 USART3 的初始化编程。

(2)掌握 USART3 的中断接收的方法。

(3)掌握基于 USART3 的蓝牙模块的编程应用。

2. 实验设备

(1)硬件及其连接

硬件:PC 一台、WEEEDK 嵌入式实验开发平台一套。

蓝牙模块与实验平台是通过 J21 连接的。要求蓝牙模块芯片面靠内,背面朝外,对齐 J21 下面的一个引脚,连接时注意背面标识符要与实验开发板对准。插上蓝牙模块 1 s 后蓝牙模块上的 LED 应该闪烁显示。取下 JP15,以断开 PB10 与温度传感器的连接。使 PB10 作为 USART3 的 TXD,PB11 作为 USART3 的 RXD。LED 发光二极管的连接见图 1.10。

(2)软件

操作系统 Windows、MDK-ARM 集成开发环境。

3. 实验内容

本实验采用蓝牙模块一个,其连接在 J21 插座上。通过手机上的蓝牙助手操作实验板。

4. 通信协议

支持两种协议:一种是单字节字符协议;另一种是 4 字节命令协议。

(1)单个字符命令

手机蓝牙通信助手有键盘模式,它是以字符方式发送给蓝牙的,主要的字符命令如表 7.1 所示。

表 7.1　主要的字符命令

字符命令	操作
Z	电机正转
F	电机反转
b	蜂鸣器响
s	蜂鸣器停
L	LED1~LED4 发光二极管全亮
M	LED1~LED4 发光二极管全灭
R	双色灯的红灯亮
G	双色灯的绿灯亮

(2)用十六进制多字节命令

简单的通信协议规定,主机发送的数据包共 4 字节,格式如图 7.5 所示。

地址字节	命令字节	数据字节	校验和字节

图 7.5　主机发送的数据包格式 2

从机回送数据包格式如图 7.6 所示。

| 地址字节 | 命令字节 | 数据域 | 校验和字节 |

图 7.6　从机回送的数据包格式 2

这里的校验和为从地址到数据累加之和取低字节。

从机回送数据包中的数据长度依据不同命令有所不同,对于 01 和 03 命令,返回的与主机发送的一样,02 命令域长度为 2 字节,高字节表示整数,低字节为小数。

01 命令＝开关控制命令。

主机发送命令:地址字节 0x01 数据 校验和。

数据＝0x00 直流电机停止,0x01 直流电机正转,0x02 直流电机反转。

数据＝0x10 蜂鸣器停,0x11 蜂鸣器响。

数据＝0x20 继电器 1 停止,0x21 继电器 1 动作。

数据＝0x40 继电器 2 停止,0x41＝继电器 2 动作。

数据＝0x50 LED1 灭,0x51 LED1 亮。

数据＝0x60 LED2 灭,0x61 LED2 亮。

数据＝0x70 LED3 灭,0x71 LED3 亮。

数据＝0x80 LED4 灭,0x81 LED4 亮。

数据＝0x90 双色 LEDR 灭,0x91 LEDR 亮,0x92 LEDG 灭,0x93 亮。

数据＝0xA0 步进电机停止,0x91 步进电机正转,0x92 步进电机反转。

从机返回信息:地址字节 0x01 数据 校验和。

5．程序说明

(1) 初始化程序

除了对 LCD 初始化外,还要针对连接蓝牙模块的 USART3 进行初始化。

首先使能 USART3 的时钟,然后配置 USART3 相关 GPIO 引脚为串行接收和发送引脚,设置字符格式及波特率(蓝牙模式默认波特率为 9 600 baud),最后使能 USART3,同时使能串口接收中断。

由于 USART3 和 GPIO 接的是 APB1 总线,因此使用 RCC_APB1PeriphClockCmd() 函数来使能 USART3 和 GPIO 相关用于收发的端口。对于 USRAT3,由于使用 PB10 作为 TX3,因此将 PB10 设置为复用推挽输出,使用 PB11 作为 RX3,从而将 PB11 设置为浮空输入模式,从 SM32F10x 技术手册可知,PB10 和 PB11 作为 USART3 时用的是第一映射功能,因此无须用 GPIO_PinRemapConfig() 函数重新映射。

用 USART_Init() 函数对 USART3 字符格式和波特率进行配置,波特率 USART_BaudRate 可以设置为希望的波特率,如定义为 UART3_Baud(本实验用 9 600 baud),字符长度 USART_WordLength 可配置为 8 位数据 USART_WordLength_8b,停止位 USART_StopBits 可配置为 1 位停止位 USART_StopBits_1,校验位 USART_Parity 可配置为无校验 USART_Parity_No,工作模式 USART_Mode 可设置为收发均允许 USART_Mode_Rx|USART_Mode_Tx。

用 USART_Cmd() 函数使能 USART3,用 USART_ITConfig() 函数使能 USART3 接收中断 USART_IT_RXNE。

用 NVIC_Init() 函数将 NVIC 中断通道设置为 USART3_IRQn,以允许 USART3 受 NVIC 中断控制器控制。

（2）中断服务函数

只要有 USART3 数据接收，就会自动进入名为 USART3_IRQHandler 的中断服务函数。在中断服务函数中，首先要用 USART_GetITStatus()函数判断是否有接收中断，如果没有则返回，如果有则用 USART_ClearFlag()函数清除接收中断标志，然后进行中断处理。

对于从机模式，具体处理任务是，判断接收到的数据包解析发来的地址信息是否是本机地址，若是则按照协议要求回头送主机信息，若不是则直接返回。

对于主机模式，处理任务是接收前面要求从机发来的信息，并对该信息进行相应处理。

（3）主函数

在从机模式下，主函数首先判断是否有接收命令（标志 ReceiveFlag 不为 0），若为 1 则表示是 4 字节命令，若为 2 则表示是单字节字符命令。按照通信协议返回给主机信息，同时清除 ReceiveFlag 标志。

在主机模式下，主动轮询从机，并向从机要数据包，如果 ReceiveFlag 不为 0，说明从机已经发送数据过来了，需进行相应处理。详细代码见实验例程。

6. 实验步骤

（1）连接+5 V 电源到开发板，并打开电源开关，将 ST-LINK 仿真器连接到 WEEEDK 嵌入式系统实验开发板的 JTAG 插座上，拔下 JP15。

（2）复制"UART 应用-蓝牙无线通信+TFT9341 屏实验"文件夹中的所有内容到 D 盘，双击 UART 应用-蓝牙无线通信+TFT9341 屏实验\Project\Project. uvprojx 工程文件，打开实验工程并阅读 main. c 和 hw_config. c 以及 stm32f10x_it. c 中的 USART3_IRQHandler()函数。

（3）按 F7 功能键编译并链接工程。

（4）按 Ctrl+F5 键或单击调试按钮，进入集成调试环境。

（5）按 F5 功能键全速运行，观察 LCD 上显示的信息。

（6）在手机安装蓝牙通信助手后打开助手软件，依次按照上述协议给出的表格中的单字节通信协议发送命令给蓝牙模块，查看实验板外设的动作情况。

再按照 4 字节命令格式发送命令给蓝牙模块，观察实验开发板情况。

（7）自行修改代码，编制通信协议，自行决定操作的实验开发板的外设，并查看操作结果。

7.2　I²C 接口实验

STM32F10x 片上集成两个 I²C 总线模块，其均挂接在 APB1 慢速外设总线上，本实验使用 I²C1 模块。使用 PB6 作为 I2C1_SCL，使用 PB7 作为 I2C1_SDA，另外，通过映射可以使用 PB8 和 PB9 作为 I2C_SCL 和 I2C_SDA。I²C 模块接收和发送数据，并将数据从串行转换成并行，或从并行转换成串行。

I²C 接口有 4 种模式：从发送器模式、从接收器模式、主发送器模式和主接收器模式。该模块默认工作于从模式。接口在生成起始条件后自动地从从模式切换到主模式，当仲裁丢失或产生停止信号时，则从主模式切换到从模式。允许多主机功能。

本节主要利用 I²C 总线对板载基于 I²C 的 EEPROM AT24C02 进行读写操作实验。

1. 实验目的

掌握 I²C 总线在串行 EEPROM 中的读写应用。

2. 实验设备

（1）硬件及其连接

硬件：PC 机一台、WEEEDK 嵌入式实验开发平台一套。

使用板载 EEPROM 芯片 AT24C02，接口连接如图 7.7 所示，它是基于 I^2C 总线的 EEPROM 芯片，容量为 $256 \times 8 = 2$ kbit，常用于长期保存的关键参数。

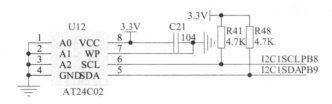

图 7.7　STM32F10X 与 AT24C02 引脚的连接

（2）软件

操作系统 Windows、Keil MDK-ARM 集成开发环境、串口助手。

3. 实验内容

利用 I^2C1 在主机 IC 模式下对板载 I^2C 的 EEPROM AT2402（2 kbit＝256 bit×8）进行正确的读写操作，把读写结果显示在 LCD 上，并通过 USART1 或 USART2 传输给 PC 的串口助手。

4. 程序说明

（1）初始化程序

对 I^2C 进行初始化。

本实验用 PB8 和 PB9 作为 I^2C 总线引脚（PB8 为 I^2C 的时钟 I2C1_SCL，PB9 为 I^2C 的数据线 I2C1_SDA）。按照映射关系，PB8 和 PB9 并不是默认的第一选择，因此需要首先使用 GPIO_PinRemapConfig()函数重新映射。然后用 GPIO_Init()函数配置 I^2C 引脚，PB8 和 PB9 均设置为 50 MH 开漏输出（因此在电路上已经连接了 4.7 kΩ 的上拉电阻）。

用 I2C_Init()函数，将 I2C_Mode 配置为 I^2C 模式，将 I2C_DutyCycle 配置为占空比 50%，I2C_OwnAddress1 配置地址为 0xA0（AT24C02 等 EEPROM 存储器地址均为 0x0A0），I2C_Ack 应答配置为使能，I2C_AcknowledgedAddress 配置为 7 位地址，I2C_ClockSpeed 配置速度为 400 kHz。

最后用 I2C_Cmd()函数使能 I2C1。

（2）主函数相关程序

在主函数中判断按键状态，决定具体操作。

当按下 KEY1 键时，写数据 0x11，0x22，0x33，0x44，0x55，0x66，0x77，0x88 到 AT24C02 中 StartAdrr 定义的起始地址的存储区域，同时通过 USART2 发送给 PC 且通过 LCD 显示出来。

当按下 KEY2 键时，写数据 0x12，0x34，0x56，0x78，0x90，0xAB，0xCD，0xEF 到 AT24C02 中 StartAdrr 定义的起始地址的存储区域，同时通过 USART2 发送到 PC 且通过 LCD 显示出来。

当按下 KEY3 键时，从 StartAdrr 开始的地址读出 8 字节的数据，同时通过 USART2 发送送 PC 且通过 LCD 显示出来。

这里用到两个关键的 I^2C 操作函数。

一个函数是 I2C_EE_BufferWrite(uint8_t * pBuffer, uint8_t WriteAddr, uint16_t umByteToWrite)。

这是写数据到指定存储区域的函数,其中,pBuffer 为待写的数据缓冲区(其中存放待写数据),WriteAddr 为 ATC02 的写入地址,umByteToWrite 为写入的字节数。这里用到 I2C_EE_ByteWrite(uint8_t * pBuffer, uint8_t WriteAddr)函数,该函数按照 I^2C 的时序进行字节写操作。它的操作过程按照时序要求说明如下。

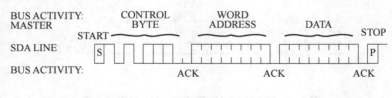

图 7.8

首先用 I2C_GenerateSTART()函数发起始位,然后通过 I2C_CheckEvent()函数判断是否有错误,即测试和清除 EV5,用 I2C_Send7bitAddress()函数发送写入 EEPROM 的地址,通过 I2C_CheckEvent()函数测试和清除 EV6,用 I2C_SendData()函数发送写入 EEPROM 的内部地址,通过 I2C_CheckEvent()函数测试和清除 EV8,再用 I2C_SendData()函数发送写入 EPROM 的数据,通过 I2C_CheckEvent()函数测试和清除 EV8,最后用 I2C_GenerateSTOP()函数发送停止位,结束一个字节的数据写入。

另一个重要函数是 I2C_EE_BufferRead(uint8_t * pBuffer, uint8_t ReadAddr, uint16_t NumByteToRead)其中,pBuffer 为待读缓冲区指针,ReadAddr 为读地址,NumByteToRead 为字节数。

5. 实验步骤

(1)连接+5 V 电源到开发板,并打开电源开关,将 ST-LINK 仿真器连接到 WEEEDK 嵌入式系统实验开发板的 JTAG 插座上,将 USB 插头连接到 PC 的 USB 插口。短接 JP5 和 JP6 到 1-2 端,以连接 I^2C 的 SCL 和 SDA 到 PB8 和 PB9 引脚上。

(2)复制"I2C_AT24C02+TFT9341 屏实验"文件夹中的所有内容到 D 盘,双击 I2C_AT24C02+TFT9341 屏实验\Project\Project. uvprojx 工程文件,打开实验工程并阅读 main. c、stm32f10x_it. c 以及 i2c_ee. c 中的相关函数。

(3)打开 PC 上的串口助手,波特率设置为 115 200 baud,1 位停止,8 位数据,无校验。选择接收窗口中的数据为文本方式。

(4)按 F7 功能键编译并链接工程。

(5)按 Ctrl+F5 键或单击调试按钮,进入集成调试环境。

(6)按 F5 功能键全速运行,按 KEY1 键写入一组指定数据到 AT24C02 存储器中,查询 LCD 显示的内容,并查询串口助手接收到的字符,按 KEY3 键查看读出的结果,再按 KEY2 键写入另一组数据到 AT24C02 中,再按 KEY3 键查看读出的结果。

(7)拔下 JP5 和 JP6,将 PB8 和 PB9 脱离 I^2C 总线,拔下 JP10,把 PB6 与 CAN 断开,用杜邦线将 P2 上的 PB6 连接到 JP5 的 SCL 端,将 PB7 连接到 JP6 的 SDA 端。修改初始化相关程序,让 PB6 作为 SCL,让 PB7 作为 SDA。最后编译链将接并下载调试,查看写入和读出的数据。

7.3　SPI 接口实验

STM32F10x 片上集成了 3 个 SPI 总线模块,SPI1 挂接在 APB2 快速外设总线上,SPI2 和 SPI3 挂接在 APB1 慢速总线上。本实验使用 SPI1 总线对连接到板载基于 SPI 接口的 Flash 芯片 W25Q16(16M 位=2 MB)进行读写操作。

1. 实验目的

掌握 SPI 总线在 Flash 芯片中的读写应用。

2. 实验设备

(1) 硬件及其连接

硬件:PC 一台、WEEEDK 嵌入式实验开发平台一套。

使用板载 Flash 芯片 W25Q16,STM32F10x 与 W25Q16 相关引脚的连接如图 7.9 所示,STM32F10x 的 SPI1 接口采用 PA5 作为 SPI1SCK、PA6 作为 SPI1MISO、PA7 作为 SPI1MOSI,PB9 作为 SIQCS,为 W25Q16 片选信号。

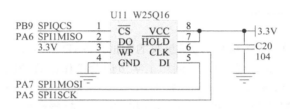

图 7.9　STM32F10x 与 W25Q16 引脚的连接

(2) 软件

操作系统 Windows、MDK-ARM 集成开发环境。

3. 实验内容

利用 SPI 在主机模式下对板载 SPI 的 Flash W25Q16 进行正确的读写操作,把读写结果显示在 LCD 上,并通过 USART1 或 USART2 传输给 PC 的串口助手。

4. 程序说明

(1) 初始化程序

在 W25Q16_Configuration()函数中,首先配置 SPI1 使用的引脚,即使用 GPIO_Init()函数将 PA5、PA6 和 PA7 配置为 50 MHz 复用推挽输出,以便分别作为 SPI1SCK、SPI1MISO 和 SPI1MISO,同样使用该函数将 PB9 配置为推挽输出,将其作为 W25Q16 的片选信号。

采用 SPI_Init()函数,将 SPI 传输方向 SPI_Direction 配置为全双工 SPI_Direction_2Lines_FullDuplex;将 SPI 模式 SPI_Mode 配置为主模式 SPI_Mode_Master(W25Q16 作为从机);将 SPI 数据长度 SPI_DataSize 配置为 8 位数据 SPI_DataSize_8b;将 SPI 极性 SPI_CPOL 配置高电平为稳定状态 SPI_CPOL_High;将 SPI 采样有效 SPI_CPHA 配置为时钟第二个边沿 SPI_CPHA_2Edge;将 SPI 从片选择 SPI_NSS 配置为片选由软件来控制 SPI_NSS_Soft;将 SPI 波特率预分频系数 SPI_BaudRatePrescaler 配置为 256 分频 SPI_BaudRatePrescaler_256;将 SPI 起始位 SPI_FirstBit 配置为高位在前 SPI_FirstBit_MSB;将 SPI 的 CRC 计算方式配置为 7 位。

最后用 SPI_Cmd()使能 SPI1。

W25Q16 的识别代码为 0xEF14。

(2) 主函数

主函数主要用于判断按下哪个键,决定具体读写操作。当按下按 KEY3 键时,擦除 0 号扇区;当按下 KEY1 键时,写数据到地址从 0 开始的 8 字节,并在 LCD 上显示要写入的数据;当按下 KEY2 键时,读取 0 地址开始的 8 个单元的数据,读数据的结果在 LCD 上显示。以上操作除了在 LCD 上显示外,还会利用指定 USART 串口发送到 PC 端,借助串口助手查看操作信息。

在主函数中,对 SPI 操作最核心的函数是字节的读写操作函数 SPIx_ReadWriteByte(),其原型如下:

```
u8 SPIx_ReadWriteByte(u8 TxData)
{
    uint8_t RxData = 0;
    while(SPI_I2S_GetFlagStatus(SPI1, SPI_I2S_FLAG_TXE) == RESET);    //等待发送缓冲区空
    SPI_I2S_SendData(SPI1, TxData);                                   //发一个字节
    while(SPI_I2S_GetFlagStatus(SPI1, SPI_I2S_FLAG_RXNE) == RESET);   //等待数据接收
    RxData = SPI_I2S_ReceiveData(SPI1);                               //返回接收到的数据
    return (uint8_t)RxData;
}
```

待发送的字节数据在 TxData 中,返回接收的数据在 RxData 中。

SPI_Flash_Write_Page 为页写函数,调用了字节读写操作函数,其原型如下:

```
void SPI_Flash_Write_Page(u8 * pBuffer,u32 WriteAddr,u16 NumByteToWrite)
```

其中,pBuffer 为待写数据的缓冲区指针,WriteAddr 为写入起始地址,NumByteToWrite 为待写数据的字节数。该函数可以写入小于 256 字节的一页。

SPI_Flash_Read 为 SPI 读函数,原型如下:

```
void SPI_Flash_Read(u8 * pBuffer,u32 ReadAddr,u16 NumByteToRead)
```

其中,pBuffer 为待读数据的缓冲区指针,ReadAddr 为读出起始地址,NumByteToRead 为待读数据的字节数。

SPI_Flash_Erase_Sector 为扇区擦除函数,其原型如下:

```
void SPI_Flash_Erase_Sector(u32 Dst_Addr)
```

由于 W25Q16 为 2 MB(256 KB×8)的 Flash 存储器,而每页为 256 字节,4 KB 为一个扇区,共 512 个扇区。因此 Dst_Addr 扇区编号为 0~511,可对 512 扇区的任何一个扇区进行擦除操作。W25Q16 的地址范围:0x00000~0x1FFFFF。

0 扇区的地址范围:0x00000~0x00FFF。

1 扇区的地址范围:0x01000~0x01FFF。

2 扇区的地址范围:0x02000~0x02FFF。

3 扇区的地址范围:0x03000~0x03FFF。

……

10 扇区的地址范围:0x0A000~0x0AFFF。

……

18 扇区的地址范围:0x12000~0x12FFF。

……

511 扇区的地址范围:0x1FF000~0x1FFFFF。

在本示例中读写的是0号扇区中0～7地址的8字节数据,因此首先要擦除0号扇区(擦除是以扇区为单位的),然后对其中的地址进行写操作。可以随时读指定地址的数据,但写之前必须提前擦除。

5. 实验步骤

(1) 连接+5 V电源到开发板,并打开电源开关,将ST-LINK仿真器连接到WEEEDK嵌入式系统实验开发板的JTAG插座上,将USB插头连接到PC的USB插口。拔下JP6,断开PB9与电机IB以及I^2C的SDA连接,拔下JP33,断开PA5与DAC2的连接,将JP30、JP31和JP32短接到上方(连接到SPI的SCL、SO和SI),短接JP8,将PB9连接到W25Q16的片选引脚上。

(2) 复制"SPI-FLASH_W25Q16+TFT9341屏实验"文件夹中的所有内容到D盘,双击SPI-FLASH_W25Q16+TFT9341屏实验\Project\Project.uvprojx工程文件,打开实验工程并阅读main.c、stm32f10x_it.c以及w25q16.c中的相关函数。

(3) 打开PC上的串口助手,波特率设置为115 200 baud,1位停止,8位数据,无校验。选择接收窗口中的数据为文本方式。

(4) 按F7功能键编译并链接工程。

(5) 按Ctrl+F5键或单击调试按钮,进入集成调试环境。

(6) 按F5功能键全速运行,按KEY2键时读取W25Q16指定地址的数据,观察LCD上显示的读出结果,并通过串口助手查看输出结果,按KEY3键时擦除0号扇区,再次按KEY2键,查看读出的原来地址所存储的数据应该为全1(FF),此时可以按KEY1键,把指定数据写入W25Q16中,再用KEY2键查看读入刚刚写入的结果。

(7) 试修改代码,完成以下功能:

按KEY3键时,擦除18号扇区中4 KB区域中的数据,按KEY1键时,将数据0x11、0x22、0x33、0x44、0x55、0x66、0x77、0x88写入该扇区自定义的某个区域中。通过按KEY2键查看写入后读出的数据,同时修改LCD上的相关提示信息。

7.4　CAN通信接口实验

STM32F10x片上集成了2个CAN总线模块,均挂接在APB2总线上。本实验使用两个CAN总线模块(CAN1和CAN2)进行相互通信,每个CAN都可以同时接收和发送,CAN1发送时CAN2接收,CAN2发送时CAN1接收。

1. 实验目的

了解和熟悉CAN的全双工通信的硬件连接及软件编程应用。

2. 实验设备

(1) 硬件及其连接

硬件:PC一台、WEEEDK嵌入式实验开发平台一套。

使用板载CAN收发器,相关引脚的连接如图7.10所示,STM32F10x的CAN1接口采用PD0作为CAN1RX,PD1作为CAN1TX,CAN2接口采用PB5作为CAN2RX,PB6作为CAN2TX。CAN1的引脚直接连接MCU,而CAN2引脚通过短接器JP10和JP11连接到MCU,MCU的CAN收发引脚连接外部收发器VP230。在远程通信时可以短接JP35和JP36,使CAN1和CAN2在总线上加入匹配电阻,以防止传输时信号的反射。

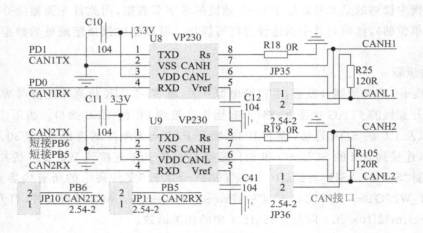

图 7.10　板载 CAN 收发器的引脚连接

（2）软件

操作系统 Windows、MDK-ARM 集成开发环境。

3. 实验内容

CAN1 和 CAN2 相互通信。通过按键中断，在主函数中判断是哪个按键按下，当按下 KEY1 键时，让 CAN1 发送一串数据到 CAN2，CAN2 中断接收数据，主函数判断数据有效，则将接收的数据通过 LCD 显示出来，同时通过串口输出接收到的数据。当按下 KEY2 键时，让 CAN2 发送一串数据到 CAN1，CAN1 中断接收数据，若主函数判断数据有效，则将接收的数据通过 LCD 显示出来，同时通过串口输出接收到的数据。当按 KEY3 键时，清除 LCD 显示的数据。

4. 程序说明

（1）初始化程序

在 GPIO_Configuration()函数中，首先配置 CAN1 和 CAN2 使用的引脚，即使用 GPIO_Init()函数将 PD0、PB5 配置为 50 MHz 上拉输入，将 PD1 和 PB6 配置为 50 MHz 多功能输出。由于 PD0、PD1 以及 PB5 和 PB6 并不是默认的 CAN1 和 CAN2 收发引脚，因此需要使用 GPIO_PinRemapConfig()函数对 CAN 引脚重新映射。

在 CAN_Configuration()函数中，用 CAN_Init(CAN1, &CAN_InitStructure)函数初始化 CAN 的相关参数：

CAN_TTCM=DISABLE，失能时间触发通信模式。

CAN_ABOM=DISABLE，失能自动离线管理。

CAN_AWUM=DISABLE，失能自动唤醒模式。

CAN_NART=DISABLE，失能非自动重传输模式。

CAN_RFLM=DISABLE，失能接收 FIFO 锁定模式。

CAN_TXFP=DISABLE，失能发送 FIFO 优先级。

CAN_Mode=CAN_Mode_Normal，CAN 硬件工作在正常模式。

CAN_SJW=CAN_SJW_1tq，重新同步跳跃宽度 1 个时间单位。

CAN_BS1=CAN_BS1_4tq，时间段 1 为 4 个时间单位。

CAN_BS2=CAN_BS2_3tq，时间段 2 为 3 个时间单位。

CAN_Prescaler=1，预分频为 1。

以上 SJW、BS1、BS2 和 Prescaler 决定 CAN 通信波特率。波特率为 BAUD＝36 000/((1＋4＋3)×1)＝4 500 kbaud。由于 4500 kbaud 这个波特率太大，必须重新设置波特率，主要是改变 SJW、BS1 和 BS2 以及 Prescaler 的值。通过函数 CAN_Baud_Process 选择波特率参数，之后还需要用 CAN_Init(CAN1,&CAN_InitStructure) 和 CAN_Init(CAN2,&CAN_InitStructure) 函数将上述值装入 CAN 相关寄存器，以进行初始化 CAN1 和 CAN2。

通过 CAN_FilterInit() 函数初始化滤波器，用 CAN_ITConfig(CAN1,CAN_IT_FMP0,ENABLE) 和 CAN_ITConfig(CAN2,CAN_IT_FMP0,ENABLE) 分别使能 CAN1 和 CAN2 的接收中断。

(2) 主函数

主函数主要用于判断按下哪个按键，决定具体操作。当按下按 KEY1 键时，由 CAN1 发送 8 字节的数据，CAN2 中断接收，主函数判断是否收到 CAN1 发来的数据(CAN2_Rec_Flag＝1 有数据)，如果有数据则在 LCD 上显示接收的数据；当按下 KEY2 键时，由 CAN2 发送 8 字节的数据，CAN1 中断接收，主函数判断是否收到 CAN2 发来的数据(CAN1_Rec_Flag＝1 有数据)，如果有数据则在 LCD 上显示接收的数据；当按下 KEY3 键时，清除 LCD 上显示的接收和发送的数据，便于下次发送时观察数据。

使用 CAN1_SEND() 和 CAN2_SEND() 函数通过 CAN1 和 CAN2 发送指定标准标识 ID 的一组 8 字节数据，待发送的数据放在 CAN1_DATA[] 数组中。

(3) 中断服务函数

前面初始化时已经使能接收中断，因此一旦有 CAN 数据接收，直接进入中断函数。按照 CMSIS 规范以及启动文件要求，CAN1 接收中断服务函数为 CAN1_RX0_IRQHandler()，CAN2 接收中断服务函数为 CAN2_RX0_IRQHandler()，存于 CAN.c 文件(也可以放入 stm32f10x_it.c)中。

进入中断函数后用 CAN_Receive() 函数接收数据，此函数接收的结果存放在 RxMessage. Data[i] 中，如果本组数据的标准 ID 号一致，则接收完数据置位接收成功标志 CAN1_Rec_Flag 后，用 CAN_ClearITPendingBit 清除接收中断标志。

5. 实验步骤

(1) 连接＋5 V 电源到开发板，并打开电源开关，将 ST-LINK 仿真器连接到 WEEEDK 嵌入式系统实验开发板的 JTAG 插座上，将 USB 插头连接到 PC 的 USB 插口。将 JP10 和 JP11 短接，以将 PB5 和 PB6 连接到 CAN2 的 RX 和 TX 引脚(CAN1 的引脚 PD0 和 PD1 已经连接)。

(2) 复制"CAN 应用-双 CAN 通信＋TFT9341 屏实验"文件夹中的所有内容到 D 盘，双击 CAN 应用-双 CAN 通信＋TFT9341 屏实验\Project\Project. uvprojx 工程文件，打开实验工程文件并阅读 main. c、CAN. C 以及 hw_config. c 中的相关函数。

(3) 打开 PC 上的串口助手，波特率设置为 115 200 baud，1 位停止，8 位数据，无校验。选择接收窗口中的数据为文本方式。

(4) 按 F7 功能键编译并链接工程。

(5) 按 Ctrl＋F5 键或单击调试按钮，进入集成调试环境。

(6) 按 F5 功能键全速运行，按 KEY1 键发送标准标识符为 0xaa 的一组数据(8 个字节，数据在 CAN1_DATA 中)，观察 LCD 上显示的 CAN2 接收的结果，并通过串口助手查看结果；按 KEY2 键发送标准标识符为 0xbb 的另外一组数据(8 个字节，数据在 CAN2_DATA 中)，观察 LCD 上显示的 CAN1 接收的结果，并通过串口助手查看结果；按 KEY3 键清除 LCD 上的收发数据。

（7）试修改波特率。

修改波特率为 5 kbaud、20 kbaud、50 kbaud、100 kbaud、400 kbaud、800 kbaud、1 000 kbaud，再按照上述步骤测试通信效果。看看双 CAN 通信有没有出现问题，若出现问题，则分析问题的原因。提示：注意 CAN 总线匹配电阻的作用。

（8）修改代码完成以下任务。

按照自己的想法修改 CAN1 和 CAN2 标准标识符，修改待传输的数据，再编译链接下载调试。

第8章　嵌入式操作系统及综合实验

本章介绍的所有实验均基于 STM32F107VCT6,也适用于 STM32F10x 系列其他 MCU 芯片(改变启动文件)。本章的主要实验包括在嵌入式操作系统 C/OS-Ⅱ 下的编程应用及综合实验。

8.1　嵌入式操作系统 μC/OS-Ⅱ 实验的相关基础知识

本节主要介绍嵌入式操作系统 μC/OS-Ⅱ 与实验相关的基础知识,包括结构和任务状态 、服务相关函数等。

8.1.1　μC/OS-Ⅱ 的内核结构及任务状态

μC/OS-Ⅱ 的内核结构如图 8.1 所示,在硬件支持下软件部分由与处理器有关的代码、与处理器无关的代码以及用户应用代码组成。

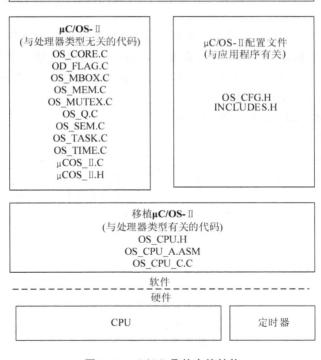

图 8.1　μC/OS-Ⅱ 的内核结构

　　μC/OS-II任务状态的转换如图8.2所示,在μC/OS-II下的实验用到的相关函数包括任务相关函数、事件发生相关函数、等待事件相关函数以及抢占其他任务相关函数等。

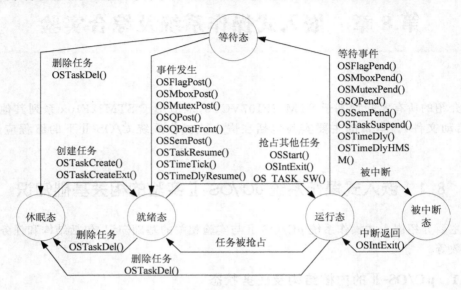

图 8.2　μC/OS-II任务状态的转换

8.1.2　μC/OS-II的系统服务相关函数

1. μC/OS-II的任务管理服务相关函数

μC/OS-II通过一组系统函数进行任务管理,并以优先级(Prio)作为任务的标识。

（1）任务创建

　　任务可以在调用 OSStart()开始任务调度之前创建,也可以在其他任务的运行过程中创建,但不能由中断服务程序创建。在开始任务调度前,用户必须至少创建一个用户任务。

　　函数 OSTaskCreate()和 OSTaskCreateExt()都可以创建任务,OSTaskCreateExt()函数提供了一些附加的功能,但会增加额外的开销。

　　创建任务函数 OSTaskCreate()原型如下。

- 普通创建任务

```
INT8U OSTaskCreate(
void ( * task)(void * pd),      /* 指向任务代码的指针 */
void * pdata,                   /* 任务开始执行时传递给任务参数的指针 */
OS_STK * ptos,                  /* 任务堆栈栈顶的指针 */
INT8U prio );                   /* 分配给任务的优先级 */
```

- 扩展创建任务

```
INT8UOSTaskCreateExt(
void ( * task)(void * pd),      /* 指向任务代码的指针 */
void * pdata,                   /* 任务开始执行时传递给任务参数的指针 */
OS_STK * ptos,                  /* 任务堆栈栈顶的指针 */
INT8U prio,                     /* 分配给任务的优先级 */
INT16U id,                      /* 建立特殊标志 */
OS_STK * pbos,                  /* 任务堆栈栈底的指针 */
```

```
INT32 stk_size,              /* 任务堆栈栈容量 */
void * pext,                 /* 指向用户附加的数据域的指针 */
INT16U opt));                /* 设置选项指定是否允许堆栈检验 */
```

（2）任务删除

任务删除的操作将使任务转入休眠状态，不再被内核调度。

函数 OSTaskDel()既可以删除任务自身，也可以删除其他任务，其原型如下：

```
INT8U OSTaskDel (INT8U prio)
```

2. μC/OS-Ⅱ 的时钟节拍与时间管理服务

用户必须在调用 OSStart()启动多任务调度以后再开启时钟节拍器，且在调用 OSStart()之后要做的第一件事就是初始化定时器中断。

用户可以通过调用函数 OSTimeDly()或函数 OSTimeDlyHMSM()延迟一段时间。

（1）OSTimeDly()延时函数

函数 OSTimeDly()的原型为"void OSTimeDly (INT16U ticks);"，参数 ticks 为要延时的时钟节拍数（1～65 535）。OSTimeDly()函数仅延时 ticks 次时钟节拍，每个节拍的绝对时间取决于不同处理器的节拍定时器的具体配置。在本实验系统的示例模板中，给出的时钟节拍由函数 SysTick_Configuration()决定，其中 OS_TICKS_PER_SEC 为 1 s 内节拍的次数，本实验系统示例给出的 OS_TICKS_PER_SEC 值为 1 000，也就是 1 s 内有 1 000 个节拍，即一个时钟节拍为 1 ms。

（2）OSTimeDlyHMSM()延时函数

OSTimeDly()延时的时间是节拍数，在本实验系统中为 1 ms 一个节拍，因此要延时 200 ms，可直接调用函数 OSTimeDly(200)。但若要延时指定时间（如 1 小时 10 分 28 秒），则用 OSTimeDly()就难以做到，而用 OSTimeDlyHMSM()函数就可轻松做到。

函数 OSTimeDlyHMSM()的原型为

```
INT8U OSTimeDlyHMSM (INT8U hours, INT8U minutes, INT8U seconds, INT16U milli);
```

其中，参数 hours、minutes、seconds 和 milli 分别为延时时间的小时数（0～255）、分钟数（0～59）、秒数（0～59）和毫秒数（0～999）。实际的延时时间是时钟节拍的整数倍。

例如，若延时 1 小时 10 分 28 秒，则 hours＝1，minutes＝10，seconds＝28，milli＝0，直接用如下函数即可：

```
OSTimeDlyHMSM(1,10,28,0);
```

3. μC/OS-Ⅱ 的任务间通信与同步服务

在 μC/OS-Ⅱ 中，在任务间共享数据和实现任务间通信的方法包括信号量（Semaphore）、消息邮箱（Message Mailbox）、消息队列（Message Queue）以及互斥信号量（Mutual Exclusion Semaphore，缩写为 mutex）和事件标志组（Event Flag）等。

在任务和中断服务程序之间传递的这些不同类型的信号统称为事件（Event），μC/OS-Ⅱ 利用事件控制块（Event Control Block，ECB）作为这些交互机制的载体。

任务或者中断服务程序可以通过 ECB 向其他任务发出信号。任务也可以在 ECB 上等待其他任务或中断服务程序向其发送信号，但中断服务程序不能等待信号。

（1）信号量

在实验中用到的用于信号量的系统函数如下。

• 创建信号量：OS_EVENT * OSSemCreate(WORDcnt)。

- 释放信号量:INT8U OSSemPost(OS_EVENT * pevent)。
- 等待信号量:Void OSSemPend(OS_EVNNT * pevent,INT16U timeout,int8u * err)。

在使用信号量之前必须先用函数 OSSemCreate()创建一个信号量,发送时使用函数 OSSemPost(),接收时使用 OSSemPend()。

cnt 为信号量的初始值,如果信号量用来表示 1 个或多个事件发生,则该值为 0,如果信号量用于对共享资源的访问,则该值为 1,如果允许访问 n 个资源,则该值为 n,使用一次 OSSemPost()函数时,cnt 加 1,使用一次 OSSemPend()函数时,cnt 减 1;pevent 为信号量的指针;err 为错误代码变量的指针。

(2)互斥信号量

互斥信号量 mutex 是二值信号量,只供任务使用,通常用于实现对共享资源的独占访问。

μC/OS-Ⅱ 的互斥信号量支持信号量的所有功能,使用方法也与信号量相似,但互斥信号量还可以解决优先级反转问题。

在实验中用到的用于互斥信号量相关重要函数如下。

- 创建 mutex:OS_EVENT * OSMutexCreate(INT8U prio,INT8U * err)。
- 释放 mutex:INT8U OSMutexPost(OS_EVENT * pevent)。
- 等待 mutex:void OSMutexPend(OS_EVENT * pevent,INT16U timeout,INT8U * err)。

在使用互拆信号量之前必须先用函数 OSMutexCreate()创建一个信号量,发送时使用函数 OSMutexPost(),接收时使用函数 OSMutexPend()。

其中:prio 为互拆信号量的优先级;pevent 为互拆信号量的指针;err 为错误代码变量的指针。

(3)消息邮箱

消息邮箱可以让一个任务或中断服务程序向另一个任务发送一个指针型的变量,该指针通常指向一个包含特定消息的数据结构。

在实验中用到的用于消息邮箱的主要系统函数如下。

- 创建消息邮箱:OS_EVENT * OSMboxCreate(void * msg)。
- 释放消息邮箱(消息邮箱发送):INT8U OSMboxPost(OS_EVENT * pevent,void * pmsg)。
- 等待消息邮箱:void * OSMboxPend(OS_EVENT * pevent,INT32U timeout,INT8U * perr)。

在使用消息邮箱之前必须先用函数 OSMboxCreate()创建一个信号量,发送时使用函数 OSMboxPost(),接收时使用函数 OSMboxPend()。

其中:msg 为一个要在任务间传递的变量指针;pevent 为消息邮箱的指针;pmsg 为消息指针;perr 为错误代码变量的指针。

(4)消息队列

消息队列同样允许一个任务或中断服务程序向另一个任务发送一个指针型的变量。但一个邮箱只能传递一则消息,而消息队列则可以接收多条消息。故可以将消息队列看作由多个邮箱组成的数组,这些邮箱共用一个等待任务列表。

在实验中用到的用于消息队列的系统函数如下。

- 创建消息队列:OS_EVENT * OSQCreate(void * * start,INT16U size)。
- 释放消息队列(消息队列发送):INT8U OSQPost(OS_EVENT * pevent,void * msg)。

- 等待消息队列:void ＊ OSQPend(OS_EVENT ＊ pevent,INT32U timeout,INT8U ＊ perr)。
- 清空消息队列:INT8UOSQFlush(OS_EVENT ＊ pevent)。

在使用消息队列之前必须先用函数 OSQCreate( )创建一个信号量,发送时使用函数 OSQPost( ),接收时使用函数 OSQPend( )。

其中:start 为消息队列的起始指针;size 为消息队列的长度;msg 为消息指针,perr 为错误代码变量的指针。

8.1.3　μC/OS-Ⅱ用户任务的三种结构

任务可以是一个无限的循环,也可以在任务完成后自我删除。因此,任务通常采用下面三种结构之一。

1. 单次执行的任务

这类任务在创建后处于就绪状态并可以被执行,执行完相应的功能后则自我删除。

单次执行的任务通常是孤立的任务,不与其他任务进行通信,只使用共享资源来获取信息和输出信息,但可以被中断服务程序中断。

单次执行的任务通常执行三步操作:任务准备工作;任务实体;自我删除函数调用。

```
void  Task(void ＊ pdata)
{
    任务初始化的准备工作;        /＊ 定义变量并初始化硬件设备 ＊/
    任务实体;                   /＊ 完成该任务的具体功能 ＊/
    OSTaskDel(OS_PRIO_SELF);    /＊ 任务完成后调用任务删除函数自我删除 ＊/
}
```

8.2.4 节中的任务 3 就属于单次执行的任务示例。

2. 周期执行的任务

周期执行的任务一般采用循环结构,并在每次完成具体功能后调用系统延时函数 OSTimeDly( )或 OSTimeDlyHMSM( )来等待下一个执行周期,此时在本任务等待过程中处理器去处理其他任务。此处不可以用纯软件延时来代替系统延时函数,否则在延时时间未到时不可执行其他任务。也就是说,使用系统给定的两个延时函数时,只要时间没有到,处理器就可以先执行其他任务,一旦时间到则立即执行本任务。

```
void  Task(void ＊ pdata)
{
    任务初始化准备工作;          /＊ 定义和初始化变量及硬件设备 ＊/
    for( ; ; )                 /＊ 无限的循环 或 while(1) ＊/
    {
        任务实体;               /＊ 完成该任务的具体功能 ＊/
        OSTimeDly(n);          /＊调用系统延时函数等待下一个周期 ＊/
    }
}
```

8.2.1 节中的所有任务以及 8.2.2 节中的任务 2、8.2.3 节中的任务 1、8.2.4 节中的任务 2 等属于周期执行的任务示例。

3. 事件触发执行的任务

这类任务的实体代码只有在某种事件发生后才执行。在相关事件发生之前,任务被挂起。

事件触发执行的任务一般采用循环结构,相关事件发生一次,任务实体代码执行一次。

与之相关的事件主要有信号量、消息队列、消息邮箱等。

```
void  Task (void * pdata)
{
        任务初始化的准备工作;        /* 定义和初始化变量及硬件设备 */
        for ( ; ;)                   /* 无限的循环或 while(1) */
        {
            调用获取事件的函数;        /* 等待信号量或消息等 */
            任务实体;                 /* 完成该任务的具体功能 */
        }
}
```

8.2.2节中的任务1、8.2.3节中的任务2,以及8.2.4节的任务1均属于事件触发执行的任务。

8.1.4 μC/OS-Ⅱ 的中断服务程序和任务事件间信息传递

μC/OS-Ⅱ的任务和中断服务程序之间是通过 ECB 由一方任务向另一方任务发送信号的。信号被看成事件。用于通信的数据结构被称为事件控制块。常用事件有信号量、互拆信号量、消息队列、消息邮箱等。

1. 中断服务程序向任务单向发送信号

中断服务程序向指定任务发送信号的流程如图 8.3 所示。一旦进入中断,在中断服务程序中通过邮寄(发送)操作函数〔如信号量发送函数 OSSemPost()、消息队列发送函数 OSQPost()、消息邮箱发送函数 OSMboxPost()等〕发送信号;一旦有事件发生,则在任务中使用等待(接收)函数〔如信号量等待 OSSemPend()、消息队列等待函数 OSQPend()、消息邮箱发送函数 OSMboxPend()等〕来接收中断发送的信号。

图 8.3 μC/OS-Ⅱ下中断服务程序向任务发送信号的流程

需要说明的是,在 μC/OS-Ⅱ操作系统下的中断设置和初始化与在没有操作系统环境下的是一样的,但两者中断服务程序设计有区别,在 μClos-Ⅱ操作系统下进入中断服务程序后必须用 OSIntEnter()开始,用 OSIntExit()结束,这说明是在 μC/OS-Ⅱ操作系统环境下进入的中断,以便在中断结束后能顺利进行任务切换。

2. 任务向任务单向发送信号

一个任务向另外一个任务发送信号的流程如图 8.4 所示,在一个任务中通过邮寄(发送)操作函数发送信号,一旦有事件发生,则在另外一个任务中使用等待(接收)函数来接收对方任务发送的信号。

3. 中断与任务混合使用的单向信号传递

若进入中断或一个任务时间到,则中断服务程序或任务向另外的任务发送信号的流程如图 8.5 所示,在一个中断服务程序或任务中通过邮寄(发送)操作函数发送信号,一旦事件发生,则在另外任务中使用等待函数来接收中断服务程序或对方任务发送的信号。

图 8.4 μC/OS-Ⅱ下任务向任务发送信号的流程

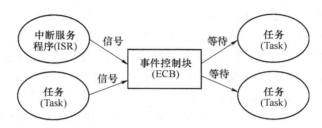

图 8.5 μC/OS-Ⅱ下中断服务程序或任务向另外的任务发送信号的流程

4. 任务间的双向信号传递

任务间的双向信号传递的流程如图 8.6 所示,在一个任务中通过邮寄(发送)操作函数发送信号,一旦事件发生,则在另外的任务中使用等待函数来接收对方任务发送的信号。反方向也一样。

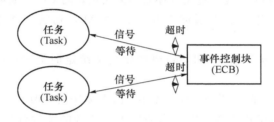

图 8.6 μC/OS-Ⅱ下任务间的双向信号传递的流程

8.2 嵌入式操作系统下的应用程序实验

本实验采用 μC/OS-Ⅱ作为 RTOS(Real-Time Operating System),在 RTOS 下可以通过任务调度、消息队列等进行应用程序设计。

8.2.1 μC/OS-Ⅱ任务调度应用实验

通过任务调度实现多任务编程应用。创建 4 个不同任务,最后由 μC/OS-Ⅱ自动调度任务的执行,完成应用程序的功能。

1. 实验目的

(1) 学习并运用 μC/OS-Ⅱ任务调度来进行多任务应用程序设计的方法。

(2) 掌握运行任务调度的设计步骤。

(3) 掌握系统主要调用函数的使用方法,如任务创建、时间服务相关函数等。

(4) 能根据综合应用需求来划分任务。

2. 实验设备

(1) 硬件及其连接

硬件:PC 一台、WEEEDK 嵌入式实验开发平台一套。

按键的连接见图 2.15,LED 发光二极管的连接见图 2.10。

（2）软件

操作系统 Windows、MDK-ARM 集成开发环境。

3. 实验内容

创新 4 个任务:第一个任务是 AppTask1 每 100 ms 利用 ADC 通道 ADC_IN3(PA3)采集电位器中心点的电压,并让 LED1 闪烁,以指示第一个任务在执行;第二个任务是 AppTask2 每隔 200 ms 根据电位器中心点的电压大小控制蜂鸣器响与不响,当电压值低于一定值时报警让蜂鸣器响,当超过电压值时停止报警,并让 LED2 闪烁,以指示第二个任务在执行;第三个任务是 AppTask3 利用定时器的 PWM 功能在 TIM4_CH3 通道(PB8)每隔 300 ms 根据电位器中心点的电位大小控制直流电机的转速,并让 LED3 闪烁,以指示第三个任务在执行;第四个任务是 AppTask4 是每隔 500 ms 通过 TFT LCD 显示采集的电位器电压对应的数字量和电压值,并使 LED4 闪烁,以指示第四个任务在执行。

4. 程序说明

（1）初始化程序

首先对 GPIO 初始化,然后对 LCD 初始化,初始化用于 PWM 输出的引脚 PB8,其作为复用推挽输出,初始化定时器 TIM4,装入重装寄存器的值决定定时 PWM 周期,初始化 PWM 通道 3,装入比较寄存器的值决定占空比,设置通道 3 占空比,对 ADC 初始化,配置 PA3 为模拟输出通道,设置 ADC 相关寄存器。

为了让 OS 给每个任务合理分配时间,要初始化系统定时器 SysTick(无须改参数,直接调用)。

最后对 RTOS 初始化,直接调用 OSInit()函数,无须任何修改。

最为核心的程序是创建新任务。以下为创建 4 个任务的关键代码,采用普通创建任务的函数 OSTaskCreate()需要 4 个基本参数,描述如下:

```
OSTaskCreate(                                          // 任务创建任务1
    AppTask1,                                          //任务代码指针
    (void * )0,                                        //传递给任务的参数指针
    (OS_STK * )&AppTask1Stk[APP_TASK1_STK_SIZE - 1],   //任务的堆栈指针
    APP_TASK1_PRIO);                                   //任务1 任务优先级为6
```

其他三个任务的创建类似。任务创建完毕就可以启动操作系统,进行任务调试如下:

```
OSStart();        //开始任务调度
```

（2）任务函数

与普通无操作系统的程序设计的不同点是,每个任务必须是一个死循环,并且必须要延时一段时间让 OS 执行,这样才能不断地让操作系统分配时间来执行该任务。

延时功能必须采用系统提供的延时函数来实现,才能在延时时间不到时,让 CPU 去执行其他任务,不至于让 CPU 一直等待,直到本延时结束时才执行该延时之后的代码。

任务 1 的函数如下:

```
static   void   AppTask1 (void * p_arg)
{    while(1)
{value = Read_ADC1_MultiChannel(ADC_Channel_3);       / * 获取采样值 * /
    ADC_Value = (3.3 * 1000/4096) * value;             / * 将 AD 值转换为电压值 mV * /
    OSTimeDlyHMSM(0,0,0,100);                          / * 延时 100ms,这是操作系统专用延时函数 * /
```

```
    GPIOD - >ODR^ = (1<<2);                        / * LED1 闪烁 * /
}
}
```

任务 2 的函数如下：

```
static   void   AppTask2 (void * p_arg)
{    while(1)
{if(ADC_Value<1500)  GPIO_SetBits(GPIOC,GPIO_Pin_0);/ * 低于 2.5V 蜂鸣器响 * /
else if(ADC_Value>1600)  GPIO_ResetBits(GPIOC,GPIO_Pin_0);  / * 高于 2.6V 解除 * /
OSTimeDlyHMSM(0,0,0,200);                       / * 延时 200ms * /
GPIOD - >ODR^ = (1<<3);                         / * LED2 每隔 0.4 秒闪烁一次（定时 200ms）改
                                                  变 LED2 的状态 * /

}
}
```

任务 3 的函数如下：

```
static   void   AppTask3 (void * p_arg)
{    u16 Pulse;
while(1)
{Pulse = (SystemCoreClock/(100 * us) - 1) * value/4096;
TIM_SetCompare3(TIM4,Pulse);                    / * 写入定时器 4 的通道 3 的占空比值 * /
TIM_SetCompare4(TIM4,0);                        / * 写入定时器 4 的通道 4 的占空比值 * /
OSTimeDlyHMSM(0,0,0,300);                       / * 延时 300ms * /
GPIOD - >ODR^ = (1<<4);                         / * LED3 每隔 600ms 闪烁一次 * /
    }
}
```

任务 4 的函数如下：

```
static   void   AppTask4 (void * p_arg)
{while(1)
{    POINT_COLOR = YELLOW;
    BACK_COLOR = RED;
    LCD_ShowNum(160,230, value,5,16);          / * 在 LCD 屏上显示采样值 * /
    LCD_ShowNum(160,250,ADC_Value,5,16);       / * 在 LCD 屏上显示电压值 mV * /
    OSTimeDlyHMSM(0,0,0,500);                  / * 延时 500ms * /
    GPIOD - >ODR^ = (1<<7);                    / * LED4 每隔 1 秒闪烁 * /
}
}
```

(3) 主函数

```
int   main (void)
{    uint16_t Pulse = 7200 * 0.5;               / * 占空比为 50 %   周期 7200(1ms) * /
LED_Configuration();                           / * LED 发光管初始化 * /
LCD_Init();                                    / * LCD 初始化 * /
Welcome();                                     / * 显示主界面 * /
PWM_GPIO_Init();                               / * PWM 输出口 PB8,初始化 * /
Init_TIMER(us);                                / * 定时器 4 初始化 us 为 PWM 周期（us 可修
```

```
                                                          改,默认 100us) * /
    Init_PWM(Pulse);                          /* PWM 的通道 3 初始化设置 * /
    TIM_SetCompare3(TIM4,Pulse);              /* 写入定时器 4 的通道 3 的占空比值 * /
    TIM_SetCompare4(TIM4,0);                  /* 写入定时器 4 的通道 4 的占空比值 * /
    ADC_Configuration();
    SysTick_Configuration();                  /* 系统定时器初始化 * /
    OSInit();                                 /* usos ii 初始化 * /
    AppTaskCreate();                          /* 创建任务 * /
    OSStart();                                /* 开始任务调度 * /
}
```

5. 实验步骤

(1) 连接+5 V 电源到开发板,并打开电源开关,将 ST-LINK 仿真器连接到 WEEEDK 嵌入式系统实验开发板的 JTAG 插座上,将 USB 插头连接到 PC 的 USB 插口。

(2) 复制"ucos ii 下编程应用_任务调度应用实验"文件夹中的所有内容到 D 盘,双击 ucos ii 下编程应用_任务调度应用实验\Project\Project. uvprojx 工程文件,打开实验工程并仔细阅读 main. c。

(3) 按 F7 功能键编译并链接工程。

(4) 按 Ctrl+F5 键或单击调试按钮,进入集成调试环境。

(5) 按 F5 功能键全速运行,观察 LCD 上显示的信息。

(6) 试着修改程序,在主函数中添加 USART 的初始化函数 USART_Configuration()(注意位置要在 SysTick_Configuration 之前的任意处),添加一个任务,任务名为 AppTask5,堆栈大小为 64 B,优先级为 9,每隔 180 ms 向 RS-232 发送检测的电位器电压值(mV)。

(7) 将原任务中的延时函数 OSTimeDlyHMSM()用 OSTimeDly()替换,再重新编译链接和运行,查看运行结果。

(8) 将自己的学号和姓名显示在 LCD 相应位置。

8.2.2 μC/OS-Ⅱ 消息队列应用实验

消息队列允许一个任务或中断服务程序向另一个任务发送一个指针型的变量。通过消息队列任务调度实现多任务编程应用。

1. 实验目的

(1) 学习并运用 μC/OS-Ⅱ 消息队列进行多任务应用程序设计的方法。

(2) 掌握运行消息队列的设计步骤。

(3) 掌握消息队列相关系统函数的使用方法。

2. 实验设备

(1) 硬件及其连接

硬件:PC 一台、WEEEDK 嵌入式实验开发平台一套。

按键的连接见图 2.15,LED 发光二极管的连接见图 2.10 所示,USB-UART 接口见图 2.38 (采用 USART2)。

(2) 软件

操作系统 Windows、MDK-ARM 集成开发环境、串口助手软件。

3. 实验内容

创建两个任务。第一个任务是 AppTask1 获取消息，如果获取成功，则通过 USB-UART 接口输出提示"读取队列成功"并把消息队列传输的信息也一同传输给 PC 的串口助手；如果不成功，则通过 USB-UART 接口传输到串口助手界面中，提示"读取失败"。无论成功还是失败，每200 ms 让 LED1 闪烁一次（用定时100 ms 改变 LED1 的状态）。第二个任务是发送消息，如果发送正确，则通过串口发送提示信息"消息队列加入中"，否则，提示"队列已满"，并每200 ms 让 LED2 闪烁一次。

4. 程序说明

（1）初始化程序

首先对 GPIO 初始化，然后对 LCD 初始化，为了让 OS 给每个任务合理分配时间，要初始化系统定时器 SysTick（无须改参数，直接调用），最后对 RTOS 初始化，直接调用 OSInit() 函数，无须任何修改。

与任务调度不同的是，还要先创建一个消息队列，如

```
CommQ = OSQCreate(&CommMsg[0], 10);                    /* 建立消息队列长度为 10 */
```

然后利用 OSQFlush() 函数清除消息队列。

最后创建两个任务，启动操作系统。

（2）任务函数

任务 1 函数如下：

```
void AppTask1 (void * p_arg)
{    INT8U err;
void * msg;
while(1)
{    msg = OSQPend(CommQ, 100, &err);                    /* 获取消息 */
     if (err == OS_NO_ERR){
     printf("\n\r 读取队列成功:% s\r\n",(INT8U * )msg);   /* 成功则打印消息 */
     } else{printf("\n\r 读取失败\r\n");                   /* 读取失败 */
     }
     GPIOD - >ODR^ = (1<<2);                              /* LED1 改变状态 - 闪烁 */
     OSTimeDlyHMSM(0,0,0,100);
     }
}
```

任务 2 函数如下：

```
INT8U * CommRxBuf = "\n 消息队列传送的信息为"南京航空航天大学嵌入式实验开发板 RTOS 实验之消息队列传递信息"\n";
void  AppTask2 (void * p_arg)
{    INT8U err;
while(1)
{    err = OSQPost(CommQ, (void * )&CommRxBuf[0]);
     if (err == OS_NO_ERR){
     printf("\n\r 消息加入队列中 \r\n");                  /* 将消息放入消息队列 */
     } else{
     printf("\n\r 队列已满 \r\n");                        /* 消息队列已满 */
```

```
    }
    GPIOD - >ODR = (1<<3);                          /*LED2 改变状态 - 闪烁*/
    OSTimeDlyHMSM(0,0,0,100);
    }
}
```

（3）主函数

```
int main (void)
{   LED_Configuration();
LCD_Init();                                          /*LCD 初始化*/
Welcome();                                           /*显示主界面*/
SysTick_Configuration();                             /*系统定时器初始化*/
USART_Configuration();                               /*串口初始化*/
OSInit();                                            /*usos ii 初始化*/
CommQ = OSQCreate(&CommMsg[0], 10);                  /*建立消息队列 长度为 10*/
OSQFlush(CommQ);
AppTaskCreate();                                     /*创建任务*/
OSStart();                                           /*开始任务调度*/
}
```

5. 实验步骤

（1）连接＋5 V 电源到开发板，并打开电源开关，将 ST-LINK 仿真器连接到 WEEEDK 嵌入式系统实验开发板的 JTAG 插座上，将 USB 插头连接到 PC 的 USB 插口。

连接 USB-UART 接口：将另外一个 USB 连接线小头连接到实验板左下方的 USB-UART 位置，将大头连接到 PC 的 USB 接口。

（2）复制"ucos ii 下编程应用_消息队列应用实验"文件夹中的所有内容到 D 盘，双击 ucos ii 下编程应用_消息队列实验\Project\Project. uvprojx 工程文件，打开实验工程文件并阅读 main. c。

（3）按 F7 功能键编译并链接工程。

（4）按 Ctrl＋F5 键或单击调试按钮，进入集成调试环境。

（5）打开 PC 上的串口助手，波特率设置为 115 200 baud，选择适当的串口（如串口 3 为台式机虚拟串口），接收选择文本（字符）方式。

（6）按 F5 功能键全速运行，观察 LCD 上显示的信息。

（7）用普通任务创建替换扩展任务创建。修改 AppTaskCreate ( ) 函数中的 OSTaskCreateExt()函数为 OSTaskCreate()函数，忽略 OSTaskCreateExt()函数扩展部分的参数配置。

（8）修改发送消息的任务中发送的具体消息，把自己感兴趣的信息发送出来。

（9）将自己的学号和姓名显示在 LCD 相应位置。

8.2.3　μC/OS-Ⅱ信号量应用实验

利用信号量完成如下功能：当按下 KEY1 键时，蜂鸣器响一声，并通过 USART2 连接的 USB-UART 接口连接到 PC；当有信号量发生时，向 PC 发送相关信号，体验信号量的使用。

1. 实验目的

（1）学习并运用 μC/OS-Ⅱ信号量进行多任务应用程序设计的方法。

（2）掌握运行信号量的设计步骤。

（3）掌握信号量相关系统函数的使用。

2．实验设备

（1）硬件及其连接

硬件：PC一台、WEEEDK嵌入式实验开发平台一套。

按键的连接见图2.15，LED发光二极管的连接见图2.10，PC0经反向驱动推动蜂鸣器（连接JP12短接器即可），USB-UART接口见图2.38（采用USART2）。

（2）软件

操作系统Windows、MDK-ARM集成开发环境、串口助手软件。

3．实验内容

创建两个任务。第一个任务是AppTask1判断是否有KEY1键按下，如果有，则发送信号量，通过串口发送提示信息"已发送信号量"。第二个任务是让AppTask2获取消息，如果获取成功，则让蜂鸣器响一声，并且通过USB-UART接口输出提示"接收信号量成功！"。

4．程序说明

（1）初始化程序

首先对GPIO初始化，然后对LCD初始化，为了让OS给每个任务合理分配时间，要初始化系统定时器SysTick（无须改参数，直接调用），最后对RTOS初始化，直接调用OSInit()函数，无须任何修改。

与任务调度不同的是，要先创建一个信号量，如

```
MyCommSem = OSSemCreate(0);                                /* 建立信号量 */
```

最后创建两个任务，启动操作系统。

（2）任务函数

任务1函数如下：

```
void  AppTask1 (void * p_arg)
{
while(1)
{
    if (GPIO_ReadInputDataBit(GPIOD,GPIO_Pin_11) == 0)   /* 有 KEY1 键按下 */
    {
    OSSemPost(MyCommSem);
    GPIOD - >ODR& = ~(1<<2);                              /* LED1 亮 */
        printf("已发送信号量,\n");
    }
    else GPIOD - >ODR| = (1<<2);                          /* LED1 灭 */
    OSTimeDly(200);
}
}
```

任务2函数如下：

```
void  AppTask2 (void * p_arg)
{
INT8U err;
while(1)
```

```
    {

        OSSemPend(MyCommSem, 0, &err);                    /* 获取消息 */
            if(err == OS_NO_ERR)
            {
            printf("接收信号量成功！\n");
            GPIOC - >ODR| = (1<<0);
            Delay_ms(200);
            GPIOC - >ODR& = ~(1<<0);
            }
        }
    }
```

（3）主函数

```
int   main (void)
{   LED_Configuration();
LCD_Init();                                          /* LCD 初始化 */
Welcome();                                           /* 显示主界面 */
SysTick_Configuration();                             /* 系统定时器初始化 */
USART_Configuration();                               /* 串口初始化 */
OSInit();                                            /* usos ii 初始化 */
                          /* 建立信号量，初始为 0 表示等待一个事件或多个事件发生 */
MyCommSem = OSSemCreate(0);
AppTaskCreate();                                     /* 创建任务 */
OSStart();                                           /* 开始任务调度 */
}
```

5. 实验步骤

（1）连接＋5 V 电源到开发板，并打开电源开关，将 ST-LINK 仿真器连接到 WEEEDK 嵌入式系统实验开发板的 JTAG 插座上，将 USB 插头连接到 PC 的 USB 插口。

连接 USB-UART 接口：将另外一个 USB 连接线小头连接到实验板左下方的 USB-UART 位置，大头连接到 PC 的 USB 接口。通过短接 JP12 将蜂鸣器连接到 PC0 驱动电路。

（2）打开 PC 端的串口助手，波特率设置为 115 200 baud，选择适当的串口（如串口 3 为台式机虚拟串口），准备接收信息，选择文本（字符）方式。

（3）复制"ucos ii 下编程应用_信号量应用实验"文件夹中的所有内容到 D 盘，双击 ucos ii 下编程应用_信号量实验\Project\Project. uvprojx 工程文件，打开实验工程并阅读 main. c。

（4）按 F7 功能键编译并链接工程。

（5）按 Ctrl＋F5 键或单击调试按钮，进入集成调试环境。

（6）按 F5 功能键全速运行，观察 LCD 上显示的信息。

（7）修改任务 1 的相关代码，当 KEY2 键按下时，发送信号量，修改任务 2 的代码，当有信号量时让 LED4 亮一秒后灭。

（8）将自己的学号和姓名显示在 LCD 相应位置。

8.2.4 μC/OS-Ⅱ消息邮箱应用实验

消息邮箱同样允许一个任务或中断服务程序向另一个任务发送一个指针型的变量。通过消息邮箱任务调度可实现多任务编程应用。

1. 实验目的

(1) 学习并运用 $\mu C/OS$-Ⅱ消息邮箱进行多任务应用程序设计的方法。

(2) 掌握运行消息邮箱的设计步骤。

(3) 掌握消息邮箱相关系统函数的使用。

2. 实验设备

(1) 硬件及其连接

硬件:PC 一台、WEEEDK 嵌入式实验开发平台一套。

按键的连接见图 2.15,LED 发光二极管的连接见图 2.10,蜂鸣器的连接见图 2.18,短接 JP12,USB-UART 接口见图 2.38。

(2) 软件

操作系统 Windows、MDK-ARM 集成开发环境、串口助手软件。

3. 实验内容

创建 3 个任务。第一个任务是每隔 200 ms 扫描是否有按键按下,如果有按键按下,则相应按键位置指示灯亮,通过消息邮箱发送按键值,如果发送正确,则通过串口发送提示信息"已发送信息到邮箱"。第二个任务是由邮箱事件触发的任务,通过消息邮箱事件触发获取消息,如果获取成功,则通过 USB-UART 接口输出提示"接收邮箱信息成功!按键值为指定键值",信息也一同传输给 PC 的串口助手。第三个任务为单次任务,即在一开始通过串口向 PC 发送显示信号,响蜂鸣器响三声,以指示实验开始,之后删除任务。

4. 程序说明

(1) 初始化程序

首先对 GPIO 初始化,然后对 LCD 初始化,为了让 OS 给每个任务合理分配时间,要初始化系统定时器 SysTick(无须改参数,直接调用),最后对 RTOS 初始化,直接调用 OSInit()函数,无须任何修改。

与消息队列类似,消息邮箱是通过邮箱传送消息的。

```
MyCommMbox = OSMboxCreate((void * )0);        //创建消息邮箱
```

最后创建两个任务,启动操作系统。

(2) 任务函数

任务 1 函数如下:

```
void   AppTask1 (void * p_arg)
{
u8 key;
while(1)
{
    key = KEY_Scan();                                /* 扫描按键 */
            if(key!= 0)
            {
            OSMboxPost(MyCommMbox,(void * )key);      /* 发送邮箱消息 */
            printf("已发送信息到邮箱 ");
            }
    OSTimeDly(200);
```

```
}
}
```

任务 2 函数如下：

```
void   AppTask2 (void * p_arg)
{
INT8U err,key;
while(1)
{
        key = (u32)OSMboxPend(MyCommMbox,100,&err);        /* 获取邮箱消息 */
        if(err == OS_NO_ERR)
        {
        printf("接收邮箱信息成功！按键值为:");
        USART_SendData(USART2, key + 0x30);
            while(! USART_GetFlagStatus(USART2, USART_FLAG_TXE));
            printf("\n");
        GPIOC - >ODR| = (1<<0);                            /* 蜂鸣器响一声 */
                Delay_ms(200);
        GPIOC - >ODR& = ~(1<<0);
        }
        OSTimeDly(200);
    }
}
void   AppTask3 (void * p_arg)
{   u8 i = 0;
printf("\n南京航空航天大学计算机科学与技术学院 uCOSII 消息邮箱实验:\n");
for(i = 0;i<3;i ++ ){    /* 蜂鸣器响三声 */
GPIOC - >ODR| = (1<<0);
OSTimeDly(200);
GPIOC - >ODR& = ~(1<<0);
OSTimeDly(150);}
OSTaskDel(OS_PRIO_SELF);                               /* 删除任务,即本任务仅用一次 */
}
```

(3) 主函数

```
int   main (void)
{    GPIO_Configuration();
LCD_Init();                                            /* LCD 初始化 */
Welcome();                                             /* 显示主界面 */
SysTick_Configuration();                               /* 系统定时器初始化 */
USART_Configuration();                                 /* 串口初始化 */
OSInit();                                              /* usos ii 初始化 */
MyCommMbox = OSMboxCreate((void * )0);                 /* 创建消息邮箱 */
AppTaskCreate();                                       /* 创建任务 */
OSStart();                                             /* 开始任务调度 */
}
```

5. 实验步骤

(1) 连接＋5 V 电源到开发板,并打开电源开关,将 ST-LINK 仿真器连接到 WEEEDK 嵌入式系统实验开发板的 JTAG 插座上,将 USB 插头连接到 PC 的 USB 插口。

(2) 复制"ucos ii 下编程应用_消息邮箱应用实验"文件夹中的所有内容到 D 盘,双击 ucos ii 下编程应用_消息队列实验\Project\Project.uvprojx 工程文件,打开实验工程并阅读 main.c。

(3) 按 F7 功能键编译并链接工程。

(4) 按 Ctrl＋F5 键或单击调试按钮,进入集成调试环境。

(5) 打开 PC 上的串口助手,波特率设置为 115 200 baud,选择适当的串口,接收选择文本(字符)方式。

(6) 按 F5 功能键全速运行,观察 LCD 上显示的信息。

(7) 修改单次任务 AppTask3(),改变发送到串口的信息,修改事件触发的任务 AppTask1(),当有邮箱消息接收时,如果按键值为 1,则让 LED1 闪烁一次;如果按键值为 2,则让 LED2 闪烁一次;如果按键值为 3,则让 LED3 闪烁一次;如果按键值为 4,则让 LED4 闪烁一次。重新编译链接运行,查看结果。

(8) 将自己的学号和姓名显示在 LCD 相应位置。

8.3 嵌入式系统综合应用实验

8.3.1 嵌入式系统程序设计的基本结构

由《嵌入式系统原理及应用(第 3 版)》中的 3.10.3 节可知,嵌入式系统程序结构中有无操作系统的三种程序结构(简单轮询结构、中断结构以及轮询与中断相结合的结构)以及有嵌入式操作系统支持下的多任务结构。

在实际工程应用中,无操作系统环境下应用最为广泛的是轮询与中断相结合的程序结构,如图 8.7 所示。其中,中断负责传递参数及置相关操作标志,具体处理放在主函数的轮询结构中。

在有嵌入式操作系统(如 μC/OS-Ⅱ 等 RTOS)时,程序结构如图 8.8 所示。在这种结构环境下,程序设计的主要任务是编写不同任务或进程,所有任务在启动操作系统后,只要在初始化时设置了任务优先级,均由操作系统进行管理和调度任务,无须人为干预。

8.3.2 无操作系统支持下的综合实验

1. 实验目的

(1) 会用取模软件生成汉字字模并将其应用到 LCD 的汉字显示中。

(2) 熟练掌握 GPIO 的应用。

(3) 掌握 ADC 组件 A/D 变换基于 DMA 传输的操作方法及其应用。

(4) 掌握 DAC 组件 D/A 变换的操作方法及其应用。

(5) 熟练掌握 TIMx 定时器的应用。

(6) 熟练掌握 USART 在串行通信中的应用。

2. 实验设备及软件

(1) 硬件

需要 PC 一台、WEEEDK 嵌入式实验开发平台一套。其中用到的板载设备有 3.2 寸真彩

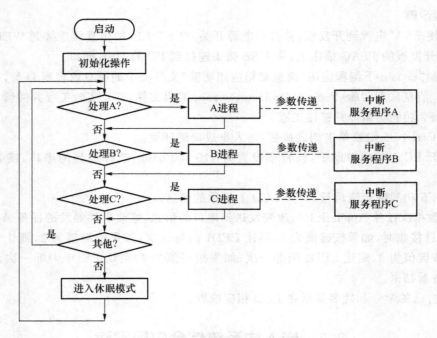

图 8.7　轮询与中断结合的程序结构

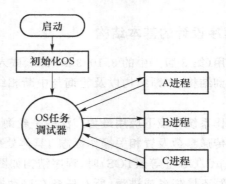

图 8.8　基于 RTOS 的多任务并的程序结构

LCD、电位器、USB-UART 接口,按键的连接如图 8.9 所示,LED1～LED5 红色发光二极管的连接如图 8.10 所示,LED7 双色发光二极管指示灯如图 8.11 所示。

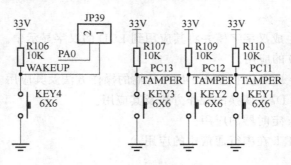

图 8.9　按键的连接

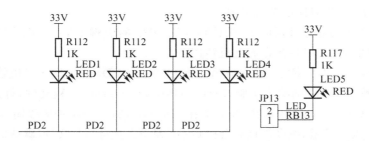

图 8.10　LED1～LED5 红色发光二极管指示灯的连接

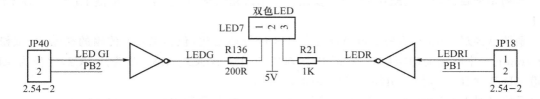

图 8.11　LED7 双色发光二极管指示灯的连接

对于双色发光二极管指示灯,PB1 控制红色,PB2 控制绿色,当 PB1＝1 且 PB2＝0 时,红色发光二极管亮,绿色灭,当 PB1＝0 且 PB2＝1 时,绿色亮,红色灭。当 PB1＝0 且 PB2＝0 时,双色发光二极管全灭,当 PB1＝1 且 PB2＝1 时,红色和绿色全亮。

（2）软件

操作系统 Windows、MDK-ARM 集成开发环境、串口助手软件。

3. 实验内容

（1）在 LCD 上填写相关信息;在指定位置填写自己的学号和中文姓名全名（学会取模）。

（2）利用 ADC 的 DMA 传输方式获取指定单一通道（ADC1_IN12:PC2）多次转换结果,通过适当滤波算法,并根据线性标度变换计算电压值（单位为 mV）。

（3）利用 DAC 输出与 ADC 采样值对应的值〔通过 PA5（DAC 通道 2）输出〕来控制板载直流电机。

（4）定时器定时指定时间 500 ms,定时时间一到,更新 LCD 更新显示〔显示电压值（mV）〕。

（5）通过 RS-232 接口或 USB-UART 与 PC 进行通信,通过串口助手软件发送的相关命令控制实验开发板指定外设。

将电位器连接至 PC2（ADC1_IN12）ADC 通道,在 DMA 传输方式下进行 A/D 变换并获取转换结果,通过标度变换,得到电压,将电压值（mV）显示在 LCD 上,同时,将转换的结果通过 PA5（DACOUT2）输出,将该输出连接到直流电机的控制端 IA,旋转电位器,查看 LCD 上显示的采集电压值的变化,并观察电机运行情况。通过 USB-UART 接口连接的在 PC 端运行的串口助手软件发送的命令来控制板载设备。

4. 实验步骤

（1）连接＋5 V 电源到开发板,并打开电源开关,将 ST-LINK 仿真器连接到 WEEEDK 嵌入式系统实验开发板的 JTAG 插座上,将 USB 插头连接到 PC 的 USB 插口。

连接 JP25/JP26 到右边（2-3 连接）,使 USART2 连接到 USB-UART 接口,以便与 PC 串行通信,将 USB 连接线小头插入实验板左下方的 USB-UART 接口,将大头连接 PC 端。

拔下短接器 JP14,用杜邦线将 JP14 的 AIN3 连接到 P1 的 PC2 引脚,即将电位器中心点连接到 ADC1_AIN12 通道对应的 PC2 引脚上。

将 JP29、JP33 和 JP6 短接器取下,用杜邦线把 JP33 的引脚 PA5 连接到 JP6 的 IB 引脚,即用 DACOUT2 输出 PA5,以控制直流电机转速。

将短接器 JP18 和 JP40 插上,把 PB1 和 PB2 连接到 LED7 双色发光二极管。

(2) 双击无操作系统下的综合实验\Project\Project.uvprojx 工程文件,打开实验工程。

(3) 从 Flash Configure tools 选择 Output,在 Name of Executable 中修改输入可执行的文件名,格式为学号_姓名_综合实验,编译链接后会在 Obj 目录下产生可执行文件(默认扩展名为 *.axf)。

(4) 按照系统要求,初始化相关硬件,并按照以下要求修改相关代码。

本初始项目已经对 LED1~LED4 及双色指示灯初始化,并已对 4 个按键 KEY1~KEY4 初始化。

系统已经对 PA3 对应的通道 ADC1_AIN3 进行初始化,包括 DMA 传输的初始化,试修改 hw_config.c 中的相关初始化程序,把 PA3 对应的通道 ADC1_AIN3 改为用 PC2,此作为 ADC 通道 ADC1_AIN12(时钟、引脚配置均要同步修改)。

系统已对 DAC 初始化,通道 1 初始化为 PA4,试修改采用 PA5 为 DAC2 输出。

系统对 TIM2 已经做了初始化,并在 stm32f10x_it.c 中设计了相应中断服务函数。请把 TIM2 改为 TIM3,修改初始化程序及中断服务函数中的相关代码,使 TIM3 每隔 350 ms 中断一次,在定时中断服务函数(注意 TIM3 的中断函数名称的修改,可查看启动文件中的名称)中,置位时间到标志 TFlag=1,同时增加让 LED1 指示灯闪烁的代码。

系统已对 USART3 初始化,修改相关程序代码,以初始化 USART2(USB-UART 对应的 USART),波特率设置为 57 600 baud,修改原来 stm32f10x_it.c 的中断服务函数 USART3_IRQHandler 为 USART2_IRQHandler,并将 USART3 改为 USART2。增加 USART2 通信代码,要求:当接收到字符"R"时,让双色指示灯 LED7 的红色亮,绿色灭,同时通过 USB-UART 接口(USART2)向 PC 端发送"Turn On Red LED.";当接收到字符"G"时,让双色指示灯 LED7 的绿色亮,红色灭,同时通过 USB-UART 接口(USART2)向 PC 端发送"Turn On Green LED.";当接收到字符"S"时,双色指示灯全灭,向 PC 端发送"Tun off Red and Green LED.";当接收到字符"D"时,双色指示灯的红色和绿色全亮,向 PC 端发送"Turn On Red and Green LED."。

在 main() 主循环体内增加代码,判断 TFlag 标志是否为 1,若是则让 LCD 显示测量得到的电位器对应的电压值(mV),然后清除标志 TFlag=0。

在主循环体内增加代码:使用寄存器方式完成当按下 KEY1 键时点亮 LED1,而当 KEY1 键抬起时 LED1 灭的功能;使用固件库函数方式完成当按下 KEY2 键时蜂鸣器响一声的功能。

(5) 编译并下载程序及调试。

(6) 按 F5 功能键全速运行,左右旋转电位器,查看 LCD 上显示的电压值,并观察板载直流电机的运行情况。

(7) 打开 PC 端的串口助手软件,设置与本例程相同的波特率 57 600 baud,在发送窗口以字符方式(非 HEX)发送字符"R",查看 LED7 双色指示灯(红色指示灯应该亮),并在串口助手软件的接收窗口观察接收到的字符;发送字符"G",查看双色发光二极管(绿色指示灯应该亮),并在串口助手软件的接收窗口观察接收到的字符;发送字符"D",查看双色发光二极管(红色和绿色指示灯应该全亮),并在串口助手软件的接收窗口观察接收到的字符;发送"S",查看双色发光二极管(红色和绿色指示灯应该全灭),并在串口助手软件的接收窗口观察接收到的字符。

(8) 将 Projet\Obj 下的可执行文件(学号_姓名_综合测试.axf)保存在自己的 U 盘中。

8.3.3 有操作系统支持下的综合实验

1. 实验目的

（1）在嵌入式操作系统 μC/OS-Ⅱ 环境下，掌握用任务调度、消息邮箱以及消息队列进行任务设计的方法。

（2）熟练掌握 GPIO 的应用。

（3）掌握 ADC 组件 A/D 变换基于 DMA 传输的操作方法及其应用。

（4）掌握 DAC 组件 D/A 变换的操作方法及其应用。

（5）熟练掌握 USART 在串行通信中的应用。

2. 实验设备及软件。

（1）硬件

需要 PC 一台、WEEEDK 嵌入式实验开发平台一套，其中用到的板载设备有 3.2 寸真彩 LCD、电位器、USB-UART 接口，按键的连接如图 8.9 所示，LED1～LED5 红色发光二极管指示灯的连接如图 8.10，LED7 双色发光二极管指示灯如图 8.11 所示。

对于双色发光二极管指示灯，PB1 控制红色，PB2 控制绿色，当 PB1＝1 且 PB2＝0 时，红色发光二极管亮，绿色灭；当 PB1＝0 且 PB2＝1 时，绿色亮，红色灭。当 PB1＝0 且 PB2＝0 时，双色发光二极管的红色和绿色全灭；当 PB1＝1 且 PB2＝1 时，红色和绿色全亮。

（2）软件

操作系统 Windows、MDK-ARM 集成开发环境、串口助手软件。

3. 实验内容

（1）在 LCD 上填写相关信息：在指定位置填写自己的学号和中文姓名全名（学会取模）。

（2）创建任务 1，名为 ADCTask()：采用周期性任务，每隔 100 ms 利用 ADC 的 DMA 传输方式获取指定单一通道（ADC1_IN12:PC2）多次转换结果，通过适当滤波算法，并根据线性标度变换计算电压值（单位为 mV），得到结果后通过消息邮箱将结果发送出去。

（3）创建任务 2，名为 DACTask()：采用消息邮箱事件触发的任务，当发生消息邮箱有信息时，利用 DAC 输出与 ADC 采样值对应的值〔通过 PA5（DAC 通道 2）〕输出，来控制板载直流电机。

（4）创建任务 3，名为 main_task()：采用消息邮箱事件触发方式，当有按键消息时，处理按键任务，当有 USART2 串行通信事件发生时，处理通信任务，并通过消息队列发出相应消息。

（5）创建任务 4，名为 key_task()：采用周期性任务，每隔 100 ms 查询按键情况，并把按键值通过消息邮箱发送出去。

（6）创建任务 5，名为 CommTask()：采用事件触发方式设计任务，当消息队列有消息时，通过 USB-UART 接口向 PC 端的串口助手软件发送消息对应的字符串信息。

（7）中断服务程序名为 USART2_IRQHandler()，当有串口数据从串口助手软件发送给实验开发板上的 USB-UART 并传送到 USART2 的接收端时，该数据通过消息邮箱发送出去。

将电位器连接至 PC2（ADC1_IN12）ADC 通道，在 DMA 传输方式下进行 A/D 变换并获取转换结果，通过标度变换，得到电压，将电压值（mV）显示的 LCD 上。同时，将转换的结果通过 PA5（DACOUT2）输出，将该输出连接到直流电机的控制端 IA，旋转电位器，查看 LCD 上显示的采集电压值的变化，并观察电机运行情况。通过 USB-UART 接口连接的在 PC 端运行的串口助手软件发送的命令来控制板载设备。

4. 程序说明

(1) 主函数

```
int   main (void)
{
GPIO_Configuration();
LCD_Init();                                  /* LCD 初始化 */
DisplayInf();                                /* 显示主界面 */
SysTick_Configuration();                     /* 系统定时器初始化 */
ADC_Configuration();                         /* ADC 初始化 */
DAC_Configuration();                         /* DAC1 初始化 */
    USART_Configuration();                   /* 串口初始化 */
NVIC_Configuration();                        /* 嵌入向量中断控制器初始化,USART2 中断 */
OSInit();                                    /* usos ii 初始化 */
OSTaskCreate(start_task,(void * )0,(OS_STK * )&START_TASK_STK[START_STK_SIZE − 1],START_TASK_PRIO );
                                             /* 创建起始任务,其他任务在其中创建 */

OSStart();                                   /* 开始任务调度 */
}
```

(2) 初始任务

```
void start_task(void * pdata)
{
  OS_CPU_SR cpu_sr = 0;
msg_comm = OSMboxCreate((void * )0);         /* 创建通信用事件块为 msg_comm 的消息邮箱 */
msg_key = OSMboxCreate((void * )0);          /* 创建按键用事件块为 msg_key 的消息邮箱 */
msg_ADCDAC = OSMboxCreate((void * )0);       /* 创建模拟组件用事件块为 msg_key 的消息邮箱 */
q_msg = OSQCreate(&MsgGrp[0],256);           /* 创建事件块为 q_msg 的消息队列 */
OSStatInit();                                /* 初始化统计任务.这里会延时 1s 左右 */
    OS_ENTER_CRITICAL();                     /* 进入临界区(无法被中断打断) */
OSTaskCreate(ADCTask,(void * )0,(OS_STK * )&AppTask1Stk[APP_TASK1_STK_SIZE − 1],APP_TASK1_PRIO);
                                             /* 创建任务 ADCTask */
OSTaskCreate(DACTask,(void )0,(OS_STK * )&AppTask2Stk[APP_TASK2_STK_SIZE − 1],APP_TASK2_PRIO);
OSTaskCreate(main_task,(void )0,(OS_STK * )&AppTask3Stk[APP_TASK3_STK_SIZE − 1],APP_TASK3_PRIO);
OSTaskCreate(key_task,(void )0,(OS_STK * )&AppTask4Stk[APP_TASK4_STK_SIZE − 1],APP_TASK4_PRIO);
OSTaskCreate(CommTask,(void )0,(OS_STK * )&AppTask5Stk[APP_TASK5_STK_SIZE − 1],APP_TASK5_PRIO);
OSTaskSuspend(START_TASK_PRIO);              /* 挂起起始任务 */
OS_EXIT_CRITICAL();                          /* 退出临界区(可以被中断打断) */
}
```

(3) 周期性任务之一——ADC 任务

```
void  ADCTask (void * pdata)
{
while(1)
{   value = ReadADCAverageValue();           /* 取 A/D 转换结果的平均值 */
    OSMboxPost(msg_ADCDAC,(void * )value);   /* 发送消息 */
```

```
ADC_Value = value * 3300/4095;                    /*通过标度变换为 mV*/
LCD_ShowNum(130,240,ADC_Value,4,16);
GPIOD->ODR^ = (1<<2);                             /*LED1 闪烁*/
OSTimeDly(100);
    }
}
```

(4) 事件触发任务之一——消息邮箱触发 DAC 任务

```
void DACTask (void * pdata)
{
u16 ADCDAC = 0;
u8 err = 0;
while(1)
{
    ADCDAC = (u32)OSMboxPend(msg_ADCDAC,10,&err);
    DAC_SetChannel1Data(DAC_Align_12b_R,ADCDAC);  /*将待变换的 DAC 数据放在右对齐寄存器中*/
    }
}
```

(5) 事件触发任务之二——消息队列触发通信任务

```
void  CommTask (void * pdata)
{   INT8U err;
void * msg;
while(1)
{   msg = OSQPend(q_msg, 0, &err);//通过消息队列获取消息
    if (err == OS_NO_ERR){
    printf("\n\r 读取队列成功:% s\r\n",(INT8U *)msg);//读取成功,通过串口输出消息
    if(msg == CommRxBuf1) {GPIOD->ODR&= ~(1<<4);GPIOD->ODR| = (1<<7);}
        else{if(msg == CommRxBuf2) {GPIOD->ODR&= ~(1<<7);GPIOD->ODR| = (1<<4);}
        else GPIOD->ODR| = (1<<4)|(1<<7);}
                                                }
    else{
        printf("\n\r 读取失败\r\n");//读取失败
            }
    }
}
```

(6) 事件触发任务之三——主任务

```
void main_task(void * pdata)
{
u8 key = 0,comm = 0;
u8 err;

    while(1)
{
    key = (u32)OSMboxPend(msg_key,10,&err);
    comm = (u32)OSMboxPend(msg_comm,10,&err);
```

```
    if(key! = 0)
    {
    OSQPost(q_msg, (void * )&CommRxBuf1[0]);

        switch(key)
        {
        case 1://功能键 1
            printf("\n 按下功能键 1\n");
                break;
        case 2://功能键 2
            printf("\n 按下功能键 2\n");
                break;
        case 3://功能键 3
            printf("\n 按下功能键 3\n");
                break;
        case 4://功能键 4
            printf("\n 按下功能键 4\n");
                break;

        }
    }
    if(comm! = 0)
    {
    OSQPost(q_msg, (void * )&CommRxBuf2[0]);
switch(comm)
        {
        case 'Z'://让电机正转
        case 'z':
            printf("\n 串口接收的是 Z 字符,让电机正转\n");
            GPIOB - >ODR| = (1<<8);GPIOB - >ODR& = ~(1<<9);
                break;
        case 'F'://让电机反转
        case 'f':
            printf("\n 串口接收的是 F 字符,让电机反转\n");
            GPIOB - >ODR| = (1<<9);GPIOB - >ODR& = ~(1<<8);
            break;
        case 'S'://电机停止
        case 's':
            printf("\n 串口接收的是 S 字符,让电机停止\n");
            GPIOB - >ODR& = ~(1<<8);GPIOB - >ODR& = ~(1<<9);
            break;
        case 'B'://蜂鸣器响
        case 'b':
            printf("\n 串口接收的是 B 字符,让蜂鸣器响\n");
```

```
        GPIOC - >ODR| = (1<<0);
        break;
    case'C';//蜂鸣器关
    case'c';
        printf("\n串口接收的是C字符,让蜂鸣器关\n");
        GPIOC - >ODR& = ~(1<<0);
    break;
    }
  }
}
```

(7) 周期性任务之二——按键扫描任务

```
void key_task(void * pdata)
{
u8 key;
while(1)
{
    key = KEY_Scan();
    if(key!= 0)OSMboxPost(msg_key,(void * )key);              //发送消息
        OSTimeDly(100);
}
}
```

(8) 中断服务程序

```
void USART2_IRQHandler(void)
{   u8 res;
OSIntEnter();
if(USART_GetITStatus(USART2, USART_IT_RXNE) != RESET)
    {   USART_ClearFlag(USART2, USART_IT_RXNE);
    res = USART_ReceiveData(USART2);                /* 读取接收到的数据 USART2->DR */
        if(res!= 0)OSMboxPost(msg_comm,(void * )res);  /* 发送消息 */
    }
 OSIntExit();
 }
```

在有操作系统的环境下的中断服务程序设计与在没有操作系统下的中断服务程序设计的主要区别在于,要告诉操作系统何时进入中断,何时退出中断,这样方便操作系统进行任务和中断的切换,不然会出现硬件故障且无法进行正常的任务切换。进入中断服务程序后首先要通过OSIntEnter()告诉操作系统,现在进行的是中断服务程序,而不是一般的任务,结束中断服务程序之前要通过引用 OSIntExit()告诉操作系统,中断处理已结束。

5. 实验步骤

(1) 连接＋5 V 电源到开发板,并打开电源开关,将 ST-LINK 仿真器连接到 WEEEDK 嵌入式系统实验开发板的 JTAG 插座上,将 USB 插头连接到 PC 的 USB 插口。

连接 JP25/JP26 短接器到右边(2-3 连接),使 USART2 连接到 USB-UART 接口,以便与PC 串行通信,将 USB 连接线小头插入实验板左下方的 USB-UART 接口,将大头连接 PC 端。

拔下短接 JP14,用杜邦线将 JP14 的 AIN3 连接到 P1 的 PC2 引脚,即将电位器中心点连接到 ADC1_AIN12 通道对应的 PC2 引脚上。

将短接器 JP18 和 JP40 插上,把 PB1 和 PB2 连接到 LED7 双色发光二极管。

(2) 双击有操作系统下的综合实验\Project\Project. uvprojx 工程文件,打开实验工程。

(3) 从 Flash Configure tools 选择 Output,在 Name of Executable 中修改输入可执行的文件名,格式为学号_姓名_综合实验,编译链接后会在 Obj 目录下产生可执行文件(默认扩展名为. axf)。

(4) 编译链接下载运行后查询程序运行情况。

(5) 本实验已经对 LED1~LED4 及双色发光二极管指示灯初始化,并已对 4 个按键 KEY1~KEY4 初始化。

系统已经对 PA3 对应的通道 ADC1_AIN3 进行初始化,包括 DMA 传输的初始化,试修改 hw_config. c 中的相关初始化程序,把 PA3 对应的通道 ADC1_AIN3 改为用 PC2 作为 ADC 通道 ADC1_AIN12(时钟、引脚配置均要同步修改)。

系统已对 DAC 初始化,通道 1 初始化为 PA4。

系统在 stm32f10x_it. c 中设计了相应中断服务函数 USART2_IRQHandler()。

按照系统要求,初始化相关硬件,并按照以下要求修改相关代码。

在 main_task()任务中增加代码,要求:当接收到字符"R"或"r"时,让双色指示灯 LED7 的红色亮,绿色灭,同时通过 USB-UART 接口(USART2)向 PC 端发送"Turn On Red LED."当接收到字符"G"或"g"时,让双色指示灯 LED7 的绿色亮,红色灭,同时通过 USB-UART 接口 (USART2)向 PC 端发送"Turn On Green LED. "。当接收到字符"T"或"t"时,双色发光二极管全灭,向 PC 端发送"Tun off Red and Green LED. "。当接收到字符"D"或"d"时,双色发光二极管的红色和绿色全亮。向 PC 端发送"Turn On Red and Green LED. "。

在 ADCTask()以及 CommTask()任务中所有 GPIO 操作改为用固件库函数操作方式。

(6) 打开 PC 端的串口助手软件窗口,设置与本实验一致的波特率(自己阅读程序查找波特率)

(7) 将 JP5 和 JP6 的 2-3 短接(连接到下方的 IA 和 IB),编译并下载程序及调试。

在串口助手软件依次发送字符"B""C""Z""F""S",观察系统运行情况及实验开发板的显示效果,以及电机和蜂鸣器的工作情况,再仔细阅读相关代码,加深理解,说明实验过程的原理。

再在串口助手依次发送字符"R""G""D"和"T",查看双色指示灯是否被你的程序控制。如果有问题,则修改代码并重新编译链接下载运行。

(8) 将 JP29,JP34 和 JP6 短接器取下,用杜邦线把 JP34 的引脚 PA4 连接到 JP6 的 IB 引脚,即用 DACOUT1 输出 PA4,以控制直流电机转速。

(9) 按 F5 功能键全速运行,左右旋转电位器,查看 LCD 上显示的电压值,并观察板载直流电机的运行情况。

(10) 将 Projet\Obj 下的可执行文件(学号_姓名_综合实验. axf)保存在自己的 U 盘中。

参考文献

[1] 马维华.微机原理与接口技术[M].3版.北京:科学出版社,2016.

[2] 马维华.嵌入式微控制器技术及应用[M].北京:北京航空航天大学出版社,2015.

[3] 马维华.嵌入式系统原理及应用[M].3版.北京:北京邮电大学出版社,2017.

[4] 马维华.嵌入式硬件设计[M].北京:高等教育出版社,2018.

[5] 张福炎,马维华,戴志涛,等.嵌入式系统开发技术[M].北京:高等教育出版社,2018.

[6] Larosse J J.嵌入式实时操作系统 μC/OS-Ⅱ[M].邵贝贝等,译.北京:北京航空航天大学出版社,2003.

[7] ARM 处理器[EB/OL].http://www.arm.com/zh/products/processors/index.php.

[8] STM 系列产品选型手册[EB/OL].https://www.stmcu.com.cn/upload/Selection_Guide.pdf.